数値解析

第2版

森　正武 著

共立数学講座
12

共立出版株式会社

まえがき

電子計算機の普及とともに，数値計算の技法とプログラミングに関する書物は選択に迷うほど多くの種類が出版されている．それに対し，本書は数値計算の数学的理論を解説する目的で書かれたものである．しかし，数値計算の意義はあくまでもその実用性にあるので，いたずらに抽象的な議論にはしることなく，つねに実際計算に則してその原理を解説するよう努めたつもりである．そのため論理的な厳密性をやや犠牲にした個所が少なからずある．また原理の直観的な理解を助けるために，問題を繁雑にする前提はすべて単純な場合に制限して，なるべく基本になっている原理のみを平易に記述するようにした．

本書を読むための予備知識として前提にしているものは，大学初年級で学ぶ解析学（連続性と極限の概念，微積分，常微分方程式）と線型代数（ベクトルと行列の算法），それに複素関数論の初歩（複素積分，留数定理，コーシーの積分表示）である．数値解析において関数解析の知識は不可欠であるが，本書ではとくにその知識は要求していない．むしろ本書を読んでいくうちに，数値解析という応用を通して，必要最小限の関数解析の知識をおのずと習得できるように記述を工夫したつもりである．またごく一部の例外を除いて定理の証明はすべて掲げ，原則として他書を参照することなく読み進められるような形に整えた．

本書の具体的内容は，連立 1 次方程式と逆行列（第 1 章），非線型方程式の数値解法（第 2 章），行列の固有値問題（第 3 章），最小二乗近似，補間，ミニマックス近似を中心とした関数近似（第 4 章），1 次元の数値積分（第 5 章），常微分方程式の初期値問題と境界値問題の数値解法（第 6 章）である．偏微分方程式を解くことは数値計算の大きな部分を占めているが，ページ数の都合と主として筆者の不勉強という理由からその解説を省略せざるをえなかった．

しかし，偏微分方程式の数値解法を勉強するときに役立つ基本的な予備知識のかなりの部分を，本書によって習得できると思う．また，数値例は，結論を納得するのには有効であるが，本書の目的はむしろ結論に至る論理的な筋道を理解することにあり，したがって結論はその推論によって納得すべきであると考え，そのほとんどを省略した．なお，正確を期すために，図 1.2，4.1，4.8，4.9，5.3，5.4 には電子計算機で計算した関数値を直接カーブ・プロッターで描いたものを載せた．

おわりに，全編の原稿に目を通されいろいろ貴重なご意見をくださった一松信教授に厚くお礼を申し上げたい．また，第 4 章 11 節以降および第 5 章 5 節以降の内容は，主として高橋秀俊教授と著者との共同研究において得た成果を中心とするものであり，本書を著わすにあたり多くの有益な助言をいただいた高橋教授に心から感謝の意を表する．

昭和 48 年 8 月

著　者

第2版のまえがき

本書の旧版が出版されたのが昭和 48 年（1973 年）であるからそれ以来すでに 28 年が経過した．この間何回か増刷を重ねたが，第 12 刷を最後に絶版となった．筆者は本書はすでにその役割を終えたのだと割り切って考えていたが，最近複数の方々から，再版しては，という声が聞かれるようになり，共立出版が実際に再版に向けて動いてくださることになった．

いうまでもなく，コンピュータは数値計算を高速かつ高精度に実行するために生まれたものである．その後，コンピュータは，その発展に伴って数値計算以外のいろいろな分野で威力を発揮するようになり，今日では数値計算以外の機能が主流になっているように見える．しかし現在でも，数値計算はコンピュータの担う仕事の最も重要な部分を占めていることに変わりはない．実際，数値計算による設計やシミュレーションがなければ，今日の産業は成り立たないし，また科学技術の進歩もありえない．その意味で，数値計算の数学的基盤を支える数値解析は少しもその重要性を失ってはいない．

再版にあたって本書の旧版を読み返してみると，現在でも大筋において内容が通用することを改めて感じた．本書は数値計算の基盤を成す数学に重点をおいて書いているので，それはむしろ当然かもしれない．数値計算の基本的アルゴリズム自体は，数学がそうであるように，時代とともにそれほど変化するものではない．

しかし，旧版には現在ではほとんどその役割を終えたと考えられるアルゴリズムの記述もわずかながらあり，またページ数は旧版を超えないでほしいという出版社の要望もあって，第 2 版では旧版の内容の一部を削除した．一方で，数値解析の発展にあわせて書き換えたりまた新たに書き加えた内容もある．クリロフ部分空間法，前処理付き共役勾配法，代数方程式の連立法，二重指数関数型公式などがそれに該当する.

再版に際しては，旧版をページごとにスキャナーで読み取り，OCR によってテキスト化した．数式の部分は手で再入力したが，それでも OCR は原稿完成のために大いに労力節減につながった．著者にとって 1 冊全体を TeX で完成した著書は平成 3 年（1991 年）以来 10 年ぶりの 2 冊目であるが，しばらくぶりに TeX の威力を再認識した.

旧版では大勢の方々から誤りの指摘や改善のための意見をいただいた．とくに杉原正顯君，藤野清次君は旧版以来継続して貴重な意見をくださり，また張紹良君，降旗大介君には再版に際して原稿の一部を丁寧に読んでいただいた．ここに，これらの方々と，再版に際してお世話になった共立出版の小山透さんと佐藤雅昭さんに，感謝の意を表したい.

平成 14 年 1 月

著　者

目　　次

第1章　連立1次方程式

1.1　ベクトルのノルム

連続関数およびその微分，積分など本来連続的なものは，計算機では有限次元の離散的な量に近似的に置き換えられてから取り扱われる．連立1次方程式は多くの場合ある連続量に関する方程式を有限次元に離散化して得られたものである．したがって，数値解析においては離散化された量を表わす有限次元のベクトルおよび行列の扱いが不可欠になる．

連立1次方程式の解の誤差，解法の収束性などを論ずるとき，二つのベクトルの遠近関係を表わす量としてこれらの間の距離の既念，すなわちベクトルのノルムが必要になる．連立1次方程式のみでなく，連立非線形方程式や連立微分方程式においても解あるいは近似の誤差はベクトルとして扱われる．また，行列に関してもノルムを導入すると都合がよい．そこで本節および次節ではしばらく本論からはなれて，まずベクトルと行列のノルムに関していくつかの準備をしておこう．

ベクトルのノルム

n 個の複素数 $x_1, x_2, \ldots, x_n$ を成分とする n 次元**ベクトル**

$$\boldsymbol{x} = \begin{pmatrix} x_1 \\ x_2 \\ \vdots \\ x_n \end{pmatrix} \tag{1.1.1}$$

の**ノルム**を $\|\boldsymbol{x}\|$ と記す．$\|\boldsymbol{x}\|$ はつぎの性質を満足する．

i)　すべての $\boldsymbol{x}$ に対して $\|\boldsymbol{x}\| \geq 0$．ただし等号は $\boldsymbol{x} = 0$ のときにかぎり成立する．

ii)　すべての $\boldsymbol{x}$ およびすべての複素数 α に対して

$$\|\alpha \boldsymbol{x}\| = |\alpha|\,\|\boldsymbol{x}\|$$

iii) すべての $\boldsymbol{x}$ および $\boldsymbol{y}$ に対して

$$\|\boldsymbol{x}+\boldsymbol{y}\| \le \|\boldsymbol{x}\| + \|\boldsymbol{y}\|$$

数値解析で使用されるベクトルのノルムにはつぎのようなものがある．

$$\|\boldsymbol{x}\|_1 = \sum_{i=1}^{n} |x_i| \tag{1.1.2}$$

$$\|\boldsymbol{x}\|_2 = \sqrt{\sum_{i=1}^{n} |x_i|^2} \tag{1.1.3}$$

$$\|\boldsymbol{x}\|_\infty = \max_{1\le i\le n} |x_i| \tag{1.1.4}$$

これらはすべてノルムの条件 i)，ii)，iii) を満足するが，ここでとくに $\|\boldsymbol{x}\|_2$ が iii) を満たすことだけを示しておく．

$$\begin{aligned}
\|\boldsymbol{x}+\boldsymbol{y}\|_2 &= \left(\sum_{i=1}^{n} |x_i+y_i|^2\right)^{1/2} = \left(\sum_{i=1}^{n} (\bar{x}_i+\bar{y}_i)(x_i+y_i)\right)^{1/2} \\
&= \left(\sum_{i=1}^{n} |x_i|^2 + \sum_{i=1}^{n} (\bar{x}_i y_i + x_i \bar{y}_i) + \sum_{i=1}^{n} |y_i|^2\right)^{1/2} \\
&\le \left(\|\boldsymbol{x}\|_2{}^2 + 2\sum_{i=1}^{n} |x_i||y_i| + \|\boldsymbol{y}\|_2{}^2\right)^{1/2}
\end{aligned}$$

ただし $\bar{z}$ は z の共役複素数である．ここで不等式

$$\begin{aligned}
\left(\sum_{i=1}^{n} |x_i||y_i|\right)^2 &= \sum_{i=1}^{n} |x_i|^2 \sum_{j=1}^{n} |y_j|^2 - \frac{1}{2}\sum_{i=1}^{n}\sum_{j=1}^{n} (|x_i||y_j| - |x_j||y_i|)^2 \\
&\le (\|\boldsymbol{x}\|_2 \|\boldsymbol{y}\|_2)^2
\end{aligned} \tag{1.1.5}$$

を使えば

$$\|\boldsymbol{x}+\boldsymbol{y}\|_2 \le (\|\boldsymbol{x}\|_2{}^2 + 2\|\boldsymbol{x}\|_2\,\|\boldsymbol{y}\|_2 + \|\boldsymbol{y}\|_2{}^2)^{1/2} = \|\boldsymbol{x}\|_2 + \|\boldsymbol{y}\|_2$$

ベクトルの内積

n 次元ベクトルの集合から成る**ベクトル空間**にノルムを導入することにより，

これは距離づけされて，n 次元**ノルム空間**になる．n 次元ベクトル空間は n 個の複素数の組から成る n 次元空間の点の集合と考えられるが，同じ n 次元空間の点の集合であってもノルムの定義が異なれば別のノルム空間になる．ノルムが $\|\boldsymbol{x}\|_2$ で定義されているベクトル空間は，成分が $x_1, x_2, \ldots, x_n$ が実数の場合 n 次元**ユークリッド空間**という．また $x_1, x_2, \ldots, x_n$ が複素数の場合 n 次元**ユニタリ空間**という．

ベクトルをユークリッド空間の元として考えると，二つのベクトル $\boldsymbol{x}, \boldsymbol{y}$ のなす角に対応して**内積** $(\boldsymbol{x}, \boldsymbol{y})_n$ を定義することができる．

$$(\boldsymbol{x}, \boldsymbol{y})_n = x_1 y_1 + x_2 y_2 + \cdots + x_n y_n \tag{1.1.6}$$

ユニタリ空間においても同様に内積を定義できる．

$$(\boldsymbol{x}, \boldsymbol{y})_n = x_1 \bar{y}_1 + x_2 \bar{y}_2 + \cdots + x_n \bar{y}_n \tag{1.1.7}$$

このとき

$$(\boldsymbol{x}, \boldsymbol{x})_n = {\|\boldsymbol{x}\|_2}^2 \tag{1.1.8}$$

である．有限な n 次元空間における内積という意味で内積の定義式の左辺に添字 n を付したが，とくに必要のないかぎり以下これを略し単に $(\boldsymbol{x}, \boldsymbol{y})$ と書くことにする．このように定義した内積は明らかにつぎの性質を満足している[1]．

(i) $(\boldsymbol{x}, \boldsymbol{y}) = \overline{(\boldsymbol{y}, \boldsymbol{x})}$

(ii) $(\lambda \boldsymbol{x}, \boldsymbol{y}) = \lambda(\boldsymbol{x}, \boldsymbol{y})$

(iii) $(\boldsymbol{x}_1 + \boldsymbol{x}_2, \boldsymbol{y}) = (\boldsymbol{x}_1, \boldsymbol{y}) + (\boldsymbol{x}_2, \boldsymbol{y})$

(iv) $(\boldsymbol{x}, \boldsymbol{x}) = {\|\boldsymbol{x}\|_2}^2 \geq 0$, 等号は $\boldsymbol{x} = 0$ のときに限る．

以下，内積を使って議論を行なうとき，n 次元ユークリッド空間あるいは n 次元ユニタリ空間を，単に n 次元ベクトル空間とよび，ノルム $\|\boldsymbol{x}\|_2$ を単に $\|\boldsymbol{x}\|$ と書くこともある．

---

1) 物理学では内積の定義 (1.1.7) のかわりにしばしば

$$(\boldsymbol{x}, \boldsymbol{y}) = \bar{x}_1 y_1 + \bar{x}_2 y_2 + \cdots + \bar{x}_n y_n$$

が用いられる．このとき内積の性質 (ii) は $(\boldsymbol{x}, \lambda \boldsymbol{y}) = \lambda(\boldsymbol{x}, \boldsymbol{y})$ となる．

二つのベクトル $\boldsymbol{x}$ と $\boldsymbol{y}$ が

$$(\boldsymbol{x},\,\boldsymbol{y})=0 \tag{1.1.9}$$

をみたすとき，これらは互いに**直交**するという．また，

$$\|\boldsymbol{x}\|=1 \tag{1.1.10}$$

をみたしているベクトル $\boldsymbol{x}$ を，**正規化**されたベクトルという．

n 個のベクトル $\boldsymbol{x}_1,\boldsymbol{x}_2,\ldots,\boldsymbol{x}_n$ に対して

$$c_1\boldsymbol{x}_1+c_2\boldsymbol{x}_2+\cdots+c_n\boldsymbol{x}_n=0 \quad \text{ならば必ず} \quad c_1=c_2=\cdots=c_n=0$$

であるとき，$\boldsymbol{x}_1,\boldsymbol{x}_2,\ldots,\boldsymbol{x}_n$ は**1次独立**であるという．1次独立でないとき，$\boldsymbol{x}_1,\boldsymbol{x}_2,\ldots,\boldsymbol{x}_n$ は**1次従属**であるという．

1次独立なベクトル $\boldsymbol{x}_1,\boldsymbol{x}_2,\ldots,\boldsymbol{x}_k$ があるとき，その1次結合 $c_1\boldsymbol{x}_1+c_2\boldsymbol{x}_2+\cdots+c_k\boldsymbol{x}_k$ で表現されるすべてのベクトルの成す空間を $\boldsymbol{x}_1,\boldsymbol{x}_2,\ldots,\boldsymbol{x}_k$ が**張る空間**という．

グラム・シュミットの直交化

n 次元ベクトル空間の1次独立なベクトルの組 $\boldsymbol{q}_1,\boldsymbol{q}_2,\ldots,\boldsymbol{q}_n$ が

$$(\boldsymbol{q}_k,\boldsymbol{q}_l)=\lambda_k\delta_{kl},\quad \lambda_k>0 \tag{1.1.11}$$

を満足するとき，これを**直交系** という．ここで，λ_k は $\boldsymbol{q}_k$ の**規格化定数** で，δ_{kl} は**クロネッカー** $\boldsymbol{\delta}$ である．

$$\delta_{kl}=\begin{cases}1; & k=l\\ 0; & k\neq l\end{cases} \tag{1.1.12}$$

とくに規格化定数 λ_k が1のとき，すなわち

$$(\boldsymbol{q}_k,\boldsymbol{q}_l)=\delta_{kl} \tag{1.1.13}$$

を満足するとき，これを**正規直交系** という．

$\boldsymbol{q}_1,\boldsymbol{q}_2,\ldots,\boldsymbol{q}_n$ を n 次元ベクトル空間の正規直交系とするとき，ベクトル $\boldsymbol{f}$ に対して

$$(\boldsymbol{f},\boldsymbol{q}_k)\,\boldsymbol{q}_k \tag{1.1.14}$$

を，$\boldsymbol{f}$ の $\boldsymbol{q}_k$ 方向への**正射影**という．

いま n 次元ベクトル空間において1次独立なベクトル

$$\boldsymbol{a}_1, \boldsymbol{a}_2, \ldots, \boldsymbol{a}_n \tag{1.1.15}$$

が与えられているものとして，これから正規直交系を構成しよう．まず $\boldsymbol{a}_1$ を正規化して $\boldsymbol{q}_1$ とする．

$$\boldsymbol{q}_1 = \frac{\boldsymbol{a}_1}{\|\boldsymbol{a}_1\|} \tag{1.1.16}$$

つぎに，$\boldsymbol{a}_2$ から $\boldsymbol{q}_1$ 方向への正射影を引いた

$$\boldsymbol{u}_2 = \boldsymbol{a}_2 - (\boldsymbol{a}_2, \boldsymbol{q}_1)\boldsymbol{q}_1$$

は明らかに $\boldsymbol{q}_1$ と直交するから，これを正規化して $\boldsymbol{q}_2$ とする．

$$\boldsymbol{q}_2 = \frac{\boldsymbol{u}_2}{\|\boldsymbol{u}_2\|} \tag{1.1.17}$$

以下同様に続ければつぎの結論を得る．

補題 1.1 $\boldsymbol{a}_1$, $\boldsymbol{a}_2$, …, $\boldsymbol{a}_n$ を n 次元ベクトル空間の与えられた1次独立な n 個のベクトルとする．このとき $\boldsymbol{q}_1$ からはじめて

$$\left[\begin{array}{l} \boldsymbol{q}_1 = \dfrac{\boldsymbol{a}_1}{\|\boldsymbol{a}_1\|} \\ k = 2, 3, \ldots, n \\ \quad \left[\begin{array}{l} \boldsymbol{u}_k = \boldsymbol{a}_k - \displaystyle\sum_{j=1}^{k-1} (\boldsymbol{a}_k, \boldsymbol{q}_j)\boldsymbol{q}_j, \\ \boldsymbol{q}_k = \dfrac{\boldsymbol{u}_k}{\|\boldsymbol{u}_k\|} \end{array}\right. \end{array}\right. \tag{1.1.18}$$

によって新しいベクトル $\boldsymbol{q}_1$, $\boldsymbol{q}_2$, …, $\boldsymbol{q}_n$ を作ると，これらは正規直交系をなす．すなわち，

$$(\boldsymbol{q}_l, \boldsymbol{q}_k) = \delta_{lk} \tag{1.1.19}$$

証明 $\boldsymbol{q}_k$ が正規化されているのは自明なので，直交性を帰納法により証明する．いま $\boldsymbol{q}_1$, $\boldsymbol{q}_2$, …, $\boldsymbol{q}_{k-1}$ は互いに直交しているとする．このとき $l \leq k-1$ に対して

$$(\boldsymbol{q}_k, \boldsymbol{q}_l) = \left(\frac{\boldsymbol{a}_k}{\|\boldsymbol{u}_k\|}, \boldsymbol{q}_l\right) - \sum_{j=1}^{k-1} \frac{(\boldsymbol{a}_k, \boldsymbol{q}_j)}{\|\boldsymbol{u}_k\|}(\boldsymbol{q}_j, \boldsymbol{q}_l)$$

$$= \left(\frac{\boldsymbol{a}_k}{\|\boldsymbol{u}_k\|}, \boldsymbol{q}_l\right) - \frac{(\boldsymbol{a}_k, \boldsymbol{q}_l)}{\|\boldsymbol{u}_k\|}(\boldsymbol{q}_l, \boldsymbol{q}_l) = 0 \tag{1.1.20}$$

したがってこれらは $\boldsymbol{q}_k$ とも直交する． ■

$\{\boldsymbol{a}_k\}$ からこのようにして正規直交系を構成する方法を，**グラム・シュミットの直交化**という．

$\boldsymbol{a}_1, \boldsymbol{a}_2, \ldots$ から，正規化は行なわず直交化だけを行なって直交系 $\boldsymbol{u}_1, \boldsymbol{u}_2, \ldots$ をつくるときには，つぎのようにすればよい．

$$\left[\begin{array}{l} \boldsymbol{u}_1 = \mu_1 \boldsymbol{a}_1 \\ k = 2, 3, \ldots, n \\ \quad \left[\ \boldsymbol{u}_k = \mu_k \left\{\boldsymbol{a}_k - \displaystyle\sum_{j=1}^{k-1} \frac{(\boldsymbol{a}_k, \boldsymbol{u}_j)}{\|\boldsymbol{u}_j\|^2} \boldsymbol{u}_j\right\}\right. \end{array}\right. \tag{1.1.21}$$

正規化を行なわないので $\boldsymbol{u}_k$ の決め方に自由度が一つ残る．μ_k はその自由度に対応するパラメータで，目的に応じて自由に決めることができる．たとえば $\mu_k = 1$ とすることもできる．

問題 1.1　$\boldsymbol{x}, \boldsymbol{y}$ を与えられたベクトルとする．正規化されたベクトル $\boldsymbol{q} = \boldsymbol{y}/\|\boldsymbol{y}\|$ の方向への $\boldsymbol{x}$ の正射影を $\boldsymbol{x}$ から引いたものと $\boldsymbol{q}$ との直交性から，つぎの**シュワルツの不等式**を導け．

$$|(\boldsymbol{x}, \boldsymbol{y})| \leq \|\boldsymbol{x}\|\|\boldsymbol{y}\| \tag{1.1.22}$$

ただし等号は $\boldsymbol{x}, \boldsymbol{y}$ が 1 次従属のときにかぎり成立する．

有限次元ベクトルのノルムの同値性

数値解析においては，近似ベクトルの列 $\boldsymbol{x}_1, \boldsymbol{x}_2, \boldsymbol{x}_3, \ldots$ の収束が考察の対象になることが多い．しかしその収束を論ずるとき，何らかの理由である特別のノルムに注目する場合を除いて，いかなるノルムに関しての収束かは問題にしないことが多い．それは以下に述べる有限次元ベクトルのノルムのもつ同値性によっている．これを説明するためにまずベクトルのノルムの連続性を示しておく．以下，列 $\boldsymbol{x}_1, \boldsymbol{x}_2, \boldsymbol{x}_3, \ldots$ を簡単に $\{\boldsymbol{x}_k\}$ と書くこともある．

補題 1.2　$\|\boldsymbol{x}\|$ は $\boldsymbol{x}$ の各成分 $x_1, x_2, \ldots, x_n$ の連続関数である．

証明　任意のベクトル $\boldsymbol{x}, \boldsymbol{\delta}$ に対して $\|\boldsymbol{x} + \boldsymbol{\delta}\| \leq \|\boldsymbol{x}\| + \|\boldsymbol{\delta}\|$ だから

$$\|\boldsymbol{x} + \boldsymbol{\delta}\| - \|\boldsymbol{x}\| \leq \|\boldsymbol{\delta}\|$$

が成立する．一方 $\|\boldsymbol{x}\| = \|\boldsymbol{x}+\boldsymbol{\delta}-\boldsymbol{\delta}\| \le \|\boldsymbol{x}+\boldsymbol{\delta}\| + \|\boldsymbol{\delta}\|$ より

$$-\|\boldsymbol{\delta}\| \le \|\boldsymbol{x}+\boldsymbol{\delta}\| - \|\boldsymbol{x}\|$$

である．それゆえ

$$\big|\|\boldsymbol{x}+\boldsymbol{\delta}\| - \|\boldsymbol{x}\|\big| \le \|\boldsymbol{\delta}\|$$

ここで，第 k 成分のみが 1 で他はすべて 0 であるベクトルを

$$\boldsymbol{e}_k = \begin{pmatrix} 0 \\ 0 \\ \vdots \\ 1 \\ \vdots \\ 0 \end{pmatrix} \; k \tag{1.1.23}$$

と書いて，以下これを**単位ベクトル**とよぶことにする．すると，$\boldsymbol{\delta}$ は

$$\boldsymbol{\delta} = \sum_{k=1}^{n} \delta_k \boldsymbol{e}_k$$

と表わすことができる．ただし，δ_k は $\boldsymbol{\delta}$ の第 k 成分である．このとき

$$\|\boldsymbol{\delta}\| \le \sum_{k=1}^{n} \|\delta_k \boldsymbol{e}_k\| = \sum_{k=1}^{n} |\delta_k|\,\|\boldsymbol{e}_k\| \le \max_{1\le k\le n} |\delta_k| \sum_{j=1}^{n} \|\boldsymbol{e}_j\| = M\|\boldsymbol{\delta}\|_\infty$$

が成り立つ．ただし，$M = \sum_{j=1}^{n} \|\boldsymbol{e}_j\|$ である．したがって任意の ε が与えられたとき $\|\boldsymbol{\delta}\|_\infty \le \varepsilon/M$ を満足する $\boldsymbol{\delta}$ をとれば

$$\big|\|\boldsymbol{x}+\boldsymbol{\delta}\| - \|\boldsymbol{x}\|\big| \le \varepsilon$$

が成立する．これは $\|\boldsymbol{x}\|$ のその成分 $x_1, x_2, \ldots, x_n$ に関する連続性の定義にほかならない． ■

補題 1.3 あるベクトルのノルム $\|\boldsymbol{x}\|_\alpha$ が与えられたとき，すべての n 次元ベクトル $\boldsymbol{x}$ に対して

$$m\|\boldsymbol{x}\|_\infty \le \|\boldsymbol{x}\|_\alpha \le M\|\boldsymbol{x}\|_\infty \tag{1.1.24}$$

を満足する正の数 m, M が存在する．

証明 いま $\|\boldsymbol{y}\|_\infty = 1$ を満たすベクトル $\boldsymbol{y}$ の集合 S を考える．$\boldsymbol{y}$ の成分を $y_1, y_2,$

$\dots, y_n$ とするとき，S を点 $(y_1, y_2, \dots, y_n)$ の集合とみなせば，これは n 次元空間内の有界閉集合である．補題 1.2 より任意のノルムに関して $\|\boldsymbol{y}\|$ は $y_1, y_2, \dots, y_n$ の連続関数であるから，$\|\boldsymbol{y}\|_\alpha$ はある点 $\boldsymbol{y}_0$ で最小，ある点 $\boldsymbol{y}_1$ で最大となる．すなわち

$$0 < \|\boldsymbol{y}_0\|_\alpha \le \|\boldsymbol{y}\|_\alpha \le \|\boldsymbol{y}_1\|_\alpha < \infty$$

任意の $\boldsymbol{x} \ne \boldsymbol{0}$ なるベクトルが与えられたとき，$\boldsymbol{x}/\|\boldsymbol{x}\|_\infty$ は S の元であるから

$$\|\boldsymbol{y}_0\|_\alpha \le \frac{\|\boldsymbol{x}\|_\alpha}{\|\boldsymbol{x}\|_\infty} \le \|\boldsymbol{y}_1\|_\alpha$$

すなわち

$$m\|\boldsymbol{x}\|_\infty \le \|\boldsymbol{x}\|_\alpha \le M\|\boldsymbol{x}\|_\infty$$

ただし，$m = \|\boldsymbol{y}_0\|_\alpha$, $M = \|\boldsymbol{y}_1\|_\alpha$ である．■

定理 1.1　2 種類のベクトルのノルム $\|\boldsymbol{x}\|_\alpha$, $\|\boldsymbol{x}\|_\beta$ が与えらとたとき，すべての n 次元ベクトル $\boldsymbol{x}$ に対して

$$m\|\boldsymbol{x}\|_\alpha \le \|\boldsymbol{x}\|_\beta \le M\|\boldsymbol{x}\|_\alpha \tag{1.1.25}$$

を満足する正の数 m, M が存在する．

証明　補題 1.3 より任意の $\boldsymbol{x}$ に対して $m'\|\boldsymbol{x}\|_\infty \le \|\boldsymbol{x}\|_\alpha \le M'\|\boldsymbol{x}\|_\infty$ を満足する $m', M' > 0$ が存在する．これから

$$\frac{1}{M'}\|\boldsymbol{x}\|_\alpha \le \|\boldsymbol{x}\|_\infty \le \frac{1}{m'}\|\boldsymbol{x}\|_\alpha$$

また同様に $m''\|\boldsymbol{x}\|_\infty \le \|\boldsymbol{x}\|_\beta \le M''\|\boldsymbol{x}\|_\infty$ を満たす $m'', M'' > 0$ が存在するから，$m = m''/M'$, $M = M''/m'$ とすれば

$$m\|\boldsymbol{x}\|_\alpha \le \|\boldsymbol{x}\|_\beta \le M\|\boldsymbol{x}\|_\alpha$$ ■

問題 1.2　つぎの関係を証明せよ．

$$\|\boldsymbol{x}\|_\infty \le \|\boldsymbol{x}\|_2 \le \sqrt{n}\|\boldsymbol{x}\|_\infty$$
$$\|\boldsymbol{x}\|_\infty \le \|\boldsymbol{x}\|_1 \le n\|\boldsymbol{x}\|_\infty$$

上の定理 1.1 はまたベクトルの列 $\{\boldsymbol{x}^{(k)}\}$ が $\lim_{k\to\infty}\|\boldsymbol{x}^{(k)} - \boldsymbol{x}_0\|_\alpha = 0$ であれば $\lim_{k\to\infty}\|\boldsymbol{x}^{(k)} - \boldsymbol{x}_0\|_\beta = 0$ であることを意味している．すなわち，ベクトルの列 $\{\boldsymbol{x}^{(k)}\}$ があるノルムに関してベクトル $\boldsymbol{x}_0$ に収束すれば，他のすべてのノルムに関して $\{\boldsymbol{x}^{(k)}\}$ は同じベクトル $\boldsymbol{x}_0$ に収束する．この意味で，有限次元のベク

トルのノルムは互いに**同値**であるという．とくにノルム $\|\boldsymbol{x}\|_\infty$ による収束をみるとそれは成分ごとの収束を意味するから，結局次元数 n が有限であればベクトルが収束するというときには，ノルムの定義いかんにかかわらず成分ごとにある一定のベクトルに収束しているのである．

1.2 行列のノルムと固有値

正則行列と逆行列

A を与えられた正方行列とする．A の**行列式**を $|A|$ と記すとき，$|A| \neq 0$ であれば A は**正則**であるという．正則行列 A に対してはその**逆行列** A^{-1} が存在する．

$$A^{-1}A = AA^{-1} = I \tag{1.2.1}$$

ここで I は**単位行列**

$$I = \begin{pmatrix} 1 & & & 0 \\ & 1 & & \\ & & \ddots & \\ 0 & & & 1 \end{pmatrix} \tag{1.2.2}$$

である．本章で扱う行列は主として正則行列である．

行列のノルム

行列のノルムの定義の仕方にはいろいろ考えられる．ここでは，次式で**行列のノルム**を定義する．

$$\|A\| = \sup_{\boldsymbol{x} \neq 0} \frac{\|A\boldsymbol{x}\|}{\|\boldsymbol{x}\|} \tag{1.2.3}$$

これを行列の**自然なノルム**という[2)]．この定義によるノルムは，ベクトルのノルムに**従属するノルム**，あるいはベクトルのノルムから**誘導されたノルム**ともいう．

問題 1.3 (i) $\|A\boldsymbol{x}\| \leq \|A\|\,\|\boldsymbol{x}\|$ (ii) $\|AB\| \leq \|A\|\,\|B\|$ を示せ．

問題 1.4 定義 (1.2.3) がノルムの条件を満たしていることを確かめよ．

---

2) この名称は F. John [1]，E. Isaacson-H. B. Keller [2] の natural norm によった．書物によってはスペクトルノルムということもある．いまの場合有限次元であるので，(1.2.3) の sup は max で置き換えて変えてよい．

定義 (1.2.3) の右辺のベクトルのノルムに対応して各種のノルムが存在するが，つぎに示すものは前節に述べたベクトルのノルムに対応する行列の自然なノルムである．

$$\|A\|_1 = \sup_{\boldsymbol{x}\neq 0} \frac{\|A\boldsymbol{x}\|_1}{\|\boldsymbol{x}\|_1} \tag{1.2.4}$$

$$\|A\|_2 = \sup_{\boldsymbol{x}\neq 0} \frac{\|A\boldsymbol{x}\|_2}{\|\boldsymbol{x}\|_2} \tag{1.2.5}$$

$$\|A\|_\infty = \sup_{\boldsymbol{x}\neq 0} \frac{\|A\boldsymbol{x}\|_\infty}{\|\boldsymbol{x}\|_\infty} \tag{1.2.6}$$

例題 1.1 つぎの関係を証明せよ．

$$\text{(i)} \quad \|A\|_1 = \max_{1\leq k\leq n} \sum_{i=1}^{n} |a_{ik}| \tag{1.2.7}$$

$$\text{(ii)} \quad \|A\|_\infty = \max_{1\leq i\leq n} \sum_{k=1}^{n} |a_{ik}| \tag{1.2.8}$$

解

$$\text{(i)} \quad \|A\boldsymbol{x}\|_1 = \sum_{i=1}^{n} \left| \sum_{j=1}^{n} a_{ij}x_j \right| \leq \sum_{i=1}^{n}\sum_{j=1}^{n} |a_{ij}||x_j| = \sum_{j=1}^{n} \left(|x_j| \sum_{i=1}^{n} |a_{ij}| \right)$$

$$\leq \sum_{j=1}^{n} |x_j| \left(\max_{1\leq k\leq n} \sum_{i=1}^{n} |a_{ik}| \right) = \|\boldsymbol{x}\|_1 \max_{1\leq k\leq n} \sum_{i=1}^{n} |a_{ik}|$$

したがって

$$\frac{\|A\boldsymbol{x}\|_1}{\|\boldsymbol{x}\|_1} \leq \max_{1\leq k\leq n} \sum_{i=1}^{n} |a_{ik}| \tag{1.2.9}$$

もしも右辺が $k = m$ で最大になったとすれば，$\boldsymbol{x}$ として単位ベクトル $\boldsymbol{e}_m$ をとることにより (1.2.9) において等号が成立し，(1.2.7) が証明された．

$$\text{(ii)} \quad \|A\boldsymbol{x}\|_\infty = \max_{1\leq i\leq n} \left| \sum_{k=1}^{n} a_{ik}x_k \right| \leq \max_{1\leq i\leq n} \left(\sum_{k=1}^{n} |a_{ik}||x_k| \right)$$

$$\leq \max_{1\leq j\leq n} |x_j| \max_{1\leq i\leq n} \sum_{k=1}^{n} |a_{ik}| = \|\boldsymbol{x}\|_\infty \max_{1\leq i\leq n} \sum_{k=1}^{n} |a_{ik}|$$

したがって

$$\frac{\|A\boldsymbol{x}\|_\infty}{\|\boldsymbol{x}\|_\infty} \leq \max_{1\leq i\leq n} \sum_{k=1}^{n} |a_{ik}| \tag{1.2.10}$$

もしも右辺が $i=m$ で最大になったとすれば，$\boldsymbol{x}$ として $x_k=\bar{a}_{mk}/|a_{mk}|$ $(a_{mk}\neq 0)$, $x_k=0$ $(a_{mk}=0)$ なる成分をもつベクトルをとれば，(1.2.10) において等号が成立し，(1.2.8) が証明された． ■

$\|A\|_2$ については例題 1.2 を見よ．

問題 1.5 $\dfrac{1}{\sqrt{n}}\|A\|_\infty \le \|A\|_2 \le \sqrt{n}\|A\|_\infty$ を証明せよ．

行列の固有値と固有ベクトル

$n\times n$ 正方行列 A の**固有値**は**特性方程式**

$$p(\lambda)=|\lambda I-A|=\begin{vmatrix}\lambda-a_{11} & -a_{12} & \cdots & -a_{1n}\\ -a_{21} & \lambda-a_{22} & \cdots & -a_{2n}\\ \vdots & \vdots & \ddots & \vdots\\ -a_{n1} & -a_{n2} & \cdots & \lambda-a_{nn}\end{vmatrix}=0 \qquad (1.2.11)$$

の解で与えられる．a_{ij} は A の ij 成分である．この特性方程式は λ の n 次多項式である．

$$p(\lambda)=\lambda^n-p_1\lambda^{n-1}+p_2\lambda^{n-2}-\cdots+(-1)^n p_n \qquad (1.2.12)$$

行列式 $|\lambda I-A|$ を展開して，とくに λ^{n-1} の係数および定数項を比較すれば，つぎの関係を得る．

$$p_1=\operatorname{tr}A=\sum_{i=1}^{n}a_{ii} \qquad (1.2.13)$$

$$p_n=|A| \qquad (1.2.14)$$

$\operatorname{tr}A$ を A の**対角和**という．

λ_i が行列 A のある固有値であれば，この λ_i に対応して

$$A\boldsymbol{x}_i=\lambda_i\boldsymbol{x}_i \qquad (1.2.15)$$

を満足するベクトル $\boldsymbol{x}_i$ が存在する．$\boldsymbol{x}_i$ を λ_i に属する**固有ベクトル**という．

問題 1.6 λ を A の固有値とすると A^{-1} の固有値は $1/\lambda$ であることを示せ．

一つの固有値 λ_i に対して 1 次独立な m 個の固有ベクトルが属するとき，この固有値 λ_i は m 重に**縮退**しているという．

相似変換

行列 A に対して任意の正則行列を P とするとき，変換

$$\widetilde{A} = P^{-1}AP \tag{1.2.16}$$

を**相似変換**という．

$$\begin{aligned} |\lambda I - P^{-1}AP| &= |P^{-1}(\lambda I - A)P| = |P^{-1}||\lambda I - A||P| \\ &= |P^{-1}P||\lambda I - A| = |\lambda I - A| \end{aligned}$$

であるから，A と $\widetilde{A} = P^{-1}AP$ の特性方程式は一致し，したがって両者の固有値は等しい．特性方程式が一致するから，相似変換によってその λ^{n-1} の係数 p_1 すなわち対角和は不変に保たれる．

スペクトル半径

A の固有値 λ_i，固有ベクトル $\boldsymbol{x}_i$ に関して，(1.2.15) のノルムをとれば

$$\|A\boldsymbol{x}_i\| = \|\lambda_i \boldsymbol{x}_i\| = |\lambda_i|\|\boldsymbol{x}_i\|$$

であるから

$$\frac{\|A\boldsymbol{x}_i\|}{\|\boldsymbol{x}_i\|} = |\lambda_i|$$

となる．したがって次式が成立する．

$$\|A\| = \sup_{\boldsymbol{x} \neq 0} \frac{\|A\boldsymbol{x}\|}{\|\boldsymbol{x}\|} \geq |\lambda_i| \tag{1.2.17}$$

$|\lambda_i|$ の最大値を $\rho(A)$ と書き，これを正方行列 A の**スペクトル半径**という．

$$\rho(A) = \max_i |\lambda_i| \tag{1.2.18}$$

これからつぎの定理が得られる．

定理 1.2 $\|A\|$ を行列 A の自然なノルムとするとき

$$\rho(A) \leq \|A\| \tag{1.2.19}$$

対称行列と直交行列

行列 A の行と列をすべて入れ換え，各成分をその複素共役な値で置換した行列を A の**転置共役行列**といい A^* で表わす．$A = A^*$ を満足する行列 A を**エルミート行列**，$A^*A = AA^* = I$ を満足する行列 A を**ユニタリ行列**という．A の成分がすべて実数のとき，A^* は単なる**転置行列** A^{T} である[3]．そして $A = A^{\mathrm{T}}$ のとき A を**対称行列**，$A^{\mathrm{T}}A = AA^{\mathrm{T}} = I$ のとき A を**直交行列**という．以下転置行列，対称行列，あるいは直交行列という場合は，成分はすべて実数であるものとする．

相似変換 $P^{-1}AP$ において，P がユニタリ行列のときこれを**ユニタリ変換**，P が直交行列のとき**直交変換**という．

n 次元ベクトルも n 行 1 列の行列と考えて，これらの定義をそのまま適用することにする．このとき，ユークリッド空間およびユニタリ空間において，二つのベクトル $\boldsymbol{x}, \boldsymbol{y}$ の内積はそれぞれつぎのように表わすことができる．

$$(\boldsymbol{x}, \boldsymbol{y}) = \boldsymbol{y}^{\mathrm{T}}\boldsymbol{x} = \boldsymbol{x}^{\mathrm{T}}\boldsymbol{y}, \quad (\boldsymbol{x}, \boldsymbol{y}) = \boldsymbol{y}^*\boldsymbol{x} \tag{1.2.20}$$

例題 1.2 $B = A^*A$ とするとき，$\|A\|_2 = \sqrt{\rho(B)}$ である．とくに A がエルミート行列ならば

$$\|A\|_2 = \rho(A) \tag{1.2.21}$$

解 B はエルミート行列であるから，これを対角化するユニタリ行列 P が存在する[4]．

$$P^*BP = D$$

D は B の固有値 μ_i を対角成分にもつ対角行列である．

$$D = \begin{pmatrix} \mu_1 & & & 0 \\ & \mu_2 & & \\ & & \ddots & \\ 0 & & & \mu_n \end{pmatrix}$$

一方，任意のベクトル $\boldsymbol{x} \neq 0$ に対して

$$J \equiv \frac{\|A\boldsymbol{x}\|_2}{\|\boldsymbol{x}\|_2} = \frac{\sqrt{\boldsymbol{x}^*A^*A\boldsymbol{x}}}{\sqrt{\boldsymbol{x}^*\boldsymbol{x}}} = \frac{\sqrt{\boldsymbol{x}^*B\boldsymbol{x}}}{\sqrt{\boldsymbol{x}^*\boldsymbol{x}}}$$

---

3) A の転置行列を ${}^t\!A$ と書く書物もある．

4) [14] を参照せよ．もし可能であればたとえばすべての固有ベクトルを列ベクトルとしてもつ行列を P とすればよい．

となるが，ここで，上のユニタリ行列 P を使って $\boldsymbol{x} = P\boldsymbol{y}$ とおくと

$$J = \frac{\sqrt{\boldsymbol{y}^* P^* B P \boldsymbol{y}}}{\sqrt{\boldsymbol{y}^* P^* P \boldsymbol{y}}} = \frac{\sqrt{\boldsymbol{y}^* D \boldsymbol{y}}}{\sqrt{\boldsymbol{y}^* \boldsymbol{y}}} = \frac{\sqrt{\sum_i \mu_i |y_i|^2}}{\sqrt{\sum_k |y_k|^2}}$$

ところで，固有値 μ_i に属する B の固有ベクトルを $\boldsymbol{x}_i$ とすると，$\boldsymbol{x}_i{}^* B \boldsymbol{x}_i = \mu_i \boldsymbol{x}_i{}^* \boldsymbol{x}_i$ であるから

$$\mu_i = \frac{\boldsymbol{x}_i{}^* B \boldsymbol{x}_i}{\boldsymbol{x}_i{}^* \boldsymbol{x}_i} = \frac{\|A\boldsymbol{x}_i\|^2}{\|\boldsymbol{x}_i\|^2}$$

これから $\mu_i \geq 0$ であることがわかる．したがって

$$J \leq \frac{\sqrt{\left(\max_i \mu_i\right) \sum_k |y_k|^2}}{\sqrt{\sum_k |y_k|^2}} = \sqrt{\max_i \mu_i} = \sqrt{\rho(B)} \tag{1.2.22}$$

μ_i のうち最大のものを μ_M とするとき，$\boldsymbol{y}$ としてその第 M 成分のみが 1 で他は 0 である単位ベクトル $\boldsymbol{e}_M$ をとれば，(1.2.22) において等号が成立する．したがって

$$\max_{\boldsymbol{x} \neq 0} J = \|A\|_2 = \sqrt{\rho(B)}$$

つぎに，A がエルミート行列であれば，A の固有値 λ_i に属する固有ベクトルを $\boldsymbol{x}_i$ とすると

$$B\boldsymbol{x}_i = A^* A \boldsymbol{x}_i = AA\boldsymbol{x}_i = A(\lambda_i \boldsymbol{x}_i) = \lambda_i{}^2 \boldsymbol{x}_i$$

であるから $\lambda_i{}^2 = \mu_i$ となる．したがって

$$\|A\|_2 = \max_i |\lambda_i| = \rho(A)$$

■

行列の条件数

A が $n \times n$ 正則行列のとき

$$\kappa_\alpha(A) = \|A\|_\alpha \|A^{-1}\|_\alpha \tag{1.2.23}$$

を A の**条件数**という．この値はノルムの定義 $\|A\|_\alpha$ に依存することはいうまでもない．とくに，A がエルミート行列のとき，ノルム $\|A\|_2$ に関してつぎの関係が成立する．

$$\kappa_2(A) = \|A\|_2 \|A^{-1}\|_2 = \max_i |\lambda_i| \max_i \left| \frac{1}{\lambda_i} \right| = \frac{\max_i |\lambda_i|}{\min_i |\lambda_i|} \tag{1.2.24}$$

すなわち条件数は最大固有値と最小固有値の比で表わされる．しかしエルミー

ト行列でない場合には固有値の比が小さくても条件数が著しく大きくなる例があるから注意を要する．

条件数のもつ意味はあとで明らかになる（1.5 節参照）．

問題 1.7 すべての $n \times n$ 行列 A に対して

$$m\kappa_\alpha(A) \le \kappa_\beta(A) \le M\kappa_\alpha(A) \tag{1.2.25}$$

を満足する $m,\ M > 0$ が存在することを示せ．

行列のユークリッドノルム

これまで行列のノルムとしては (1.2.3) で定義される自然なノルムを考えてきたが，(1.2.3) で定義されない行列のノルムも存在する．つぎの**ユークリッドノルム** $\|A\|_E$ はその一例であり，これは計算が容易なために用いられることがある．

$$\|A\|_E = \sqrt{\sum_{i,j} |a_{ij}|^2} \tag{1.2.26}$$

a_{ij} は A の ij 成分である．これが自然なノルムでないことは単位行列 I のノルムを考えれば明らかであろう．$\|A\|_E$ と $\|A\|_2$ の関係をつぎに示す．

定理 1.3 すべての $n \times n$ 行列 A に対して

$$\frac{1}{\sqrt{n}}\|A\|_E \le \|A\|_2 \le \|A\|_E \tag{1.2.27}$$

証明 $B = A^*A$ とおくと，B の ii 成分は $b_{ii} = \sum_j \bar{a}_{ji}a_{ji} = \sum_j |a_{ji}|^2$ である．したがって

$$\mathrm{tr}\, B = \sum_{i,j} |a_{ij}|^2 = {\|A\|_E}^2 \tag{1.2.28}$$

一方，B はエルミート行列であるから適当なユニタリ行列による相似変換によって固有値 $\mu_i \ge 0$ を対角成分にもつ対角行列に変換できる．そして相似変換により対角和は不変であるから

$$\mathrm{tr}\, B = \sum_i \mu_i \tag{1.2.29}$$

が成立する．したがって，$\max_i \mu_i \le \mathrm{tr}\, B \le n \max_i \mu_i$．それゆえ

$$ {\|A\|_2}^2 \le {\|A\|_E}^2 \le n{\|A\|_2}^2 $$

■

しかしながら $\|A\|$ のようなノルムは理論上の扱いが不便であるので，以下

とくに断らないかぎり行列のノルムとしては (1.2.3) で定義される自然なノルムをとるものとする．

固有値の存在範囲

行列のノルムに関するこれまでの考察から，行列 A の固有値の最大値に関するいくつかの評価が得られる．まず $\|A\|_\infty \geq \max_i |\lambda_i|$ および (1.2.8) より

$$\max_i |\lambda_i| \leq \max_i \sum_k |a_{ik}| \tag{1.2.30}$$

また $\|A\|_1 \geq \max_i |\lambda_i|$ および (1.2.7) より

$$\max_i |\lambda_i| \leq \max_k \sum_i |a_{ik}| \tag{1.2.31}$$

A がエルミート行列ならば，$\|A\|_2 \leq \|A\|_E$ より

$$\max_i |\lambda_i| \leq \sqrt{\sum_{i,j} |a_{ij}|^2} \tag{1.2.32}$$

これらは行列の固有値を求めるとき，その存在範囲を知る手がかりとなるであろう．つぎの定理もまた同じ目的に対して有用である．

定理 1.4（ゲルシュゴリン） 中心が a_{ii}，半径が $r_i = \sum_{i \neq j} |a_{ij}|$ の円で囲まれた複素平面内の領域を S_i とする．このとき行列 $A = (a_{ij})$ のすべての固有値 λ_k は和集合 $\bigcup_{i=1}^{n} S_i$ の内部に存在する．すなわち

$$|a_{ii} - \lambda_k| \leq \sum_{j \neq i} |a_{ij}| \tag{1.2.33}$$

をみたす行番号 i が存在する．

証明 $\boldsymbol{x}$ を λ_k に属する A の固有ベクトルとする．$\boldsymbol{x}$ の成分のうち絶対値最大のものを x_i とする．すなわち $|x_i| \geq |x_j|$．このとき $A\boldsymbol{x} = \lambda_k \boldsymbol{x}$ の第 i 行を書き下すことにより

$$a_{ii} - \lambda_k = -\sum_{j \neq i} a_{ij} \frac{x_j}{x_i}$$

となる．これからただちに結論を得る． ■

1.3 浮動小数点数と丸め誤差

次節以下において連立 1 次方程式を数値的に解く方法を論ずるが，その前に数値計算において一般には避けることのできない丸め誤差について述べておく．

浮動小数点数

計算機で扱われる数値の集合はけっして実数全体ではない．この集合は 0 およびつぎの形をもつ有限桁の数から成る．

$$\pm.d_1 d_2 \cdots d_t \times N^q, \quad d_1 \neq 0 \tag{1.3.1}$$

これを N 進 t 桁の**浮動小数点数**という．たとえば $+.2361974 \times 10^{-3}$ は 10 進 7 桁の浮動小数点数である．ふつうの計算機では N は 2, 10, 16 のいずれかである．$.d_1 d_2 \cdots d_t$ を**仮数部**といい，N^q を**指数部**という．仮数部を構成する各整数 d_i はつぎの不等式を満足していることはいうまでもない．

$$0 \leq d_i \leq N-1 \tag{1.3.2}$$

また指数 q は整数であり，これには計算機に固有の上限と下限が存在する．

$$-m \leq q \leq M \tag{1.3.3}$$

このように浮動小数点数の集合は実軸上の孤立点から成る有限集合であり，しかも容易にわかるようにその分布は等間隔ではない．

丸め誤差

一般の実数 x は計算機の中では x に最も近い浮動小数点数 x_R に近似的に置き換えられる．x が二つの浮動小数点数のちょうど中間に位置しているときには絶対値の大きいほうを x_R とする．これを x を x_R に**丸める**といい，$x_R - x$ を**丸め誤差**という[5)]．

丸め誤差に関してつぎの定理が成立する．

---

5) この操作は 10 進の場合 4 捨 5 入である．これに対して，$x < x_R$ をみたす x に最も近い浮動小数点数 x_R に置き換えるシステム，あるいは $x > x_R$ をみたす x に最も近い浮動小数点数 x_R に置き換えるシステムも存在する．前者を**上向きの丸め**，後者を**下向きの丸め**という．

定理 1.5

$$|x_R - x| \leq \frac{1}{2}|x|N^{1-t} \tag{1.3.4}$$

証明 $x = 0$ のときは $x_R = 0$ だから自明である．$x \neq 0$ のとき

$$N^{q-1} \leq |x| < N^q \tag{1.3.5}$$

を満足する整数 q が存在する．このとき区間 $[N^{q-1}, N^q]$ において浮動小数点数は一定の間隔 N^{q-t} で分布しているから，$|x|$ に最も近い浮動小数点数は $|x|$ から $(1/2)N^{q-t}$ 以下の距離に存在しているはずである．したがって

$$|x - x_R| \leq \frac{1}{2}N^{q-t} \leq \frac{1}{2}|x|N^{1-t} \tag{1.3.6}$$

■

問題 1.8 1 より少し大きい実数を 16 進浮動小数点数で置き換えたときの誤差は，1 より少し小さい実数を置き換えたときの誤差に比較してかなり大きい．なぜか．

浮動小数点数の集合を F として，F における演算を乗算を例にとって調べてみよう．二つの数 $x_R, y_R \in F$ を乗ずると $x_R \times y_R$ になるが，これは一般には集合 F に入らない．なぜなら，たとえば 10 進 t 桁の数を掛け合わせれば 10 進 $2t-1$ 桁または $2t$ 桁の数になるからである．計算機ではこの結果はただちに F に属する浮動小数点数，すなわち 10 進 t 桁の数に丸められる．あとで連立 1 次方程式の反復解法の収束において直接みるように，集合 F に属する数に関する演算の結果が F に入らないということは数学的な取り扱いを著しく不便にする．また，乗算が 1 回行なわれるごとに丸めが行なわれるので，3 個以上の数の乗算の場合乗ずる順序によって丸められた結果が異なってくる可能性がある．すなわち集合 F における乗算において結合則が成立しない．

このように計算機による数値計算の中で丸め誤差はさまざまな困難を生ずるが，一方これを避けて通るわけにはゆかない．数値解析においては，1 回ごとの演算において生ずる丸め誤差の上界を適当に与え，すべての演算における丸め誤差の累積をこの上界をもって評価するという方法がしばしばとられる．本書でもこの方法を多く採用する．この方法は上界の与え方によっては簡単なものになることがあるが，そのかわり得られる結果の有用性は概して乏しい．

しかし一般に丸め誤差は小さく，また数値計算で用いられるアルゴリズムはほとんど例外なく実数を対象にした原理のうえに構成されている．したがって

本書では主としてまず丸め誤差を除いて解析を行ない，必要に応じて丸め誤差の影響を考慮に入れるという方法をとる．

桁 落 ち

浮動小数点演算でしばしば大きな誤差を生ずる現象として，ほとんど等しい値の数の減算において生ずるいわゆる**桁落ち**がある．これは浮動小数点表示(1.3.1) についていえば, 符号と q が等しく、仮数部の上位の $d_1, d_2, \ldots, d_s$, $s \leq t$ の一致する数の減算を行なうと，仮数部において s 桁の情報が失われることによる．したがって値のほとんど等しい数値の減算は避けるように工夫しなければならない．たとえば 2 次方程式 $ax^2 + bx + c = 0$ の解は

$$x_1 = \frac{-b + \sqrt{b^2 - 4ac}}{2a}, \quad x_2 = \frac{-b - \sqrt{b^2 - 4ac}}{2a} \tag{1.3.7}$$

で与えられるが，いま $b > 0$ でかつ $b^2 \gg 4|ac|$ であると x_1 の分子の計算において桁落ちの生ずることは明らかである．このようなとき

$$x_1 = \frac{2c}{-b - \sqrt{b^2 - 4ac}} \tag{1.3.8}$$

と変形して計算を行なえばこの桁落ちを避けることができる．

1.4 連立 1 次方程式と逆行列

連立 1 次方程式

n 個の未知数 $x_1, x_2, \ldots, x_n$ に関する**連立 1 次方程式**

$$\sum_{j=1}^{n} a_{ij} x_j = b_i, \quad i = 1, 2, \ldots, n \tag{1.4.1}$$

は，$n \times n$ 行列 A および n 次元ベクトル $\boldsymbol{x}, \boldsymbol{b}$ を

$$A = \begin{pmatrix} a_{11} & a_{12} & \cdots & a_{1n} \\ a_{21} & a_{22} & \cdots & a_{2n} \\ \vdots & \vdots & \ddots & \vdots \\ a_{n1} & a_{n2} & \cdots & a_{nn} \end{pmatrix}, \quad \boldsymbol{x} = \begin{pmatrix} x_1 \\ x_2 \\ \vdots \\ x_n \end{pmatrix}, \quad \boldsymbol{b} = \begin{pmatrix} b_1 \\ b_2 \\ \vdots \\ b_n \end{pmatrix} \tag{1.4.2}$$

と定義すれば，行列形式によって

$$A\boldsymbol{x} = \boldsymbol{b} \tag{1.4.3}$$

と表わされる．与えられた方程式の係数の行列 A が正則であれば，その逆行列 A^{-1} が存在し，方程式 (1.4.3) の解は

$$\boldsymbol{x} = A^{-1}\boldsymbol{b} \tag{1.4.4}$$

で与えられる．

逆 行 列

正則行列 A の**逆行列** A^{-1} は連立1次方程式を解くことによって得られる．いま，第 k 成分だけが 1 で他はすべて 0 である (1.1.23) の単位ベクトル $\boldsymbol{e}_k$ を右辺にもつ n 組の連立1次方程式

$$A\boldsymbol{x}_k = \boldsymbol{e}_k, \quad k = 1, 2, \ldots, n \tag{1.4.5}$$

を考える．この方程式の解 $\boldsymbol{x}_k$ を第 k 列にもつ行列を X とすると，明らかに $AX = I$ である．したがって，A の逆行列は X で与えられる．

1.5 方程式を近似したために生ずる誤差

計算機で連立1次方程式 $A\boldsymbol{x} = \boldsymbol{b}$ を実際に解くときには，A あるいは $\boldsymbol{b}$ の成分は計算が開始される時点ですでに丸め誤差 ΔA, $\Delta\boldsymbol{b}$ をもつ近似値で置き換えられている．すなわち実際に解かれる方程式は

$$(A + \Delta A)(\boldsymbol{x} + \Delta\boldsymbol{x}) = \boldsymbol{b} + \Delta\boldsymbol{b} \tag{1.5.1}$$

である．方程式 (1.5.1) を解く際の誤差の伝播を追跡し，解 $\boldsymbol{x}$ に対する影響 $\Delta\boldsymbol{x}$ を定量的に評価することは可能であるが，ここでは誤差の影響の概略を定性的に調べることにする．以下に述べる議論は，方程式 (1.5.1) におけるデータ A, ΔA および $\boldsymbol{b}$, $\Delta\boldsymbol{b}$ にのみ依存し，解法には依存しないことを注意しておく．

方程式のもつ誤差の影響

行列 A は正則であり，その誤差 ΔA は十分小さく

$$\|\Delta A\| < \frac{1}{\|A^{-1}\|} \tag{1.5.2}$$

が成立しているものと仮定する．このときつぎの定理が成立する．

定理 1.6 仮定 (1.5.2) のもとで，正則行列 A に関する方程式 (1.5.1) に対してつぎの不等式が成り立つ．

$$\frac{\|\Delta \boldsymbol{x}\|}{\|\boldsymbol{x}\|} \leq \frac{\kappa(A)}{1-\kappa(A)\|\Delta A\|/\|A\|}\left(\frac{\|\Delta A\|}{\|A\|}+\frac{\|\Delta \boldsymbol{b}\|}{\|\boldsymbol{b}\|}\right) \tag{1.5.3}$$

ここで $\kappa(A)$ は A の条件数である．

証明 一般に行列 $I+G$ が正則であれば，恒等式

$$(I+G)^{-1} = I - G(I+G)^{-1} \tag{1.5.4}$$

が成立する．ここで両辺のノルムをとれば

$$\|(I+G)^{-1}\| \leq 1 + \|G\|\,\|(I+G)^{-1}\|$$

となるが，さらにもしも $\|G\| < 1$ であれば

$$\|(I+G)^{-1}\| \leq \frac{1}{1-\|G\|} \tag{1.5.5}$$

となる．ところで $A^{-1}\Delta A$ のある固有値を λ とすると (1.2.19) より $\|A^{-1}\Delta A\| \geq |\lambda|$ であるから仮定 (1.5.2) より $1 > \lambda$ となる．行列 $I + A^{-1}\Delta A$ の固有値は $1+\lambda$ であり，いまの場合この行列は正則である．そこで不等式 (1.5.5) において G のかわりに $A^{-1}\Delta A$ とおくと

$$\|(I+A^{-1}\Delta A)^{-1}\| \leq \frac{1}{1-\|A^{-1}\Delta A\|} \leq \frac{1}{1-\|A^{-1}\|\,\|\Delta A\|} \tag{1.5.6}$$

が成立する．

つぎに $A\boldsymbol{x} = \boldsymbol{b}$ および (1.5.1) より

$$(\Delta A)\boldsymbol{x} + (A+\Delta A)\Delta\boldsymbol{x} = \Delta\boldsymbol{b}$$

となるが，これの左側から A^{-1} を乗ずると

$$A^{-1}(\Delta A)\boldsymbol{x} + (I + A^{-1}\Delta A)\Delta\boldsymbol{x} = A^{-1}\Delta\boldsymbol{b}$$

を得る．これを $\Delta\boldsymbol{x}$ に関して解くと

$$\Delta\boldsymbol{x} = (I+A^{-1}\Delta A)^{-1}A^{-1}(-(\Delta A)\boldsymbol{x} + \Delta\boldsymbol{b})$$

両辺のノルムをとって $\|\boldsymbol{x}\|$ で割り，(1.5.6) を使えば

$$\frac{\|\Delta \boldsymbol{x}\|}{\|\boldsymbol{x}\|} \leq \frac{\|A^{-1}\|}{1-\|A^{-1}\|\,\|\Delta A\|}\left(\|\Delta A\| + \frac{\|\Delta \boldsymbol{b}\|}{\|\boldsymbol{x}\|}\right)$$

一方，$A\boldsymbol{x} = \boldsymbol{b}$ より $\|\boldsymbol{b}\| \leq \|A\|\|\boldsymbol{x}\|$ が成立し，定理の結論を得る． ■

この定理から，条件数 $\kappa(A) = \|A\|\|A^{-1}\|$ が大であると，行列 A あるいは

ベクトル $\boldsymbol{b}$ の小さな変化が解に大きな影響を及ぼすことがわかる．たとえば A が対称行列のとき，ノルムとして $\|A\|_2$ を採用すると条件数は (1.2.24) より A の絶対値最大の固有値と最小の固有値の比で表現される．したがって固有値の大きさがひどく違う対称行列は性質の悪い行列であるということができる．このような行列を係数にもつ方程式は，その係数あるいは右辺が誤差をもつかぎりいかなる解法を用いても良い結果が得られない可能性がある．

逆行列のノルムの評価

上述の評価には逆行列のノルム $\|A^{-1}\|$ が必要であるが，一般に逆行列のノルムを知ることは困難である．しかしもしも A^{-1} が何らかの方法で近似的に求められたならば，その近似逆行列のノルムによって真の逆行列 A^{-1} のノルムをつぎのようにして評価することができる．求められた A^{-1} の近似逆行列を X とする．XA を計算しその残差行列を

$$R = I - XA \tag{1.5.7}$$

とおく．R は一般に小さな量で，X が A^{-1} に一致すれば $R = 0$ である．そこで $\|R\| < 1$ を仮定する．残差 (1.5.7) の右側から A^{-1} を乗ずると $RA^{-1} = A^{-1} - X$, すなわち $A^{-1} = X + RA^{-1}$ を得る．ここでノルムをとれば $\|A^{-1}\| \le \|X\| + \|R\|\,\|A^{-1}\|$ となり，これよりつぎの評価が得られる．

$$\|A^{-1}\| \le \frac{\|X\|}{1 - \|R\|} \tag{1.5.8}$$

連立1次方程式 $A\boldsymbol{x} = \boldsymbol{b}$ の近似解 $\hat{\boldsymbol{x}}$ について，$\boldsymbol{x}$ を真の解とすると

$$\|\boldsymbol{x} - \hat{\boldsymbol{x}}\| \le \frac{\|X\|\|\boldsymbol{b} - A\hat{\boldsymbol{x}}\|}{1 - \|R\|} \tag{1.5.9}$$

が成り立つ．なぜなら，

$$\|\boldsymbol{x} - \hat{\boldsymbol{x}}\| = \|A^{-1}\boldsymbol{b} - A^{-1}A\hat{\boldsymbol{x}}\| = \|A^{-1}(\boldsymbol{b} - A\hat{\boldsymbol{x}})\| \le \|A^{-1}\|\|\boldsymbol{b} - A\hat{\boldsymbol{x}}\|$$

となるからである．

問題 1.9 近似逆行列 X の誤差に関してつぎの関係が成り立つことを示せ．

$$\|A^{-1} - X\| \le \frac{\|X\|\|R\|}{1 - \|R\|} \tag{1.5.10}$$

1.6 ガウスの消去法

ガウスの消去法

本節から連立1次方程式を解くための具体的な方法を順次論ずる．まず消去法から始めよう．解くべき方程式 $A\boldsymbol{x}=\boldsymbol{b}$ を再び成分ごとに書いておく．

$$\begin{cases} a_{11}^{(1)}x_1 + a_{12}^{(1)}x_2 + \cdots + a_{1n}^{(1)}x_n = b_1^{(1)} & ① \\ a_{21}^{(1)}x_1 + a_{22}^{(1)}x_2 + \cdots + a_{2n}^{(1)}x_n = b_2^{(1)} & ② \\ a_{31}^{(1)}x_1 + a_{32}^{(1)}x_2 + \cdots + a_{3n}^{(1)}x_n = b_3^{(1)} & ③ \\ \cdots\cdots\cdots & \\ a_{n1}^{(1)}x_1 + a_{n2}^{(1)}x_2 + \cdots + a_{nn}^{(1)}x_n = b_n^{(1)} & ⓝ \end{cases} \tag{1.6.1}$$

各係数 a_{ij} および b_j の右上の添字は消去の過程を明確にするために付したものである．

消去の第1段は，方程式 ②, ③, ..., ⓝ の x_1 を含む項，すなわち $a_{21}^{(1)}x_1$, $a_{31}^{(1)}x_1$, ..., $a_{n1}^{(1)}x_1$ を消去することである．まず $a_{21}^{(1)}x_1$ を消去するために ① 式に $m_{21}\equiv a_{21}^{(1)}/a_{11}^{(1)}$ を乗じて ② からこれを引けば

$$(a_{22}^{(1)} - m_{21}a_{12}^{(1)})x_2 + \cdots + (a_{2n}^{(1)} - m_{21}a_{1n}^{(1)})x_n = b_2^{(1)} - m_{21}b_1^{(1)}$$

となる．つぎに $a_{31}^{(1)}x_1$ を消去するために ① 式に $m_{31}=a_{31}^{(1)}/a_{11}^{(1)}$ を乗じて ③ から引く．これをくりかえし $a_{n1}^{(1)}x_1$ まですべてを消去すれば結局方程式はつぎの形になる．

$$\begin{cases} a_{11}^{(1)}x_1 + a_{12}^{(1)}x_2 + \cdots + a_{1n}^{(1)}x_n = b_1^{(1)} & ①' \\ \qquad\quad a_{22}^{(2)}x_2 + \cdots + a_{2n}^{(2)}x_n = b_2^{(2)} & ②' \\ \qquad\quad a_{32}^{(2)}x_2 + \cdots + a_{3n}^{(2)}x_n = b_3^{(2)} & ③' \\ \qquad\qquad \cdots\cdots\cdots & \\ \qquad\quad a_{n2}^{(2)}x_2 + \cdots + a_{nn}^{(2)}x_n = b_n^{(2)} & ⓝ' \end{cases}$$

ただし

$$\begin{cases} a_{22}^{(2)} = a_{22}^{(1)} - m_{21}a_{12}^{(1)},\ a_{32}^{(2)} = a_{32}^{(1)} - m_{31}a_{12}^{(1)}, \ldots, \\ \qquad\qquad\qquad\qquad\qquad\qquad a_{nn}^{(2)} = a_{nn}^{(1)} - m_{n1}a_{1n}^{(1)} \\ b_2^{(2)} = b_2^{(1)} - m_{21}b_1^{(1)},\ b_3^{(2)} = b_3^{(1)} - m_{31}b_1^{(1)}, \ldots \end{cases}$$

つぎに消去の第 2 段では ③′, …, ⓝ′ の x_2 を含む項 $a_{32}^{(2)}x_2$, …, $a_{n2}^{(2)}x_2$ を消去する．このための手順は第 1 行の ①′ を除いて ②′, …, ⓝ′ を新たに与えられた方程式のように考えれば第 1 段の消去とまったく同様である．

第 $k-1$ 段まで消去が進むと，方程式はつぎの形になる．

$$\left\{\begin{aligned}
a_{11}^{(1)}x_1 + a_{12}^{(1)}x_2 + \cdots + a_{1k}^{(1)}x_k + \cdots + a_{1n}^{(1)}x_n &= b_1^{(1)}\\
a_{22}^{(2)}x_2 + \cdots + a_{2k}^{(2)}x_k + \cdots + a_{2n}^{(2)}x_n &= b_2^{(2)}\\
\cdots\cdots\cdots&\\
a_{kk}^{(k)}x_k + \cdots + a_{kn}^{(k)}x_n &= b_k^{(k)}\\
a_{k+1,k}^{(k)}x_k + \cdots + a_{k+1,n}^{(k)}x_n &= b_{k+1}^{(k)}\\
\cdots\cdots\cdots&\\
a_{nk}^{(k)}x_k + \cdots + a_{nn}^{(k)}x_n &= b_n^{(k)}
\end{aligned}\right. \tag{1.6.2}$$

そして，消去でなされるすべての演算をまとめると，つぎのようになる．

$$\left[\begin{array}{l}
k = 1, 2, \ldots, n-1\\
\left[\begin{array}{l}
i = k+1, k+2, \ldots, n\\
\left[\begin{array}{l}
m_{ik} = a_{ik}^{(k)}/a_{kk}^{(k)}\\
j = k+1, k+2, \ldots, n\\
\quad\left[a_{ij}^{(k+1)} = a_{ij}^{(k)} - m_{ik}a_{kj}^{(k)}\right.\\
b_i^{(k+1)} = b_i^{(k)} - m_{ik}b_k^{(k)}
\end{array}\right.
\end{array}\right.
\end{array}\right. \tag{1.6.3}$$

最終的には左辺が右上三角形をしたつぎの連立 1 次方程式に帰着される．

$$\left\{\begin{aligned}
a_{11}^{(1)}x_1 + a_{12}^{(1)}x_2 + \cdots + a_{1,n-1}^{(1)}x_{n-1} + a_{1n}^{(1)}x_n &= b_1^{(1)}\\
a_{22}^{(2)}x_2 + \cdots + a_{2,n-1}^{(2)}x_{n-1} + a_{2n}^{(2)}x_n &= b_2^{(2)}\\
\cdots\cdots\cdots&\\
a_{n-1,n-1}^{(n-1)}x_{n-1} + a_{n-1,n}^{(n-1)}x_n &= b_{n-1}^{(n-1)}\\
a_{nn}^{(n)}x_n &= b_n^{(n)}
\end{aligned}\right. \tag{1.6.4}$$

このようにして得られた右上三角形の方程式 (1.6.4) を解くことは容易である．すなわち最後の方程式からただちに

$$x_n = \frac{b_n^{(n)}}{a_{nn}^{(n)}}$$

が求められる．これを最後から 2 番目の式に代入してそれを右辺に移項することにより x_{n-1} が求められる．一般に

$$x_k = \frac{b_k^{(k)} - a_{k,k+1}^{(k)} x_{k+1} - a_{k,k+2}^{(k)} x_{k+2} - \cdots - a_{kn}^{(k)} x_n}{a_{kk}^{(k)}} \tag{1.6.5}$$

によって順次それまでに得られた解を代入していくことにより x_1 までのすべての値が求められる．以上述べた方法を**ガウスの消去法**という．なおガウスの消去法にはいくつかの変種があることを注意しておく．

ピボットの選択

消去の第 k 段で現われる $a_{kk}^{(k)}$ を**ピボット**という．もし，ある段階でピボットが 0 になるともはやつぎの段の消去へ進むことができなくなる．このような事態を避けるために，ふつう k 段目の消去へ進む前に (1.6.2) の $a_{kk}^{(k)}$, $a_{k+1,k}^{(k)}$, …, $a_{nk}^{(k)}$ のうちで絶対値最大のものがあらためてピボットになるように方程式の入れ換えを行なう．たとえば $a_{mk}^{(k)}$ の絶対値が最大であったなら k 行と m 行の方程式を入れ換える．こうすれば次段の消去へ進むことができる．

もし $a_{kk}^{(k)}$, $a_{k+1,k}^{(k)}$, …, $a_{nk}^{(k)}$ がすべて 0 であったならばはじめの行列 A は正則でない．なぜならこのとき第 k 行以下の $n-k+1$ 個の連立方程式は未知数 x_k を含まず，$n-k$ 個の未知数 x_{k+1}, x_{k+2}, …, x_n のみをもつ．そしてこれははじめの方程式が解をもたないかまたは解が一意でないことを意味しているからである．

問題 1.10 単にピボットが 0 にならないようにするだけなら 0 でない成分がピボットにくるような方程式の置換をすればよいにもかかわらず，絶対値最大の成分をピボットにもってくるのはなぜか．

1.7 LU 分解と LDL^{T} 分解

LU 分解

方程式 $Ax = \boldsymbol{b}$ を実際にガウスの消去法で解く手順は前節に述べたとおりであるが，この過程は行列を用いて形式的につぎのように表現することができる．まず

$$M_1 = \begin{pmatrix} 1 & & & & \\ -m_{21} & 1 & & 0 & \\ -m_{31} & 0 & 1 & & \\ \vdots & \vdots & \vdots & \ddots & \\ -m_{n1} & 0 & 0 & \cdots & 1 \end{pmatrix} \tag{1.7.1}$$

とおく．前節で各成分の右上に添字を付したのに対応して $A^{(1)} = A$ と書いておくと，消去の第1段は

$$M_1 A^{(1)} = A^{(2)} = \begin{pmatrix} a_{11}^{(1)} & a_{12}^{(1)} & \cdots & a_{1n}^{(1)} \\ 0 & a_{22}^{(2)} & \cdots & a_{2n}^{(2)} \\ \vdots & \vdots & \ddots & \vdots \\ 0 & a_{n2}^{(2)} & \cdots & a_{nn}^{(2)} \end{pmatrix} \tag{1.7.2}$$

なる演算を行なうことと等しい．これは，積 $M_1A^{(1)}$ の各行をとり出し実際の消去の演算と比較することにより容易に確かめられる．一般に消去の第 k 段は

$$M_k = \begin{pmatrix} 1 & & & & & & & \\ 0 & 1 & & & & & & \\ \vdots & & \ddots & & & 0 & & \\ 0 & 0 & \cdots & 1 & & & & \\ \vdots & \vdots & & -m_{k+1,k} & 1 & & & \\ \vdots & \vdots & & -m_{k+2,k} & 0 & \ddots & & \\ \vdots & \vdots & & \vdots & \vdots & & \ddots & \\ 0 & 0 & \cdots & -m_{n,k} & 0 & \cdots & \cdots & 1 \end{pmatrix}, \quad m_{jk} = \frac{a_{jk}^{(k)}}{a_{kk}^{(k)}} \tag{1.7.3}$$

とおくと，(1.6.3) より

$$M_k A^{(k)} = A^{(k+1)} \tag{1.7.4}$$

と表わすことができる．最終段まで進めば，結局

$$M_{n-1} M_{n-2} \cdots M_2 M_1 A = A^{(n)}$$

$$= U = \begin{pmatrix} a_{11}^{(1)} & a_{12}^{(1)} & a_{13}^{(1)} & \cdots & a_{1n}^{(1)} \\ & a_{22}^{(2)} & a_{23}^{(2)} & \cdots & a_{2n}^{(2)} \\ & & a_{33}^{(3)} & \cdots & a_{3n}^{(3)} \\ & 0 & & \ddots & \vdots \\ & & & & a_{nn}^{(n)} \end{pmatrix} \tag{1.7.5}$$

となる．この行列 U のように対角線より左下にある成分がすべて 0 の行列を，**右上三角行列**という．

右辺のベクトルにも同様の操作

$$M_{n-1}M_{n-2}\cdots M_1\boldsymbol{b} = \boldsymbol{b}^{(n)} = \begin{pmatrix} b_1^{(1)} \\ b_2^{(2)} \\ \vdots \\ b_n^{(n)} \end{pmatrix} \tag{1.7.6}$$

を行なえば，方程式 $A\boldsymbol{x} = \boldsymbol{b}$ は (1.7.5) の U を用いてつぎの形に帰着される．

$$U\boldsymbol{x} = \boldsymbol{b}^{(n)} \tag{1.7.7}$$

ところで，M_k の逆行列は

$$M_k{}^{-1} = \begin{pmatrix} 1 & & & & & & & \\ 0 & 1 & & & & & & \\ \vdots & & \ddots & & & 0 & & \\ 0 & 0 & \cdots & 1 & & & & \\ \vdots & \vdots & & m_{k+1,k} & 1 & & & \\ \vdots & \vdots & & m_{k+2,k} & 0 & \ddots & & \\ \vdots & \vdots & & \vdots & \vdots & & \ddots & \\ 0 & 0 & \cdots & m_{n,k} & 0 & \cdots & \cdots & 1 \end{pmatrix}, \quad m_{jk} = \frac{a_{jk}^{(k)}}{a_{kk}^{(k)}} \tag{1.7.8}$$

で与えられる．これは積 $M_k{}^{-1}M_k$ を実際に作れば単位行列 I に等しくなることから容易に確かめられる．さらに行列 L を

$$L = M_1{}^{-1}M_2{}^{-1}\cdots M_{n-1}{}^{-1} \tag{1.7.9}$$

によって定義すると

$$L = \begin{pmatrix} 1 & & & & & \\ m_{21} & 1 & & & 0 & \\ m_{31} & m_{32} & 1 & & & \\ \vdots & \vdots & \vdots & \ddots & & \\ \vdots & \vdots & \vdots & & 1 & \\ m_{n1} & m_{n2} & m_{n3} & \cdots & m_{n,n-1} & 1 \end{pmatrix}, \quad m_{jk} = \frac{a_{jk}^{(k)}}{a_{kk}^{(k)}} \qquad (1.7.10)$$

となる．この行列 L のように対角線より右上にある成分がすべて 0 の行列を，**左下三角行列**という．そして，右上三角行列と左下三角行列を単に**三角行列**とよぶ．

問題 1.11 (1.7.10) を証明せよ．

こうして (1.7.5) と (1.7.9) より，ガウスの消去法によりはじめの行列 A は

$$A = LU \qquad (1.7.11)$$

の形に，左下三角行列 L と右上三角行列 U の積に分解されたことになる．これを行列 A の ***LU* 分解**という．

問題 1.12 $|A| = \prod_{k=1}^{n} a_{kk}^{(k)}$ を証明せよ．

行列 A を LU 分解しておくと，L と U がともに三角行列なので，方程式 $A\boldsymbol{x} = \boldsymbol{b}$ を解くことは簡単である．すなわち，方程式 $A\boldsymbol{x} = \boldsymbol{b}$ は

$$LU\boldsymbol{x} = \boldsymbol{b}$$

と書くことができるから，まず

$$L\boldsymbol{y} = \boldsymbol{b} \qquad (1.7.12)$$

の解 $\boldsymbol{y}$ を求め，つぎにこの $\boldsymbol{y}$ を右辺にもつ方程式

$$U\boldsymbol{x} = \boldsymbol{y} \qquad (1.7.13)$$

を解いて $\boldsymbol{x}$ を求めればよい．方程式 (1.7.12) は，$m_{kk}=1$ に注意すれば

$$
\left[\begin{array}{l}
y_1 = b_1 \\
k = 2, 3, \ldots, n \\
\quad \left[\; y_k = b_k - \displaystyle\sum_{j=1}^{k-1} m_{kj} y_j \right.
\end{array}\right.
\tag{1.7.14}
$$

によって解くことができる．この部分を**前進代入**という．つぎに方程式 (1.7.13) は後から順に

$$
\left[\begin{array}{l}
x_n = y_n / a_{nn}^{(n)} \\
k = n-1, n-2, \ldots, 1 \\
\quad \left[\; x_k = \left(y_k - \displaystyle\sum_{j=k+1}^{n} a_{kj}^{(k)} x_j \right) \Big/ a_{kk}^{(k)} \right.
\end{array}\right.
\tag{1.7.15}
$$

によって解くことができる．この部分を**後退代入**という．後退代入は (1.6.5) の手順にほかならない．

ガウスの消去法によって解を求める手間と，行列 A を LU 分解してから (1.7.14) と (1.7.15) で解を求める手間は同じである．とくに，係数行列 A が同じである方程式を幾組も解くときには，LU 分解した行列 L と U を記憶しておくことは一層有効である．

ガウスの消去法あるいは LU 分解を利用する方法は，連立 1 次方程式を有限の手間で直接解く方法なので，後に 1.9 節で述べる反復法に対して**直接法**とよばれる．

対称行列の LDL^{T} 分解

行列 A を LU 分解して得られる (1.7.5) の右上三角行列 U の各行を対角成分で割ることにより，U をつぎの形に分解することができる．

$$
U = DV \tag{1.7.16}
$$

$$
D = \begin{pmatrix}
a_{11}^{(1)} & & & & \\
& a_{22}^{(2)} & & & 0 \\
& & a_{33}^{(3)} & & \\
0 & & & \ddots & \\
& & & & a_{nn}^{(n)}
\end{pmatrix}
\tag{1.7.17}
$$

$$V = \begin{pmatrix} 1 & v_{12} & v_{13} & \cdots & v_{1n} \\ & 1 & v_{23} & \cdots & v_{2n} \\ & & 1 & \cdots & v_{3n} \\ & 0 & & \ddots & \vdots \\ & & & & 1 \end{pmatrix}, \quad v_{kj} = a_{kj}^{(k)} / a_{kk}^{(k)}, \quad k < j \tag{1.7.18}$$

ここで A が対称行列 $A^{\mathrm{T}} = A$ であり，かつ消去の過程で行の入れ換えを行なわない場合のガウスの消去法を考えよう．このとき，第 k 段でいまだ消去されていない第 k 行以下の部分に関して対称性が保存される．すなわち，(1.6.2) より，ここで対象にしている小行列を

$$A_s^{(k)} = \begin{pmatrix} a_{kk}^{(k)} & a_{k,k+1}^{(k)} & \cdots & a_{kn}^{(k)} \\ a_{k+1,k}^{(k)} & a_{k+1,k+1}^{(k)} & \cdots & a_{k+1,n}^{(k)} \\ \vdots & \vdots & \ddots & \vdots \\ a_{nk}^{(k)} & a_{n,k+1}^{(k)} & \cdots & a_{nn}^{(k)} \end{pmatrix} \tag{1.7.19}$$

とおく．このとき

$$A_s^{(k)} = A_s^{(k)\mathrm{T}} \tag{1.7.20}$$

あるいは成分ごとに書けば

$$a_{ij}^{(k)} = a_{ji}^{(k)}, \quad k \le i, j \le n \tag{1.7.21}$$

が成立する．なぜなら，第 $k-1$ 段目の消去においてなされる演算は，(1.6.3) より

$$a_{ij}^{(k)} = a_{ij}^{(k-1)} - \frac{a_{i,k-1}^{(k-1)}}{a_{k-1,k-1}^{(k-1)}} a_{k-1,j}^{(k-1)} \tag{1.7.22}$$

であるが，もし $a_{\alpha\beta}^{(k-1)} = a_{\beta\alpha}^{(k-1)}$ であれば $a_{ij}^{(k)} = a_{ji}^{(k)}$ となる．ところが初期段階で $A = A^{\mathrm{T}}$，すなわち $a_{\alpha\beta}^{(1)} = a_{\beta\alpha}^{(1)}$ であるから，以下すべての段階でこれが成立し，したがって (1.7.21) が成立する．

以上から，A が対称行列のとき，(1.7.18), (1.7.21) および (1.7.10) によって

$$v_{kj} = \frac{a_{kj}^{(k)}}{a_{kk}^{(k)}} = \frac{a_{jk}^{(k)}}{a_{kk}^{(k)}} = m_{jk} \tag{1.7.23}$$

となる．したがって，V と L の間につぎの関係が成立する．

$$V = L^{\mathrm{T}} \tag{1.7.24}$$

すなわち，対称行列 A は次の積の形に分解できることがわかった．

$$A = LDL^{\mathrm{T}} \tag{1.7.25}$$

これを行列 A の $\boldsymbol{LDL}^{\mathrm{T}}$ **分解**という．

修正コレスキー法

行列 A が対称の場合，(1.7.25) の LDL^{T} 分解から連立 1 次方程式を解くアルゴリズムを直接導くことができる．

行列 D の ii 成分を $d_i = a_{ii}^{(i)}$，行列 L の ij 成分を l_{ij} と書き，(1.7.25) の右辺の積 LDL^{T} の成分を左辺の A の対応する成分と等置すると，$k = 1, 2, \ldots, n$ に対してつぎの関係が得られる．

$$\begin{cases} \displaystyle\sum_{j=1}^{i} l_{kj} d_j l_{ij} = a_{ki}, \quad i = 1, 2, \ldots, k-1 \\ \displaystyle\sum_{i=1}^{k} l_{ki} d_i l_{ki} = a_{kk} \end{cases} \tag{1.7.26}$$

ここで $l_{ii} = 1$ に注意すると，これからつぎの手順が導かれる．

$$\left[\begin{array}{l} d_1 = a_{11} \\ k = 2, 3, \ldots, n \\ \quad \left[\begin{array}{l} i = 1, 2, \ldots, k-1 \\ \quad \left[\, l_{ki} = \left(a_{ki} - \displaystyle\sum_{j=1}^{i-1} l_{kj} l_{ij} d_j\right) \Big/ d_i \right. \\ d_k = a_{kk} - \displaystyle\sum_{i=1}^{k-1} {l_{ki}}^2 d_i \end{array}\right. \end{array}\right. \tag{1.7.27}$$

ただし，和の記号 $\sum$ の上限が下限よりも小さい場合にはその和は 0 とする，と約束する．この式に従って，$d_1 = a_{11}$ から出発して $l_{21}, d_2, l_{31}, l_{32}, d_3, \ldots$ の順に D と L の成分を求めることができる．

A が LDL^{T} の形に分解されれば，$A\boldsymbol{x}=LDL^{\mathrm{T}}\boldsymbol{x}=L\boldsymbol{y}$, $\boldsymbol{y}=DL^{\mathrm{T}}\boldsymbol{x}$ の関係から，三角行列を係数にもつ二つの方程式 $L\boldsymbol{y}=\boldsymbol{b}$, $DL^{\mathrm{T}}\boldsymbol{x}=\boldsymbol{y}$ を解くことによって $A\boldsymbol{x}=\boldsymbol{b}$ の解を求めることができる．この方法は次節に述べるコレスキー法に対する修正版とみなされるので，**修正コレスキー法**という．

1.8　正定値対称行列

ガウス消去法における正定値性の保存

A を $n\times n$ エルミート行列とする．$\boldsymbol{x}^*\boldsymbol{x}>0$ を満たす任意の $\boldsymbol{x}$ に対して

$$\boldsymbol{x}^*A\boldsymbol{x}=\sum_{i,j=1}^{n}a_{ij}\bar{x}_i x_j>0 \tag{1.8.1}$$

が成立するとき，A を**正定値エルミート行列**という．A が実対称行列のときにはこれを**正定値対称行列**という．

行の入れ換えを行なわなければガウス消去法において対称性が保存されることを前節に示したが，このとき同時に正定値性も保存される．すなわち，A が正定値対称行列であれば (1.7.19) で定義される $A_s^{(k)}$ も正定値対称行列になる．これを示そう．

まず，正定値対称行列の対角成分が正 $a_{ii}>0$ であることは $\boldsymbol{x}$ として単位ベクトル $\boldsymbol{e}_i$ をとれば明らかであろう．つぎに，第 k 段でなされる演算は (1.7.22) であるが，この関係式からつぎの恒等式を導くことができる．

$$\sum_{i,j=k}^{n}a_{ij}^{(k)}x_i x_j=\sum_{i,j=k-1}^{n}a_{ij}^{(k-1)}x_i x_j-a_{k-1,k-1}^{(k-1)}\left\{x_{k-1}+\sum_{i=k}^{n}\frac{a_{i,k-1}^{(k-1)}}{a_{k-1,k-1}^{(k-1)}}x_i\right\}^2 \tag{1.8.2}$$

したがって，いま行列 $A_s^{(k)}$ が正定値でないと仮定すると

$$x_{k-1}+\sum_{i=k}^{n}\frac{a_{i,k-1}^{(k-1)}}{a_{k-1,k-1}^{(k-1)}}x_i=0$$

を満たす x_{k-1} をとれば $A_s^{(k-1)}$ もまた正定値でないことになる．この論法を続ければ結局 $A=A^{(1)}$ が正定値でないことになって矛盾する．したがって $A_s^{(k)}, k=1,2,\ldots,n$ は正定値である．

コレスキー法

A が正定値対称行列のとき，これは $A = S^{\mathrm{T}}S$ と分解され，この分解を利用して方程式 (1.6.1) の一つの解法を構成することができる．

A が対称行列であれば (1.7.25) より

$$A = LDL^{\mathrm{T}} \tag{1.8.3}$$

なる分解が可能である．また上でみたように $A_s^{(k)}$ は正定値対称行列であるから $a_{kk}^{(k)} > 0$ である．したがって

$$D^{1/2} = \begin{pmatrix} \sqrt{a_{11}^{(1)}} & & & 0 \\ & \sqrt{a_{22}^{(2)}} & & \\ & & \ddots & \\ 0 & & & \sqrt{a_{nn}^{(n)}} \end{pmatrix} \tag{1.8.4}$$

と書いて積 $S = D^{1/2}L^{\mathrm{T}}$ を作れば A はつぎの形に分解される．

$$A = S^{\mathrm{T}}S \tag{1.8.5}$$

この分解を正定値対称行列 A の**コレスキー分解**という．

この行列 S は右上三角形をしている．

$$S = \begin{pmatrix} s_{11} & s_{12} & \cdots & s_{1n} \\ & s_{22} & \cdots & s_{2n} \\ & & \ddots & \vdots \\ 0 & & & s_{nn} \end{pmatrix} \tag{1.8.6}$$

したがって，いま形式的に積 $S^{\mathrm{T}}S$ の第 ij 成分を作り，それを a_{ij} と等置すると

$$s_{1i}s_{1j} + s_{2i}s_{2j} + \cdots + s_{ii}s_{ij} = a_{ij}, \quad (i \leq j) \tag{1.8.7}$$

となり，これからつぎの関係式が得られる．

$$\left\{ \begin{aligned} s_{ii} &= \sqrt{a_{ii} - \sum_{k=1}^{i-1} {s_{ki}}^2}, & (s_{11} = \sqrt{a_{11}}) \\ s_{ij} &= \left(a_{ij} - \sum_{k=1}^{i-1} s_{ki}s_{kj} \right) \Big/ s_{ii}, & (s_{1j} = a_{1j}/s_{11}) \end{aligned} \right. \tag{1.8.8}$$

この式によって $s_{11}=\sqrt{a_{11}}$ を出発値として $s_{12}, s_{13}, \ldots, s_{1n}, s_{22}, s_{23}, \ldots$ の順に S の成分を求めることができる．S が求められれば，三角行列 S^{T}, S に関する二つの方程式 $S^{\mathrm{T}}\boldsymbol{y}=\boldsymbol{b}$, $S\boldsymbol{x}=\boldsymbol{y}$ を解くことにより $A\boldsymbol{x}=\boldsymbol{b}$ の解が得られる．これを**コレスキー法**という．この方法は行列 A が正定値対称の場合に限り使うことができる．

1.9 反　復　法

行列 A が大規模疎行列の場合に，方程式 $A\boldsymbol{x}=\boldsymbol{b}$ をそれと同値な $\boldsymbol{x}=\boldsymbol{\phi}(\boldsymbol{x})=M\boldsymbol{x}+\boldsymbol{c}$ なる形に変形し，初期値 $\boldsymbol{x}_0$ から出発して逐次代入 $\boldsymbol{x}^{(k+1)}=\boldsymbol{\phi}(\boldsymbol{x}^{(k)})$ を行なって解を求める**反復法** がよく利用される．ここでは，この型の反復法を統一的に記述するために，与えられた行列 A を対角成分のみから成る対角行列 D, 左下三角行列 E および右上三角行列 F の和に**分離**しておく．

$$A=D+E+F \tag{1.9.1}$$

$$D=\begin{pmatrix} a_{11} & & & & \\ & a_{22} & & \text{\Large 0} & \\ & & \ddots & & \\ & \text{\Large 0} & & \ddots & \\ & & & & a_{nn} \end{pmatrix},$$

$$E=\begin{pmatrix} 0 & & & & \\ a_{21} & 0 & & \text{\Large 0} & \\ a_{31} & a_{32} & 0 & & \\ \vdots & & & \ddots & \\ a_{n1} & a_{n2} & \cdots & a_{n,n-1} & 0 \end{pmatrix},\quad F=\begin{pmatrix} 0 & a_{12} & a_{13} & \cdots & a_{1n} \\ & 0 & a_{23} & \cdots & a_{2n} \\ & & \ddots & & \vdots \\ & \text{\Large 0} & & \ddots & a_{n-1,n} \\ & & & & 0 \end{pmatrix} \tag{1.9.2}$$

代表的な反復法につぎの 3 種類がある．

ヤ コ ビ 法

非対角成分に相当する項をすべて右辺に移項したつぎの形において反復を行

なう方法を**ヤコビ法**という.

$$\begin{cases} x_1^{(k+1)} = {a_{11}}^{-1}\{b_1 - (a_{12}x_2^{(k)} + a_{13}x_3^{(k)} + \cdots + a_{1n}x_n^{(k)})\} \\ x_2^{(k+1)} = {a_{22}}^{-1}\{b_2 - (a_{21}x_1^{(k)} + a_{23}x_3^{(k)} + \cdots + a_{2n}x_n^{(k)})\} \\ \qquad \cdots\cdots\cdots \\ x_j^{(k+1)} = {a_{jj}}^{-1}\{b_j - (a_{j1}x_1^{(k)} + \cdots + a_{j,j-1}x_{j-1}^{(k)} + a_{j,j+1}x_{j+1}^{(k)} \\ \qquad + \cdots + a_{jn}x_n^{(k)})\} \\ \qquad \cdots\cdots\cdots \\ x_n^{(k+1)} = {a_{nn}}^{-1}\{b_n - (a_{n1}x_1^{(k)} + a_{n2}x_2^{(k)} + \cdots + a_{n,n-1}x_{n-1}^{(k)})\} \end{cases} \tag{1.9.3}$$

これを行列で記せばつぎのように表わすことができる.

$$\boldsymbol{x}^{(k+1)} = D^{-1}\{\boldsymbol{b} - (E+F)\boldsymbol{x}^{(k)}\}$$

すなわち

$$\boldsymbol{x}^{(k+1)} = -D^{-1}(E+F)\boldsymbol{x}^{(k)} + D^{-1}\boldsymbol{b} \tag{1.9.4}$$

ガウス・ザイデル法

ヤコビ法においてすべての量 $x_1, x_2, \ldots, x_n$ に各段階で得られている最新のデータを代入するようにしたものが**ガウス・ザイデル法**である.

$$x_j^{(k+1)} = {a_{jj}}^{-1}\{b_j - (a_{j1}x_1^{(k+1)} + \cdots + a_{j,j-1}x_{j-1}^{(k+1)} + a_{j,j+1}x_{j+1}^{(k)} + \cdots + a_{jn}x_n^{(k)})\} \tag{1.9.5}$$

このアルゴリズムにおいては，新しい値が計算されたならばただちにもとの値と置き換えられるから，ヤコビ法と比較して記憶場所が節約できる．反復 (1.9.5) の行列による表示はつぎのようになる.

$$\boldsymbol{x}^{(k+1)} = D^{-1}(\boldsymbol{b} - E\boldsymbol{x}^{(k+1)} - F\boldsymbol{x}^{(k)})$$

すなわち

$$\boldsymbol{x}^{(k+1)} = -(D+E)^{-1}F\boldsymbol{x}^{(k)} + (D+E)^{-1}\boldsymbol{b} \tag{1.9.6}$$

SOR 法（加速緩和法）

ガウス・ザイデル法において各段階で計算された値 ${x_j}^{(k+1)}$ を次段でそのま

ま採用せずに，ガウス・ザイデル法で本来修正される量 ${x_j}^{(k+1)} - {x_j}^{(k)}$ に 1 より大きい**加速パラメータ** ω を乗じてこの修正量を拡大し，これを前段で得られている近似値に加えるのが **SOR 法** (successive over-relaxation method) である．この方法を**加速緩和法**ともいう．

$$\begin{cases} \xi_j^{(k+1)} = {a_{jj}}^{-1}\{b_j - (a_{j1}x_1^{(k+1)} + \cdots + a_{j,j-1}x_{j-1}^{(k+1)} + a_{j,j+1}x_{j+1}^{(k)} \\ \qquad\qquad\qquad + \cdots + a_{jn}x_n^{(k)})\} \\ {x_j}^{(k+1)} = {x_j}^{(k)} + \omega({\xi_j}^{(k+1)} - {x_j}^{(k)}) \end{cases} \tag{1.9.7}$$

これは行列でつぎのように表現される．

$$\begin{cases} \boldsymbol{\xi}^{(k+1)} = D^{-1}(\boldsymbol{b} - E\boldsymbol{x}^{(k+1)} - F\boldsymbol{x}^{(k)}) \\ \boldsymbol{x}^{(k+1)} = \boldsymbol{x}^{(k)} + \omega(\boldsymbol{\xi}^{(k+1)} - \boldsymbol{x}^{(k)}) \end{cases}$$

この 2 式から $\boldsymbol{\xi}^{(k+1)}$ を消去すれば次式を得る．

$$\boldsymbol{x}^{(k+1)} = (I + \omega D^{-1}E)^{-1}\{(1-\omega)I - \omega D^{-1}F\}\boldsymbol{x}^{(k)} + \omega(D + \omega E)^{-1}\boldsymbol{b} \tag{1.9.8}$$

反 復 行 列

さて，これら 3 種の反復法はいずれも

$$\boldsymbol{x}^{(k+1)} = M\boldsymbol{x}^{(k)} + N\boldsymbol{b} \tag{1.9.9}$$

の形に表現されている．これを反復の**スキーム**ともいう．行列 M を**反復行列**という．各反復法における反復行列はつぎのようになっている．

ヤコビ法　　　　　: $M_J = -D^{-1}(E + F)$　(1.9.10)

ガウス・ザイデル法 : $M_G = -(D + E)^{-1}F$　(1.9.11)

SOR 法　　　　　　: $M_\omega = (I + \omega D^{-1}E)^{-1}\{(1-\omega)I - \omega D^{-1}F\}$　(1.9.12)

つぎにこれらの反復法の収束を考察する．

1.10　反復法の収束と縮小写像の原理

数値計算では，未知の量 $\boldsymbol{x}$ に対応する適当な列 $\{\boldsymbol{x}^{(k)}\}$ を作り，k を大にするとき $\boldsymbol{x}^{(k)}$ がある一定の範囲内の値に接近してゆくという事実だけからその

極限が求める量 $\boldsymbol{x}$ であると結論することがしばしばある．そのような結論が許されるためには $\boldsymbol{x}^{(k)}$ や $\boldsymbol{x}$ が属している空間が完備であるという条件を満足していなければならない．本章および次章で対象とする空間において完備性自体に疑問が生ずることはないが，ノルム空間の完備性はいわゆる反復法全般にわたっての前提条件であるのでここで簡単にふれておこう．

完備なノルム空間

対象とするノルム空間を R とする．R の元の列 $\{\boldsymbol{x}^{(k)}\}$ が，任意の $\varepsilon > 0$ に対して十分大きな N をとれば $m, n \geq N$ なる m, n に対して

$$\|\boldsymbol{x}^{(m)} - \boldsymbol{x}^{(n)}\| < \varepsilon \tag{1.10.1}$$

となるとき，この列 $\{\boldsymbol{x}^{(k)}\}$ を**コーシー列**という．空間 R における任意のコーシー列の極限が空間 R 自身の元であるとき，R は**完備**であるという．数値計算のいわゆる反復解法によって生成される列は丸め誤差を無視すればふつうコーシー列である．この列が真の解に収束することを結論するために空間の完備性が必要なのである．

われわれが対象としている n 次元ベクトルは，ノルム $\|\boldsymbol{x}\|_2$ をとるとき成分が実数であれば n 次元ユークリッド空間，成分が複素数であれば n 次元ユニタリ空間の元とみなすことができる．そして n 次元ユークリッド空間および n 次元ユニタリ空間は完備であることが知られている[6)]．一方，定理 1.1 より n 次元ベクトルのノルムは互いに同値であり，ベクトルの列 $\{\boldsymbol{x}^{(k)}\}$ がノルム $\|\boldsymbol{x}\|_2$ に関してあるベクトルに収束すれば，他のすべてのノルムに関して $\{\boldsymbol{x}^{(k)}\}$ はその同じベクトルに収束する．したがって，ノルム $\|\boldsymbol{x}\|_2$ によってコーシー列は収束するから他のすべてのノルムによっても収束し，結局これらのノルム空間はすべて完備であることが結論される．

問題 1.13 浮動小数点数を成分にもつ n 次元ベクトル空間に適当なノルムを考えるときこれは完備か．

縮小写像の原理

以上の準備の下に

6) [10] を見よ．

$$\boldsymbol{x}^{(k+1)} = \boldsymbol{\phi}(\boldsymbol{x}^{(k)}) \tag{1.10.2}$$

の形の反復法を考える．このスキームにおいて収束するコーシー列が生成されるための条件を明らかにするために，ここで完備なノルム空間における縮小写像という概念を導入する．ノルム空間 R の元に対して定義されている写像 $\boldsymbol{\phi}$ がつぎの条件を満足しているとき，$\boldsymbol{\phi}$ を R における**縮小写像**という．

i)　任意の $\boldsymbol{x} \in R$ に対して $\boldsymbol{\phi}(\boldsymbol{x}) \in R$ となる．

ii)　任意の $\boldsymbol{x}, \boldsymbol{y} \in R$ に対して

$$\|\boldsymbol{\phi}(\boldsymbol{x}) - \boldsymbol{\phi}(\boldsymbol{y})\| \le q\|\boldsymbol{x} - \boldsymbol{y}\| \tag{1.10.3}$$

が成立するような $0 < q < 1$ なる数 q が存在する．

本章では，写像 $\boldsymbol{\phi}$ として n 次元ノルム空間の元 $\boldsymbol{x}$ に $n \times n$ 行列 M を乗ずる，(1.9.9) に対応するベクトルの 1 次関数 $\boldsymbol{\phi}(\boldsymbol{x}) = M\boldsymbol{x} + \boldsymbol{c}$ を念頭に置いている．このとき $\boldsymbol{\phi}(\boldsymbol{x})$ はやはり同じ n 次元ノルム空間の元であり (i) の条件は満たされている．本節の後半で $M\boldsymbol{x} + \boldsymbol{c}$ に対して条件 (ii) を調べる．次章で $\boldsymbol{\phi}(\boldsymbol{x})$ が非線形である場合を扱う．

縮小写像性は実は方程式 $\boldsymbol{x} = \boldsymbol{\phi}(\boldsymbol{x})$ の解の存在自体において重要な役割を果たしているのである．一般の反復法と関連づけてこれをみよう．

定理 1.7　$\boldsymbol{\phi}$ が完備なノルム空間 R における縮小写像であるとき，方程式

$$\boldsymbol{x} = \boldsymbol{\phi}(\boldsymbol{x}) \tag{1.10.4}$$

は R において唯一の解をもつ．そして $\boldsymbol{x}^{(0)}$ を出発値とする逐次代入

$$\boldsymbol{x}^{(k+1)} = \boldsymbol{\phi}(\boldsymbol{x}^{(k)}) \tag{1.10.5}$$

によって生成される列 $\{\boldsymbol{x}^{(k)}\}$ は，$k \to \infty$ のときこの唯一の解に収束する．

証明　いま $\boldsymbol{x}^{(0)}$ を R の任意の点としてこれから逐次 $\boldsymbol{x}^{(k+1)} = \boldsymbol{\phi}(\boldsymbol{x}^{(k)})$ によって列 $\{\boldsymbol{x}^k\}$ を作ると，$\boldsymbol{\phi}(\boldsymbol{x})$ に対する仮定から $\boldsymbol{x}^{(k)} \in R$ である．さらにこの列 $\{\boldsymbol{x}^{(k)}\}$ は R におけるコーシー列となる．なぜなら，(1.10.3) によって

$$\|\boldsymbol{x}^{(k+1)} - \boldsymbol{x}^{(k)}\| = \|\boldsymbol{\phi}(\boldsymbol{x}^{(k)}) - \boldsymbol{\phi}(\boldsymbol{x}^{(k-1)})\| \le q\|\boldsymbol{x}^{(k)} - \boldsymbol{x}^{(k-1)}\| \tag{1.10.6}$$

の関係をくりかえし用いると

$$\|\boldsymbol{x}^{(k+1)} - \boldsymbol{x}^{(k)}\| \le q^k \|\boldsymbol{x}^{(1)} - \boldsymbol{x}^{(0)}\| \tag{1.10.7}$$

が得られる．これから $m > n$ に対して

$$\begin{aligned}
&\|\boldsymbol{x}^{(m)} - \boldsymbol{x}^{(n)}\| \\
&\le \|\boldsymbol{x}^{(m)} - \boldsymbol{x}^{(m-1)}\| + \|\boldsymbol{x}^{(m-1)} - \boldsymbol{x}^{(m-2)}\| + \cdots + \|\boldsymbol{x}^{(n+1)} - \boldsymbol{x}^{(n)}\| \\
&\le (q^{m-1} + q^{m-2} + \cdots + q^n)\|\boldsymbol{x}^{(1)} - \boldsymbol{x}^{(0)}\| \le \frac{q^n}{1-q}\|\boldsymbol{x}^{(1)} - \boldsymbol{x}^{(0)}\|
\end{aligned} \tag{1.10.8}$$

となる．n を十分大きくとればこれはいくらでも 0 に近づく．

R は完備であるから列 $\{\boldsymbol{x}^{(k)}\}$ は R のある元に収束する．これを $\boldsymbol{x}$ としよう．

$$\boldsymbol{x} = \lim_{k\to\infty} \boldsymbol{x}^{(k)} \tag{1.10.9}$$

一方，(1.10.3) より

$$\|\boldsymbol{\phi}(\boldsymbol{x}) - \boldsymbol{\phi}(\boldsymbol{x}^{(k)})\| \le q\|\boldsymbol{x} - \boldsymbol{x}^{(k)}\|$$

であるから，$\boldsymbol{x}^{(k)} \to \boldsymbol{x}$ のとき $\boldsymbol{\phi}(\boldsymbol{x}^{(k)}) \to \boldsymbol{\phi}(\boldsymbol{x})$ となる．したがって

$$\boldsymbol{\phi}(\boldsymbol{x}) = \boldsymbol{\phi}(\lim_{k\to\infty} \boldsymbol{x}^{(k)}) = \lim_{k\to\infty} \boldsymbol{\phi}(\boldsymbol{x}^{(k)}) = \lim_{k\to\infty} \boldsymbol{x}^{(k+1)} = \boldsymbol{x} \tag{1.10.10}$$

これで $\boldsymbol{x} = \boldsymbol{\phi}(\boldsymbol{x})$ が解をもつことが示された．

つぎに解の一意性を示そう．いま二つの解を $\boldsymbol{x}, \boldsymbol{y}$ とする．

$$\boldsymbol{x} = \boldsymbol{\phi}(\boldsymbol{x}), \quad \boldsymbol{y} = \boldsymbol{\phi}(\boldsymbol{y})$$

このとき

$$\|\boldsymbol{x} - \boldsymbol{y}\| = \|\boldsymbol{\phi}(\boldsymbol{x}) - \boldsymbol{\phi}(\boldsymbol{y})\| \le q\|\boldsymbol{x} - \boldsymbol{y}\| \quad (0 < q < 1)$$

となるから $\|\boldsymbol{x} - \boldsymbol{y}\| = 0$, すなわち $\boldsymbol{x} = \boldsymbol{y}$ である． ■

この証明に現われた列 $\{\boldsymbol{x}^{(k)}\}$ をそのまま数値計算に適用するのが反復法の原理である．解 $\boldsymbol{x}$ は $\boldsymbol{\phi}$ によって $\boldsymbol{x}$ 自身に写像されるので，$\boldsymbol{x}$ を R における写像の**不動点** という．その意味でこの定理 1.7 を**縮小写像の不動点定理**という．

連立 1 次方程式に対する反復法の収束条件

連立 1 次方程式の反復法のスキームは，(1.9.9) に見るようにいずれも

$$\boldsymbol{x}^{(k+1)} = \boldsymbol{\phi}(\boldsymbol{x}^{(k)}) \tag{1.10.11}$$

$$\boldsymbol{\phi}(\boldsymbol{x}) = M\boldsymbol{x} + N\boldsymbol{b} \tag{1.10.12}$$

の形に書くことができる．この反復スキームの反復行列 M がある自然なノル

ムに関して $\|M\| < 1$ を満足していれば，このノルムを誘導したベクトルのノルム空間において写像 $\boldsymbol{\phi}(\boldsymbol{x}) = M\boldsymbol{x} + N\boldsymbol{b}$ は縮小写像になる．なぜならこのとき

$$\|\boldsymbol{\phi}(\boldsymbol{x}) - \boldsymbol{\phi}(\boldsymbol{y})\| = \|M\boldsymbol{x} - M\boldsymbol{y}\| \leq \|M\|\,\|\boldsymbol{x} - \boldsymbol{y}\| \tag{1.10.13}$$

が成立するからである．したがって $\{\boldsymbol{x}^{(k)}\}$ は $A\boldsymbol{x} = \boldsymbol{b}$ の解 $\boldsymbol{x}$ へ収束する．しかし $\|M\| < 1$ なる条件は，反復法が収束するための十分条件ではあるが必要条件ではない．収束のための必要十分条件は M のすべての固有値 μ_i が $|\mu_i| < 1$ を満足することである．以下にこれを示そう．

定理 1.2 より $\|M\| \geq \rho(M)$ であるから一般には $\rho(M) < 1$ から $\|M\| < 1$ は結論できない．しかし任意の $n \times n$ 行列 M に対して $\rho(M) < 1$ のとき $\|M\|_\alpha < 1$ となるような自然なノルム $\|M\|_\alpha$ が存在するのである．

補題 1.4 M を与えられた行列とするとき，任意の $\varepsilon > 0$ に対して

$$\|M\|_\alpha \leq \rho(M) + \varepsilon \tag{1.10.14}$$

を満たすある自然なノルム $\|M\|_\alpha$ が存在する．

証明[7] 上の条件を満たす一つのノルムを具体的に構成することによって証明しよう．$n \times n$ 行列 M が与えられたときこれをジョルダンの標準形 M_1 に変換するある正則行列 P が存在する[8]．

$$M_1 = P^{-1}MP = \begin{pmatrix} \mu_1 & \alpha_1 & & & & \\ & \mu_2 & \alpha_2 & & 0 & \\ & & \ddots & \ddots & & \\ & 0 & & \ddots & \ddots & \\ & & & & \ddots & \alpha_{n-1} \\ & & & & & \mu_n \end{pmatrix} \tag{1.10.15}$$

ただし μ_j は M の固有値，α_j は 0 または 1 である．いま δ を十分小さい正の数としてつぎのような対角行列 S を考える．

7) 主として F. John [1], E. Isaacson and H. B. Keller [2] による．
8) [14] 参照．

$$S = \begin{pmatrix} 1 & & & & \\ & \delta & & 0 & \\ & & \delta^2 & & \\ & 0 & & \ddots & \\ & & & & \delta^{n-1} \end{pmatrix} \tag{1.10.16}$$

このとき変換 $S^{-1}M_1S$ を行なうと

$$\begin{aligned} M_2 &= S^{-1}M_1S = (PS)^{-1}M(PS) \\ &= \begin{pmatrix} \mu_1 & \delta\alpha_1 & & & 0 \\ & \mu_2 & \delta\alpha_2 & & \\ & & \ddots & \ddots & \\ 0 & & & \ddots & \delta\alpha_{n-1} \\ & & & & \mu_n \end{pmatrix} = D + G \end{aligned} \tag{1.10.17}$$

となる．ただし

$$D = \begin{pmatrix} \mu_1 & & & \\ & \mu_2 & 0 & \\ & & \ddots & \\ & 0 & & \ddots \\ & & & & \mu_n \end{pmatrix}, \quad G = \begin{pmatrix} 0 & \delta\alpha_1 & & & 0 \\ & 0 & \delta\alpha_2 & & \\ & & \ddots & \ddots & \\ & 0 & & \ddots & \delta\alpha_{n-1} \\ & & & & 0 \end{pmatrix} \tag{1.10.18}$$

δ を小さくとれば G の成分は任意に小さくすることができる．

ここでベクトルのノルム $\|\boldsymbol{x}\|_\alpha$ を

$$\|\boldsymbol{x}\|_\alpha = \|(PS)^{-1}\boldsymbol{x}\|_2 \tag{1.10.19}$$

によって定義しよう（問題 1.14）．$\boldsymbol{x}$ のかわりに

$$\boldsymbol{y} = (PS)^{-1}\boldsymbol{x} \tag{1.10.20}$$

とおくと

$$\|\boldsymbol{x}\|_\alpha = \|\boldsymbol{y}\|_2 = (\boldsymbol{y}^*\boldsymbol{y})^{1/2}$$

であり，また $(PS)^{-1}M = M_2(PS)^{-1}$ より

$$\|M\boldsymbol{x}\|_\alpha = \|(PS)^{-1}M\boldsymbol{x}\|_2 = \|M_2\boldsymbol{y}\|_2 = (\boldsymbol{y}^*M_2^*M_2\boldsymbol{y})^{1/2}$$

となる．ここで (1.10.17) より

$$M_2^*M_2 = (D+G)^*(D+G) = D^*D + H$$

とおくと，H の成分は δ を十分小さくすれば任意に小さくすることができるから

$$|\boldsymbol{y}^* H\boldsymbol{y}| \leq n^2\delta'\boldsymbol{y}^*\boldsymbol{y} = \delta''\boldsymbol{y}^*\boldsymbol{y}$$

となり，ここで δ'' は任意に小さくとれる．したがって ε を任意に小さくできる数として

$$\frac{\|M\boldsymbol{x}\|_\alpha}{\|\boldsymbol{x}\|_\alpha} = \left(\frac{\boldsymbol{y}^*D^*D\boldsymbol{y} + \boldsymbol{y}^*H\boldsymbol{y}}{\boldsymbol{y}^*\boldsymbol{y}}\right)^{1/2} \leq \left(\max_i |\mu_i|^2 + \delta''\right)^{1/2} \leq \max_i |\mu_i| + \varepsilon$$

以上からつぎの結論を得る．

$$\sup_{\boldsymbol{x}\neq 0} \frac{\|M\boldsymbol{x}\|_\alpha}{\|\boldsymbol{x}\|_\alpha} \leq \rho(M) + \varepsilon$$

ε は任意に小さくすることができるので，こうしてはじめに与えられた条件を満足する一つの自然なノルム

$$\|M\|_\alpha = \sup_{\boldsymbol{x}\neq 0} \frac{\|M\boldsymbol{x}\|_\alpha}{\|\boldsymbol{x}\|_\alpha} = \sup_{\boldsymbol{x}\neq 0} \frac{\|(PS)^{-1}M\boldsymbol{x}\|_2}{\|(PS)^{-1}\boldsymbol{x}\|_2} \tag{1.10.21}$$

が構成された． ■

問題 1.14 T を正則行列とするとき $\|\boldsymbol{x}\|_\alpha = \|T\boldsymbol{x}\|_2$ で定義される $\|\boldsymbol{x}\|_\alpha$ はノルムの定義を満足することを示せ．

定理 1.8 反復法 $\boldsymbol{x}^{(k+1)} = M\boldsymbol{x}^{(k)} + N\boldsymbol{b}$ によって $\boldsymbol{x}^{(k)}$ が真の解 $\boldsymbol{x}$ に収束するための必要十分条件は，反復行列 M のすべての固有値 μ_i が $|\mu_i| < 1$, すなわち $\rho(M) < 1$ を満足することである．

証明 まず必要条件．方程式 $A\boldsymbol{x} = \boldsymbol{b}$ と方程式 $\boldsymbol{x} = M\boldsymbol{x} + N\boldsymbol{b}$ が同値であることに注意しよう．いま第 k 段目の誤差を $\boldsymbol{e}^{(k)}$ とおくと

$$\begin{aligned}\boldsymbol{e}^{(k)} = \boldsymbol{x}^{(k)} - \boldsymbol{x} &= \{M\boldsymbol{x}^{(k-1)} + N\boldsymbol{b}\} - \{M\boldsymbol{x} + N\boldsymbol{b}\} \\ &= M(\boldsymbol{x}^{(k-1)} - \boldsymbol{x}) = M\boldsymbol{e}^{(k-1)} = M^k\boldsymbol{e}^{(0)}\end{aligned} \tag{1.10.22}$$

となる．ここでとくに初期誤差 $\boldsymbol{e}^{(0)}$ として μ_i に属する M の固有ベクトル $\boldsymbol{u}_i$ をとると

$$\|\boldsymbol{e}^{(k)}\| = \|M^k\boldsymbol{u}_i\| = |\mu_i|^k\|\boldsymbol{u}_i\|$$

となり，したがって誤差が 0 に収束するためには $|\mu_i| < 1$ でなければならない．

つぎに十分条件．$\max_i|\mu_i| = \rho(M) < 1$ であるとして

$$\varepsilon < 1 - \rho(M)$$

を満足する ε をとる．このとき補題 1.4 より

$$\|M\|_\alpha \leq \rho(M) + \varepsilon < 1 \tag{1.10.23}$$

を満たす自然なノルム $\|M\|_\alpha$ が存在する．このノルムを誘導したベクトルのノルム $\|\boldsymbol{x}\|_\alpha$ が定義されている空間を R_α とすると，本節のはじめに述べたことから R_α は完備である．そして (1.10.13) より R_α において $\boldsymbol{\phi}(\boldsymbol{x}) = M\boldsymbol{x} + N\boldsymbol{b}$ は縮小写像になっているから，$\boldsymbol{x}^{(k+1)} = M\boldsymbol{x}^{(k)} + N\boldsymbol{b}$ によって生成される列 $\{\boldsymbol{x}^{(k)}\}$ は定理 1.7 によって真の解 $\boldsymbol{x}$ に収束する．ところが定理 1.1 よりベクトルのノルムは互いに同値であるからこれは列 $\{\boldsymbol{x}^{(k)}\}$ がすべてのノルムに関して $\boldsymbol{x}$ に収束していることを意味する．■

系 1.1 任意のベクトル $\boldsymbol{u}$ に対して

$$\lim_{k\to\infty} M^k \boldsymbol{u} = 0$$

となるための必要十分条件は $\rho(M) < 1$ となることである．

証明 定理 1.8 において $M\boldsymbol{x} + N\boldsymbol{b}$ のかわりに $\boldsymbol{\phi}(\boldsymbol{x}) = M\boldsymbol{x}$ なる写像を考えればよい．このとき $\boldsymbol{x} = M\boldsymbol{x}$ は唯一の解 $\boldsymbol{x} = 0$ をもつ．■

例としてつぎの行列を考えよう．

$$M = \begin{pmatrix} 1 & 1/2 \\ -1/2 & -1 \end{pmatrix} \tag{1.10.24}$$

この行列のノルムは $\|M\|_1 = \|M\|_\infty = 3/2$, $\|M\|_2 = \sqrt{\rho(M^{\mathrm{T}}M)} = 3/2$ でいずれも $\|M\| > 1$ である．しかし M の固有値は $\pm\sqrt{3}/2$ で $\rho(M) < 1$ である．したがって M を反復行列とする反復法は収束する．

1.11 反復法が収束する例

対角優位行列

定理 1.8 を参照すると反復法が収束するための十分条件がいくつか得られる．まずヤコビ法の構造から係数行列の対角成分が非対角成分に比べて大きければヤコビ法が収束することが直観的に予想される．これを正確に考察しよう．

$n \times n$ 行列 A が

$$|a_{ii}| > \sum_{j\neq i} |a_{ij}|, \quad i = 1, 2, \ldots, n \tag{1.11.1}$$

を満足するとき，これを**対角優位行列**[9]という．このときつぎの定理が成立する．

定理 1.9 A が対角優位行列ならばヤコビ法の反復行列 $M = -D^{-1}(E+F)$ の固有値の絶対値はすべて 1 より小さい．

証明 $M = -D^{-1}(E+F)$ の第 ij 成分を m_{ij} とおくと

$$m_{ii} = 0,\ m_{ij} = \frac{-a_{ij}}{a_{ii}}, \quad i \neq j$$

である．M の固有値を μ とすると定理 1.4 より

$$|\mu - m_{ii}| = |\mu| \leq \sum_{j \neq i} |m_{ij}| = \frac{\sum_{j \neq i} |a_{ij}|}{|a_{ii}|}$$

を満足する i が存在する．一方 A は対角優位であるから i が何であっても $\sum_{j \neq i} |a_{ij}| < |a_{ii}|$ であって，これから $|\mu| < 1$ が結論される． ■

A が対角優位行列のとき A は正則である．なぜなら，λ を A の固有値とすると，定理 1.4 より

$$|a_{ii}| - |\lambda| \leq |a_{ii} - \lambda| \leq \sum_{j \neq i} |a_{ij}|$$

を満足する i が必ず存在する．ところが $\sum_{j \neq i} |a_{ij}| < |a_{ii}|$ であるから $|a_{ii}| - |\lambda| < |a_{ii}|$．したがって $0 < |\lambda|$ であり，A は正則である．それゆえこのとき $A\boldsymbol{x} = \boldsymbol{b}$ の解は存在し，ヤコビ法は解に収束する．

上の定理と同様にして，A が対角優位行列ならばガウス・ザイデル法の反復行列 $M = -(D+E)^{-1}F$ の固有値の絶対値はすべて 1 より小さいことが示される（練習問題 1.5 参照）．

正定値対称行列

つぎに A が正定値対称行列のときの収束を考察する．

定理 1.10 A および D が正定値対称行列であって，$A = D + F + F^{\mathrm{T}}$ とする．このとき，ガウス・ザイデル法の反復行列 $M = -(D + F^{\mathrm{T}})^{-1}F$ の固有値の絶対値はすべて 1 より小さい．

9) 厳密にはこれは狭義の対角優位行列で，(1.11.1) の不等号が $\geq$ の場合を単に対角優位行列ということが多い．

証明　$G = D + F^{\mathrm{T}}$ とおく．μ を $-M = G^{-1}F$ の固有値とし，$\boldsymbol{x}$ を μ に属する固有ベクトルとする．すなわち $G^{-1}F\boldsymbol{x} = \mu\boldsymbol{x}$ とする．このとき $F\boldsymbol{x} = \mu G\boldsymbol{x}$ であるから

$$A\boldsymbol{x} = (D + F + F^{\mathrm{T}})\boldsymbol{x} = (G + F)\boldsymbol{x} = (1 + \mu)G\boldsymbol{x}$$

A は正定値であるから $1 + \mu = 0$ ではない．したがって

$$G\boldsymbol{x} = \frac{1}{1+\mu}A\boldsymbol{x}$$

また $F\boldsymbol{x} = \mu G\boldsymbol{x}$ より

$$F\boldsymbol{x} = \frac{\mu}{1+\mu}A\boldsymbol{x}$$

A は対称行列であるから

$$(F\boldsymbol{x})^* = \boldsymbol{x}^* F^{\mathrm{T}} = \frac{\bar{\mu}}{1+\bar{\mu}}\boldsymbol{x}^* A$$

すなわち

$$\boldsymbol{x}^* F^{\mathrm{T}}\boldsymbol{x} = \frac{\bar{\mu}}{1+\bar{\mu}}\boldsymbol{x}^* A\boldsymbol{x}$$

したがって

$$\boldsymbol{x}^* D\boldsymbol{x} = \boldsymbol{x}^*(G - F^{\mathrm{T}})\boldsymbol{x} = \left(\frac{1}{1+\mu} - \frac{\bar{\mu}}{1+\bar{\mu}}\right)\boldsymbol{x}^* A\boldsymbol{x} = \frac{1-|\mu|^2}{|1+\mu|^2}\boldsymbol{x}^* A\boldsymbol{x}$$

仮定から $\boldsymbol{x}^* A\boldsymbol{x}$ および $\boldsymbol{x}^* D\boldsymbol{x}$ はともに正の量であるから，結局 $|\mu^2| < 1$ を得る．■

上の証明では D が正定値対称行列であることだけを使っておりとくに対角行列という条件は使っていないことに注意しよう．したがって与えられた正定値対称行列 A から適当な正定値対称行列 D を取り出すことにより別の形の収束する反復法を得ることも可能である．

上の定理と同様にして，正定値対称行列 A を係数にもつ方程式 $A\boldsymbol{x} = \boldsymbol{b}$ に対する SOR 法は，加速パラメータ ω が $0 < \omega < 2$ のとき収束することを証明することができる（練習問題 1.6 参照）．

1.12　反復法における丸め誤差

すでに 1.3 節に述べたように，計算機において実際に扱われる数値は浮動小数点数であって計算には必ず丸め誤差が伴う．そしてとくにくりかえし回数の多い反復法においてはこの丸め誤差の影響は無視できない．本節では反復法における丸め誤差の累積を考察するが，一般に丸め誤差のふるまいは複雑である．

そこで以下簡単のために，反復の各段階で発生する丸めの誤差のノルムがある一定の小さい数でおさえられるということだけを仮定して議論を進めることにする．

反復の第 k 段で発生する丸めの誤差を $\boldsymbol{\varepsilon}^{(k+1)}$ とすると，実際の反復は (1.9.9) に $\boldsymbol{\varepsilon}^{(k)}$ を加えたもので表わされる．

$$\boldsymbol{x}^{(k+1)} = M\boldsymbol{x}^{(k)} + N\boldsymbol{b} + \boldsymbol{\varepsilon}^{(k+1)} \tag{1.12.1}$$

ここで，上述したように，$\boldsymbol{\varepsilon}^{(k)}$ に対しては簡単のために

$$\|\boldsymbol{\varepsilon}^{(k)}\| < \varepsilon \tag{1.12.2}$$

なる仮定をおく．ε は k に依存しないものとする．このとき第 k 段における誤差 $\boldsymbol{e}^{(k)} = \boldsymbol{x}^{(k)} - \boldsymbol{x}$ は

$$\boldsymbol{e}^{(k)} = M\boldsymbol{e}^{(k-1)} + \boldsymbol{\varepsilon}^{(k)} \tag{1.12.3}$$

で与えられる．したがって $\boldsymbol{e}^{(0)} = \boldsymbol{x}^{(0)} - \boldsymbol{x}$ から出発して逐次代入することにより $\boldsymbol{e}^{(k)}$ は

$$\boldsymbol{e}^{(k)} = M^k\boldsymbol{e}^{(0)} + M^{k-1}\boldsymbol{\varepsilon}^{(1)} + M^{k-2}\boldsymbol{\varepsilon}^{(2)} + \cdots + \boldsymbol{\varepsilon}^{(k)} \tag{1.12.4}$$

となる．ここで両辺のノルムをとれば仮定 (1.12.2) よりつぎの不等式が得られる．

$$\|\boldsymbol{e}^{(k)}\| \leq \|M^k\boldsymbol{e}^{(0)}\| + \varepsilon\sum_{j=0}^{k-1}\|M\|^j \leq \|M^k\boldsymbol{e}^{(0)}\| + \varepsilon\frac{1-\|M\|^k}{1-\|M\|} \quad (\|M\| \neq 1) \tag{1.12.5}$$

もし M の固有値 μ_i が $|\mu_i| < 1$ を満足していれば，定理 1.8 の系より初期値 $\boldsymbol{x}^{(0)}$ が真の解 $\boldsymbol{x}$ からずれていたことにより生ずる誤差 $\|M^k\boldsymbol{e}^{(0)}\|$ は反復とともに減少し 0 に収束する．一方，丸め誤差の累積の部分 $\varepsilon(1-\|M\|^k)/(1-\|M\|)$ もしだいにある小さな値に収束する．なぜなら補題 1.4 および (1.10.23) より $\rho(M) < 1$ であれば $\|M\|_\alpha < 1$ なる自然なノルム $\|M\|_\alpha$ が存在し，このノルムに関して $\lim_{k\to\infty}\|M\|_\alpha{}^k = 0$ となる．したがって

$$\lim_{k\to\infty}\|\boldsymbol{e}^{(k)}\|_\alpha = \frac{\varepsilon}{1-\|M\|_\alpha} \tag{1.12.6}$$

となり，結局ノルムのいかんにかかわらず反復により $\boldsymbol{x}^{(k)}$ が $\boldsymbol{x}$ に近い値に接近するからである．上式 (1.12.6) は，$\boldsymbol{x}^{(k)}$ の極限の値が $\boldsymbol{x}$ とずれているか，あるいは $\boldsymbol{x}$ のまわりで小さく振動する可能性のあることを示している．$\varepsilon/(1-\|M\|)$ が十分小さければ実際にはそれが $\boldsymbol{x}$ に収束したとみなしてさしつかえないであろう．しかし (1.12.6) による評価は仮定 (1.12.2) に基づいているため明らかにかなり過大である可能性が大きい．したがってかりに $\|M\|$ の値が知れたとしても具体的な誤差評価に (1.12.6) を使うことは実際的ではない．

浮動小数点数を成分とする n 次元ベクトルの集合を F_v とすると，これは孤立点から成る集合であるから完備である．しかしそこで ϕ に関する不動点定理 1.7 はもはや成立しない．なぜなら $\boldsymbol{x} \in F_v$ であっても $\phi(\boldsymbol{x}) = M\phi + N\boldsymbol{b}$ は一般には F_v の元ではないからである．すなわち F_v はその上に四則演算を定義するには集合として粗すぎるのである．このように丸め誤差が入るため厳密な意味で不動点定理は成立しなくなるが，しかし数値解法としての反復法の収束性の本質はあくまで縮小写像の不動点の存在に依っている．反復法の議論においてはじめに丸め誤差を考慮に入れなかった理由はここにある．

1.13 SOR 法の加速パラメータ ω の選択

加速パラメータの決定可能な問題

SOR 法の収束の速さが加速パラメータ ω の選び方によって左右されることはいうまでもない．一般的にいえば ω の値をあらかじめ最適に定めることはほとんど不可能に近いが，これが可能である例も存在する．

本節ではその典型的な例として，行列 A がつぎのような形をしている場合を考察する．

$$A = \begin{pmatrix} d_1 & & 0 & \vdots & & & \\ & \ddots & & \vdots & & F_0 & \\ 0 & & d_m & \vdots & & & \\ \cdots & \cdots & \cdots & \cdots & \cdots & \cdots & \cdots \\ & & & \vdots & \delta_1 & & 0 \\ & E_0 & & \vdots & & \ddots & \\ & & & \vdots & 0 & & \delta_n \end{pmatrix} \tag{1.13.1}$$

係数行列 A がこのような形をしている方程式 $A\boldsymbol{x} = \boldsymbol{b}$ は，ラプラス方程式 $\Delta u = 0$ を差分法で解くときなど実際問題にしばしば現われる．そして都合のよいことに，ある特殊な境界条件のもとでは $A\boldsymbol{x} = \boldsymbol{b}$ に対するヤコビ法の反復行列 M_J のスペクトル半径 $\rho(M_J)$ が既知になることがある（練習問題 1.7 参照）．

ここで 1.9 節の定義に従って A を分離しておこう．

$$A = D + E + F \tag{1.13.2}$$

$$D = \begin{pmatrix} D_m & \vdots & 0 \\ \cdots & \cdots & \cdots \\ 0 & \vdots & D_n \end{pmatrix},$$

$$D_m = \begin{pmatrix} d_1 & & 0 \\ & \ddots & \\ 0 & & d_m \end{pmatrix}, \quad D_n = \begin{pmatrix} \delta_1 & & 0 \\ & \ddots & \\ 0 & & \delta_n \end{pmatrix}, \tag{1.13.3}$$

$$E = \begin{pmatrix} 0 & \vdots & 0 \\ \cdots & \cdots & \cdots \\ E_0 & \vdots & 0 \end{pmatrix}, \quad F = \begin{pmatrix} 0 & \vdots & F_0 \\ \cdots & \cdots & \cdots \\ 0 & \vdots & 0 \end{pmatrix} \tag{1.13.4}$$

このとき $A\boldsymbol{x} = \boldsymbol{b}$ に対するヤコビ法の反復行列は (1.9.10) より

$$M_J = -D^{-1}(E + F) \tag{1.13.5}$$

また SOR 法の反復行列は (1.9.12) より

$$M_\omega = (I + \omega D^{-1}E)^{-1}\{(1-\omega)I - \omega D^{-1}F\} \tag{1.13.6}$$

で与えられる.

さて，行列 A が (1.13.2) – (1.13.4) で与えられているとき，つぎのような問題を考えよう．ヤコビ法の反復行列 M_J のスペクトル半径 $\rho(M_J)$ が既知であると仮定したとき，SOR の反復行列 M_ω のスペクトル半径 $\rho(M_\omega)$ を最小にする加速パラメータ ω を決定することができるか？

この決定が実際可能であることを以下に示そう.

M_J の固有値と M_ω の固有値の間の関係

いま M_ω に関する特性方程式を作れば明らかなように，M_ω の固有値 λ は

$$\left|(\lambda + \omega - 1)I + \lambda\omega D^{-1}E + \omega D^{-1}F\right| = 0 \tag{1.13.7}$$

を満足する．$\tau = \lambda + \omega - 1$ とおけばこれは

$$\begin{vmatrix} \begin{matrix} \tau & & 0 \\ & \ddots & \\ 0 & & \tau \end{matrix} & \vdots & \omega {D_m}^{-1} F_0 \\ \cdots\cdots\cdots & \cdots & \cdots\cdots\cdots \\ \lambda\omega {D_n}^{-1} E_0 & \vdots & \begin{matrix} \tau & & 0 \\ & \ddots & \\ 0 & & \tau \end{matrix} \end{vmatrix} = 0 \tag{1.13.8}$$

の形をしている．そこで $\lambda \neq 0$ として，まずこの左辺の行列式の後半の各行を $\pm\sqrt{\lambda}$ で割り，引き続いて後半の各列を $\pm\sqrt{\lambda}$ 倍すると結局つぎのようになる.

$$
(\pm\sqrt{\lambda})^n \left|\begin{array}{ccc|cc}
\tau & & 0 & & \\
 & \ddots & & \omega {D_m}^{-1} F_0 & \\
0 & & \tau & & \\
\hline
 & & & \pm\tau/\sqrt{\lambda} & 0 \\
 & \pm\sqrt{\lambda}\omega {D_n}^{-1} E_0 & & & \ddots \\
 & & & 0 & \pm\tau/\sqrt{\lambda}
\end{array}\right|
$$

$$
= \left|\begin{array}{ccc|ccc}
\tau & & 0 & & & \\
 & \ddots & & & \pm\sqrt{\lambda}\omega {D_m}^{-1} F_0 & \\
0 & & \tau & & & \\
\hline
 & & & \tau & & 0 \\
 & \pm\sqrt{\lambda}\omega {D_n}^{-1} E_0 & & & \ddots & \\
 & & & 0 & & \tau
\end{array}\right|
$$

$$
= \left|(\lambda+\omega-1)I \pm \sqrt{\lambda}\omega D^{-1}E \pm \sqrt{\lambda}\omega D^{-1}F\right| = 0 \qquad (1.13.9)
$$

n は後半の行および列の数である．一方，ヤコビ法の反復行列 M_J の固有値 μ は

$$
\left|\mu I + D^{-1}E + D^{-1}F\right| = 0 \qquad (1.13.10)
$$

を満足する．したがって (1.13.9) と (1.13.10) とを比較すれば，λ と μ の間につぎの関係が成立することがわかる．

$$
(\lambda+\omega-1)^2 = \lambda\omega^2\mu^2 \qquad (1.13.11)
$$

この関係は一般に λ, μ が複素数のとき成立するものである．

最適の ω の決定

M_J の固有値 μ は既知の量であるという仮定のもとで，(1.13.11) を手がか

りとして M_ω の固有値 λ の絶対値を最小にするように ω を決定することを試みよう．議論を簡単にするために μ は実数と仮定する．たとえば行列 A が正定値対称であるときこの条件は満足される．さらにいま考えている問題においてヤコビ法は収束するとして

$$|\mu| < 1 \tag{1.13.12}$$

を仮定しよう．

ここで

$$\begin{cases} f_\omega(\lambda) = \dfrac{\lambda + \omega - 1}{\omega} & (1.13.13) \\ g_\mu(\lambda) = \mu\sqrt{\lambda} & (1.13.14) \end{cases}$$

とおくと，等式 (1.13.11) は直線 $f_\omega(\lambda)$ と放物線 $\pm g_\mu(\lambda)$ との交点において満足される．図 1.1 に両者の関係を示した．ここで $f_\omega(1) = 1$ であり，$|\mu| < 1$ のとき $g_\mu(1) < 1$ であることに注意しよう．ω の値を 1 から増してゆくとき直線 (1.13.13) の傾きは減少する．λ の最小の値において両者が交わるのはちょうど両者が接するときである．すなわち 2 次方程式

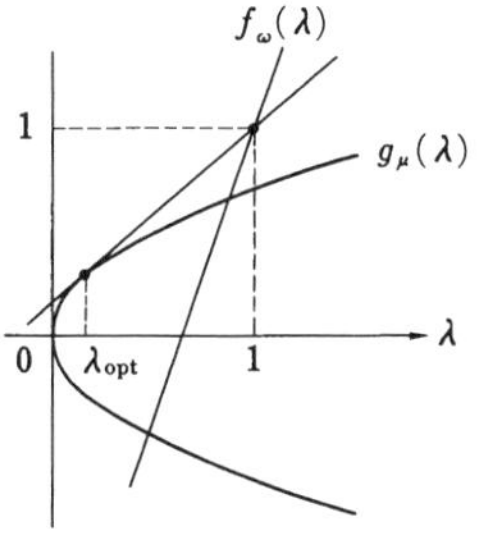

図 1.1

$$\lambda^2 - \{\omega^2\mu^2 - 2(\omega - 1)\}\lambda + (\omega - 1)^2 = 0 \tag{1.13.15}$$

が重複解をもつときであり，そのときの λ および ω の値は

$$\begin{cases} \lambda = \omega - 1 & (1.13.16) \\ \omega = \dfrac{2}{1 + \sqrt{1 - \mu^2}} & (1.13.17) \end{cases}$$

で与えられる．さらに ω を増大させると (1.13.11) は虚数解をもつようになるが，このとき (1.13.15) より 2 つの解の積が $(\omega - 1)^2$ であるから，各々の解の絶対値は $|\omega - 1|$ となる．すなわち，このような ω に対する $|\lambda|$ の値は (1.13.16) で与えられるものより大である．したがって μ を固定したとき絶対値最小の λ は (1.13.16) で与えられる．一方，(1.13.16)，(1.13.17) から μ が増大すると λ が単調に増大することがわかる．したがって，ω として (1.13.17) の μ に M_J

のスペクトル半径 $\rho(M_J)$ を代入したものを選んでおけば，$\rho(M_\omega)$ が最小に選択されたことになる．以上の議論から結局最適の加速パラメータ ω_{opt} は

$$\omega_{\mathrm{opt}} = \frac{2}{1+\sqrt{1-\rho^2(M_j)}} \tag{1.13.18}$$

で与えられ，そのとき

$$\rho(M_\omega) = \lambda_{\mathrm{opt}} = \omega_{\mathrm{opt}} - 1 = \frac{1-\sqrt{1-\rho^2(M_J)}}{1+\sqrt{1-\rho^2(M_J)}} \tag{1.13.19}$$

であることが示された．$\rho(M_J) < 1$ のとき $\rho(M_\omega) < \rho(M_J)$ となり，収束が加速されることがわかる．とくに $\rho(M_J)$ が十分小さければ (1.13.19) より

$$\rho(M_\omega) \sim \frac{1}{4}\rho^2(M_J) \tag{1.13.20}$$

が得られる．このように，$\rho(M_J)$ が小さければ $\rho(M_\omega)$ はその 2 乗に比例してさらに小さくなる．

なお (1.13.11) の関係は，(1.13.9) における操作をみれば明らかなように，行列 A が

$$A = \begin{pmatrix} D_1 & C_1 \\ C_2 & D_2 \end{pmatrix} \tag{1.13.21}$$

の形をしているとき，あるいは行と列を入れ換えて (1.13.21) の形に帰着できるとき一般に成立する．D_1, D_2 は対角行列である．

1.14 逐次最小化法

本節の以下の部分では，行列およびベクトルの成分は実数とする．$A = (a_{ij})$ を $n \times n$ 正定値対称行列とする．いま方程式

$$A\boldsymbol{x} = \boldsymbol{b} \tag{1.14.1}$$

に対して**正定値 2 次形式**

$$S(\boldsymbol{\xi}) = \frac{1}{2}(\boldsymbol{x}-\boldsymbol{\xi})^{\mathrm{T}} A(\boldsymbol{x}-\boldsymbol{\xi}) \tag{1.14.2}$$

$$= \frac{1}{2}\sum_{j,k=1}^{n} a_{jk}(x_j-\xi_j)(x_k-\xi_k) \tag{1.14.3}$$

を考えよう．$\boldsymbol{\xi}$ が真の解 $\boldsymbol{x}$ に近いほど $S(\boldsymbol{\xi})$ の値は小さく，$\boldsymbol{\xi}$ が厳密に $\boldsymbol{x}$ に一致すれば 0 になる．一つの近似解 $\boldsymbol{x}^{(k)}$ に適当な規則に基づく修正を加えて $S(\boldsymbol{x}^{(k+1)})$ が $S(\boldsymbol{x}^{(k)})$ より小さくなるような $\boldsymbol{x}^{(k+1)}$ を定めることができ，かつこれの反復により真の解 $\boldsymbol{x}$ へ接近することができれば，そのような方法は (1.14.1) の一つの解法になりうる．このように，n 次元空間内の 1 点 $\boldsymbol{x}^{(0)}$ から出発し，目的関数 $S(\boldsymbol{\xi})$ の下りの勾配をたどりながらその極小値 0 を与える点 $\boldsymbol{x}$ へ至る方法を総称して，**逐次最小化法**という．

逐次最小化法における修正の大きさ

逐次最小化法における 1 ステップはつぎの二つの手順から成る．

(i) $\boldsymbol{x}^{(k)}$ に加えるべき修正の方向 $\boldsymbol{p}^{(k)}$ を一定の規則により定める．

(ii) その $\boldsymbol{p}^{(k)}$ の方向において $S(\boldsymbol{\xi})$ が極小となる点を求め，それを $\boldsymbol{x}^{(k+1)}$ とする．

修正の方向 $\boldsymbol{p}^{(k)}$ の定め方によって種々の逐次最小化法が考えられる．その代表があとで述べる共役勾配法である．

さて，第 k 段目における近似解 $\boldsymbol{x}^{(k)}$ およびつぎの探索方向 $\boldsymbol{p}^{(k)}$ が定まると，その探索方向への修正の大きさはつぎのように自動的に決められてしまう．すなわち，いま修正の大きさを α_k として

$$\boldsymbol{x}^{(k+1)} = \boldsymbol{x}^{(k)} + \alpha_k \boldsymbol{p}^{(k)} \tag{1.14.4}$$

とおく．このとき α_k は $S(\boldsymbol{x}^{(k+1)})$ が極小になるように

$$\frac{\partial S(\boldsymbol{x}^{(k+1)})}{\partial \alpha_k} = 0 \tag{1.14.5}$$

から定められる．(1.14.4) の $\boldsymbol{x}^{(k+1)} = \boldsymbol{x}^{(k)} + \alpha_k \boldsymbol{p}^{(k)}$ を (1.14.2) の $\boldsymbol{\xi}$ に代入すれば，(1.14.5) をみたす α_k の値は

$$\alpha_k = \frac{(\boldsymbol{p}^{(k)}, \boldsymbol{b} - A\boldsymbol{x}^{(k)})}{(\boldsymbol{p}^{(k)}, A\boldsymbol{p}^{(k)})} = \frac{(\boldsymbol{p}^{(k)}, \boldsymbol{r}^{(k)})}{(\boldsymbol{p}^{(k)}, A\boldsymbol{p}^{(k)})} \tag{1.14.6}$$

で与えられることがわかる．ただし $\boldsymbol{r}^{(k)}$ は

$$\boldsymbol{r}^{(k)} = \boldsymbol{b} - A\boldsymbol{x}^{(k)} \tag{1.14.7}$$

で定義される**残差ベクトル**である．残差ベクトルに関して，(1.14.4) より次式

が成り立つことに注意しよう．

$$\boldsymbol{r}^{(k+1)} = \boldsymbol{r}^{(k)} - \alpha_k A\boldsymbol{p}^{(k)} \tag{1.14.8}$$

α_k を (1.14.6) のように定めると，(1.14.2) より最小化の目的関数に関して次式が成り立つことがわかる．

$$\begin{aligned} S(\boldsymbol{x}^{(k+1)}) &= S(\boldsymbol{x}^{(k)}) - \frac{1}{2}\alpha_k(\boldsymbol{p}^{(k)}, \boldsymbol{r}^{(k)}) \\ &= S(\boldsymbol{x}^{(k)}) - \frac{(\boldsymbol{p}^{(k)}, \boldsymbol{r}^{(k)})^2}{2(\boldsymbol{p}^{(k)}, A\boldsymbol{p}^{(k)})} \end{aligned} \tag{1.14.9}$$

これは，反復ごとに $S(\boldsymbol{x}^{(k)})$ が減少していくことを示している．

勾配ベクトル

ここで $\boldsymbol{r}^{(k)}$ のもつ意味を明らかにしておこう．定義 (1.14.3) を微分すれば

$$\nabla S(\boldsymbol{\xi}) \equiv \begin{pmatrix} \dfrac{\partial S}{\partial \xi_1} \\ \dfrac{\partial S}{\partial \xi_2} \\ \vdots \\ \dfrac{\partial S}{\partial \xi_n} \end{pmatrix} = -(\boldsymbol{b} - A\boldsymbol{\xi}) \tag{1.14.10}$$

が得られるが，これから

$$\boldsymbol{r}^{(k)} = -\nabla S(\boldsymbol{x}^{(k)}) \tag{1.14.11}$$

であることがわかる．したがって，$\boldsymbol{r}^{(k)} = \boldsymbol{b} - A\boldsymbol{x}^{(k)}$ は点 $\boldsymbol{x}^{(k)}$ における $S(\boldsymbol{\xi})$ の負の**勾配ベクトル**である．すなわち，$\boldsymbol{r}^{(k)}$ は 2 次形式 $S(\boldsymbol{\xi})$ の下りの勾配が最大の方向ベクトルになっている．それゆえ α_k はまた探索方向 $\boldsymbol{p}^{(k)}$ と $\nabla S(\boldsymbol{x}^{(k+1)})$ が**直交**するという条件

$$-(\boldsymbol{p}^{(k)}, \boldsymbol{r}^{(k+1)}) = -(\boldsymbol{p}^{(k)}, \boldsymbol{r}^{(k)} - \alpha_k A\boldsymbol{p}^{(k)}) = 0 \tag{1.14.12}$$

から定めたものと当然一致する（図 1.2）．

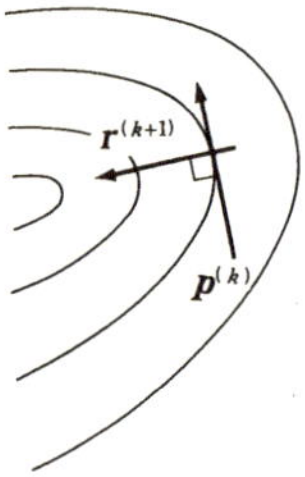

図 1.2

最急降下法

前述したように探索の方向 $\boldsymbol{p}^{(k)}$ の定め方によりいろいろな逐次最小化法が存在する．まず最も自然に考えられるのは，$\boldsymbol{p}^{(k)}$ として点 $\boldsymbol{x}^{(k)}$ における $S(\boldsymbol{\xi})$ の下りの勾配が最大の方向を指すベクトル，すなわち $\boldsymbol{r}^{(k)}$ を選ぶことであろう．

$$\boldsymbol{p}^{(k)} = -\nabla S(\boldsymbol{x}^{(k)}) = \boldsymbol{r}^{(k)} = \boldsymbol{b} - A\boldsymbol{x}^{(k)} \tag{1.14.13}$$

この方法は**最急降下法**とよばれ，(1.14.9) に見るように，次第に $S(\boldsymbol{x}^{(k)})$ が減少する方法の一つであることはたしかである．しかし，$\boldsymbol{p}^{(k)} = \boldsymbol{r}^{(k)}$ であるため，$\boldsymbol{x}^{(k)}$ が真の解 $\boldsymbol{x}$ に接近して残差 $\boldsymbol{r}^{(k)}$ が小さくなると実際の計算ではそれに含まれる誤差が相対的に大きくなり，次段の探索方向が正確に定められなくなる．また，$\boldsymbol{p}^{(k)}$ を $-\nabla S(\boldsymbol{x}^{(k)})$ に等しくとると，(1.14.12) からわかるように，番号が一つ異なれば $(\boldsymbol{p}^{(k)},\ \boldsymbol{p}^{(k+1)}) = (\boldsymbol{r}^{(k)},\ \boldsymbol{r}^{(k+1)}) = 0$ とはなるが，これだけからは有限回の操作で n 次元空間内のすべての 1 次独立な方向を探索しつくすということは保証されない．

最急降下方向にこれらの欠点を除く修正を加えた形で得られるものが，つぎに述べる共役勾配法である．この方法においては，探索方向のベクトル $\boldsymbol{p}^{(0)}$, $\boldsymbol{p}^{(1)}, \ldots, \boldsymbol{p}^{(n-1)}$ は互いに 1 次独立になるようにとられる．

1.15　共役勾配法

1 次独立なベクトルによる解の展開

本節でも行列 A は $n \times n$ 正定値対称行列であるとする．n 個のベクトル $\boldsymbol{p}^{(0)}$, $\boldsymbol{p}^{(1)}, \ldots, \boldsymbol{p}^{(n-1)}$ が 1 次独立であれば，方程式 $A\boldsymbol{x} = \boldsymbol{b}$ の解はそれらの 1 次結合によって表わすことができる．あるいは，任意のベクトル $\boldsymbol{x}^{(0)}$ は $A\boldsymbol{x} = \boldsymbol{b}$ を満足する解ではないが，(1.14.4) に従って $\boldsymbol{x}^{(0)}$ に適切な修正を加えて

$$\boldsymbol{x} = \boldsymbol{x}^{(0)} + \gamma_0\boldsymbol{p}^{(0)} + \gamma_1\boldsymbol{p}^{(1)} + \cdots + \gamma_{n-1}\boldsymbol{p}^{(n-1)} \tag{1.15.1}$$

とすれば，これは解になりうるであろう．さらに，もし $\{\boldsymbol{p}^{(k)}\}$ が適当な直交関係を満たせば解法のアルゴリズムの点からみて有利になることが期待される．そこで 1 次独立な組 $\{\boldsymbol{p}^{(k)}\}$ としてつぎの条件を満足するものをとることにする．

$$(\boldsymbol{p}^{(j)},\ A\boldsymbol{p}^{(k)}) = 0, \quad j \neq k \tag{1.15.2}$$

このとき $\boldsymbol{p}^{(j)}$ と $\boldsymbol{p}^{(k)}$ は行列 A に関して**共役**である，あるいは A に関して**直交**するという．行列 A を先頭に付けて A 共役，あるいは A 直交である，ということもある．

問題 1.15 $\{\boldsymbol{p}^{(j)}\}$ は1次独立であることを示せ．

補題 1.5 $\boldsymbol{p}^{(i)}, i=0, 1, \ldots, k$ が A に関して共役であれば

$$(\boldsymbol{p}^{(i)},\ \boldsymbol{r}^{(k+1)}) = 0, \quad i = 0, 1, \ldots, k \tag{1.15.3}$$

が成り立つ．ただし $\boldsymbol{r}^{(k)}$ は (1.14.7) で与えられる残差ベクトルである．

証明 $\{\boldsymbol{x}^{(k)}\}$ を逐次決める (1.14.4) より，$\boldsymbol{x}^{(k+1)}$ は

$$\boldsymbol{x}^{(k+1)} = \boldsymbol{x}^{(i+1)} + \sum_{j=i+1}^{k} \alpha_j \boldsymbol{p}^{(j)} \tag{1.15.4}$$

と書くことができるから

$$\begin{aligned}\boldsymbol{r}^{(k+1)} &= \boldsymbol{b} - A\boldsymbol{x}^{(k+1)} = \boldsymbol{b} - A\Big(\boldsymbol{x}^{(i+1)} + \sum_{j=i+1}^{k} \alpha_j \boldsymbol{p}^{(j)}\Big) \\ &= (\boldsymbol{b} - A\boldsymbol{x}^{(i+1)}) - \sum_{j=i+1}^{k} \alpha_j A\boldsymbol{p}^{(j)} = \boldsymbol{r}^{(i+1)} - \sum_{j=i+1}^{k} \alpha_j A\boldsymbol{p}^{(j)} \end{aligned} \tag{1.15.5}$$

直交性 (1.14.12) より $(\boldsymbol{p}^{(i)},\ \boldsymbol{r}^{(i+1)}) = 0$ であり，かつ仮定から $(\boldsymbol{p}^{(i)},\ A\boldsymbol{p}^{(j)}) = 0$, $j > i$ であるから，$(\boldsymbol{p}^{(i)},\ \boldsymbol{r}^{(k+1)}) = 0$ となる． ■

探索方向の決め方

共役勾配法における第 k 段の**探索方向** $\boldsymbol{p}^{(k)}$ は，最急降下法と同様いちおう最も勾配の急な $\boldsymbol{r}^{(k)}$ の方向を基本にとる．しかし $\boldsymbol{p}^{(k)} = \boldsymbol{r}^{(k)}$ ととったのでは $\{\boldsymbol{r}^{(k)}\}$ 自身は A に関して共役な系にすることはできないので，これに前段までに探索してきた $\boldsymbol{p}^{(0)}, \boldsymbol{p}^{(1)}, \ldots, \boldsymbol{p}^{(k-1)}$ の方向に適当な修正を加える．しかもすぐ後に見るように，A に関する共役性から実は修正は直前の探索方向 $\boldsymbol{p}^{(k-1)}$ 唯一方向に対してのみでよい．このようにするとそれまでに行なってきたすべての探索方向と A に関して直交するように $\boldsymbol{p}^{(k)}$ を定めることができる．すなわち $\boldsymbol{p}^{(k)}$ をつぎのようにとることができるのである．

$$\boldsymbol{p}^{(k)} = \boldsymbol{r}^{(k)} + \beta_{k-1}\boldsymbol{p}^{(k-1)} \tag{1.15.6}$$

β_{k-1} の大きさは，$\boldsymbol{p}^{(k-1)}$ と $\boldsymbol{p}^{(k)}$ の A に関する共役性

$$(\boldsymbol{p}^{(k-1)}, A(\boldsymbol{r}^{(k)} + \beta_{k-1}\boldsymbol{p}^{(k-1)})) = 0$$

からつぎのように決められる．

$$\beta_{k-1} = -\frac{(\boldsymbol{p}^{(k-1)}, A\boldsymbol{r}^{(k)})}{(\boldsymbol{p}^{(k-1)}, A\boldsymbol{p}^{(k-1)})} \tag{1.15.7}$$

このように，(1.15.7) で決まる β_{k-1} を使って (1.15.6) で修正方向を定めていく方法が，**共役勾配法**である．

共役勾配法では共役関係 (1.15.2) が成立し，さらに各ステップにおける残差ベクトル $\boldsymbol{r}^{(k)}$ も互いに直交することがつぎの補題で証明される．

補題 1.6 $\boldsymbol{p}^{(k)} = \boldsymbol{r}^{(k)} + \beta_{k-1}\boldsymbol{p}^{(k-1)}$ において β_{k-1} を (1.15.7) のように定めると，$i \neq j$ のときつぎの関係が成立する．

$$(\boldsymbol{r}^{(i)},\ \boldsymbol{r}^{(j)}) = 0 \tag{1.15.8}$$

$$(\boldsymbol{p}^{(i)},\ A\boldsymbol{p}^{(j)}) = 0 \tag{1.15.9}$$

証明 帰納法による．いま $i < j, j \leq k$ に対してこれらが成立していると仮定する．補題 1.5 から，$i = 0, 1, \ldots, k$ のとき

$$0 = (\boldsymbol{p}^{(i)},\ \boldsymbol{r}^{(k+1)}) = (\boldsymbol{r}^{(i)} + \beta_{i-1}\boldsymbol{p}^{(i-1)},\ \boldsymbol{r}^{(k+1)}) = (\boldsymbol{r}^{(i)},\ \boldsymbol{r}^{(k+1)}) \tag{1.15.10}$$

となる．したがって

$$(\boldsymbol{r}^{(i)},\ \boldsymbol{r}^{(j)}) = 0, \quad i \neq j$$

つぎに $i = 0, 1, \ldots, k-1$ について

$$\begin{aligned}(\boldsymbol{p}^{(i)},\ A\boldsymbol{p}^{(k+1)}) &= (\boldsymbol{p}^{(i)},\ A(\boldsymbol{r}^{(k+1)} + \beta_k\boldsymbol{p}^{(k)})) = (\boldsymbol{p}^{(i)},\ A\boldsymbol{r}^{(k+1)}) \\ &= \frac{1}{\alpha_i}(\boldsymbol{x}^{(i+1)} - \boldsymbol{x}^{(i)},\ A\boldsymbol{r}^{(k+1)}) = -\frac{1}{\alpha_i}(\boldsymbol{r}^{(i+1)} - \boldsymbol{r}^{(i)},\ \boldsymbol{r}^{(k+1)}) = 0\end{aligned}$$

となる．なお，ここで $\alpha_i \neq 0$ としたが，もし $\alpha_i = 0$ であれば (1.14.6) より $(\boldsymbol{p}^{(i)}, \boldsymbol{r}^{(i)}) = 0$ となり (1.15.10) と同様にして

$$(\boldsymbol{p}^{(i)}, \boldsymbol{r}^{(i)}) = (\boldsymbol{r}^{(i)} + \beta_{i-1}\boldsymbol{p}^{(i-1)},\ \boldsymbol{r}^{(i)}) = (\boldsymbol{r}^{(i)},\ \boldsymbol{r}^{(i)}) = 0 \tag{1.15.11}$$

が導かれる．これは

$$\boldsymbol{r}^{(i)} = \boldsymbol{b} - A\boldsymbol{x}^{(i)} = 0$$

を意味し，$\boldsymbol{x}^{(i)}$ はすでに $A\boldsymbol{x} = \boldsymbol{b}$ を満足する解 $\boldsymbol{x}$ に到達している．このとき (1.15.7) より $\beta_{i-1} = 0$, したがって (1.15.6) より $\boldsymbol{p}^{(i)} = 0$ となって反復は自動的に終了するから，第 i 段以降の議論は必要でない．

$i = k$ のときは，β_k をそうなるように決めたのだから $(\boldsymbol{p}^{(k)},\ A\boldsymbol{p}^{(k+1)}) = 0$ は自明である．

以上から

$$(\boldsymbol{p}^{(i)},\ A\boldsymbol{p}^{(j)}) = 0, \quad i \neq j \tag{1.15.12}$$

が結論される．■

探索をつぎつぎとくりかえすと，$k = n$ のとき $\boldsymbol{r}^{(n)} = 0$ となる．なぜなら，$\boldsymbol{r}^{(0)}, \boldsymbol{r}^{(1)}, \ldots, \boldsymbol{r}^{(n-1)}$ は n 次元空間内の互いに直交する n 個の1次独立なベクトルだから，これらすべてに直交するベクトルは0ベクトル以外にはない．したがって (1.14.7) より

$$\boldsymbol{r}^{(n)} = \boldsymbol{b} - A\boldsymbol{x}^{(n)} = 0$$

となるが，A が正則であればこれは

$$\boldsymbol{x}^{(n)} = \boldsymbol{x} \tag{1.15.13}$$

を意味する．このように共役勾配法では，原理的には (1.14.9) に見るように反復を進めるごとに目的関数が減少し，(1.15.13) に見るように第 n 段で真の解に到達する．しかし実際には，丸め誤差のため n 回以上のくりかえしが必要となることが多い．

共役勾配法のアルゴリズム

α_k と β_k はつぎのように少し簡単な形に変形できる．まず (1.15.11) を導いたのと同様に考えれば $(\boldsymbol{p}^{(k)}, \boldsymbol{r}^{(k)}) = (\boldsymbol{r}^{(k)}, \boldsymbol{r}^{(k)})$ が成り立ち，これから

$$\alpha_k = \frac{(\boldsymbol{p}^{(k)}, \boldsymbol{r}^{(k)})}{(\boldsymbol{p}^{(k)}, A\boldsymbol{p}^{(k)})} = \frac{(\boldsymbol{r}^{(k)}, \boldsymbol{r}^{(k)})}{(\boldsymbol{p}^{(k)}, A\boldsymbol{p}^{(k)})} \tag{1.15.14}$$

を得る．つぎに，(1.14.8) および (1.15.8) より

$$\begin{aligned}(\boldsymbol{p}^{(k)}, A\boldsymbol{r}^{(k+1)}) &= (A\boldsymbol{p}^{(k)}, \boldsymbol{r}^{(k+1)}) \\ &= \frac{(\boldsymbol{r}^{(k)} - \boldsymbol{r}^{(k+1)}, \boldsymbol{r}^{(k+1)})}{\alpha_k} = -\frac{(\boldsymbol{r}^{(k+1)}, \boldsymbol{r}^{(k+1)})}{\alpha_k}\end{aligned}$$

となるが，これと (1.15.14) から

$$\beta_k = -\frac{(\boldsymbol{p}^{(k)}, A\boldsymbol{r}^{(k+1)})}{(\boldsymbol{p}^{(k)}, A\boldsymbol{p}^{(k)})} = \frac{(\boldsymbol{r}^{(k+1)}, \boldsymbol{r}^{(k+1)})}{(\boldsymbol{r}^{(k)}, \boldsymbol{r}^{(k)})} \tag{1.15.15}$$

が導かれる．

以上をまとめると，共役勾配法で $A\boldsymbol{x} = \boldsymbol{b}$ を解くアルゴリズムはつぎのようになる．あらかじめ適当な許容限界 ε を与えて，残差ベクトルのノルムと $\boldsymbol{b}$ のノルムの比がそれよりも小さくなったならば，反復を終了するようにしている．

共役勾配法

(i) 適当な初期ベクトル $\boldsymbol{x}^{(0)}$ を選んでつぎの計算を行なう．

$$\boldsymbol{r}^{(0)} = \boldsymbol{b} - A\boldsymbol{x}^{(0)} \tag{1.15.16}$$

$$\boldsymbol{p}^{(0)} = \boldsymbol{r}^{(0)} \tag{1.15.17}$$

(ii) $k = 0, 1, 2, \cdots$ についてつぎの手順をくりかえす．

$$\alpha_k = \frac{(\boldsymbol{r}^{(k)}, \boldsymbol{r}^{(k)})}{(\boldsymbol{p}^{(k)}, A\boldsymbol{p}^{(k)})} \tag{1.15.18}$$

$$\boldsymbol{x}^{(k+1)} = \boldsymbol{x}^{(k)} + \alpha_k \boldsymbol{p}^{(k)} \tag{1.15.19}$$

$$\boldsymbol{r}^{(k+1)} = \boldsymbol{r}^{(k)} - \alpha_k A\boldsymbol{p}^{(k)} \tag{1.15.20}$$

$$\|\boldsymbol{r}^{(k+1)}\| \leq \varepsilon \|\boldsymbol{b}\| \text{ ならば終了する} \tag{1.15.21}$$

$$\beta_k = \frac{(\boldsymbol{r}^{(k+1)}, \boldsymbol{r}^{(k+1)})}{(\boldsymbol{r}^{(k)}, \boldsymbol{r}^{(k)})} \tag{1.15.22}$$

$$\boldsymbol{p}^{(k+1)} = \boldsymbol{r}^{(k+1)} + \beta_k \boldsymbol{p}^{(k)} \tag{1.15.23}$$

1.16 クリロフ部分空間法

クリロフ部分空間とランチョス原理

一般に，ある固定したベクトル $\boldsymbol{u}$ に $n \times n$ 行列 A をつぎつぎに乗じて生成されるベクトル $\boldsymbol{u}, A\boldsymbol{u}, A^2\boldsymbol{u}, \ldots, A^{k-1}\boldsymbol{u}$ $(k \leq n)$ が互いに 1 次独立のとき[10)],

10) たとえば，A の固有値に縮退があると，その分だけ最終的に生成されるクリロフ部分空間の数が減る（練習問題 1.9）．

これらのベクトルによって張られる k 次元空間を $K_k(A; \boldsymbol{u})$ と書いて，これを A と $\boldsymbol{u}$ によって生成される**クリロフ部分空間**とよぶ．

ここで，クリロフ部分空間の拡大に伴う，(1.1.21) に従ったつぎのような正規化を行なわない直交化を考えてみる．μ_{k+1} は自由パラメータで，他の条件を課してきめることができる．

$$\left[\begin{array}{l} \boldsymbol{u}_1 = \boldsymbol{u} \\ k = 1, 2, 3, \ldots, n-1 \\ \quad \left[\ \boldsymbol{u}_{k+1} = \mu_{k+1} \left\{ A\boldsymbol{u}_k - \sum_{j=1}^{k} \dfrac{(A\boldsymbol{u}_k,\, \boldsymbol{u}_j)}{(\boldsymbol{u}_j,\, \boldsymbol{u}_j)} \boldsymbol{u}_j \right\} \right. \end{array}\right. \tag{1.16.1}$$

すなわち，$k+1$ 段目の直交化は，直前に得られた直交ベクトル $\boldsymbol{u}_k$ に A を乗じた，$\boldsymbol{a}_{k+1} = A\boldsymbol{u}_k$ に対して行なう．このようにして直交系をつくる手順を，**アーノルディ過程**という．

ここで，(1.16.1) より

$$(A\boldsymbol{u}_k,\, \boldsymbol{u}_l) = 0, \quad l \geq k+2 \tag{1.16.2}$$

は明らかであるが，いまの場合行列 A は対称なので $(A\boldsymbol{u}_k,\, \boldsymbol{u}_j) = (\boldsymbol{u}_k,\, A\boldsymbol{u}_j)$ であり，これと (1.16.2) から

$$(A\boldsymbol{u}_k,\, \boldsymbol{u}_j) = 0, \quad j \leq k-2 \tag{1.16.3}$$

が成り立つ．したがって，A が対称の場合，(1.16.1) はつぎのような 3 項のみから成る漸化式になる．

$$\left[\begin{array}{l} \boldsymbol{u}_1 = \boldsymbol{u} \\ k = 1, 2, 3, \ldots, n-1 \\ \quad \left[\ \boldsymbol{u}_{k+1} = \mu_{k+1} \left\{ A\boldsymbol{u}_k - \dfrac{(A\boldsymbol{u}_k,\, \boldsymbol{u}_k)}{(\boldsymbol{u}_k,\, \boldsymbol{u}_k)} \boldsymbol{u}_k - \dfrac{(A\boldsymbol{u}_k,\, \boldsymbol{u}_{k-1})}{(\boldsymbol{u}_{k-1},\, \boldsymbol{u}_{k-1})} \boldsymbol{u}_{k-1} \right\} \right. \end{array}\right. \tag{1.16.4}$$

対称行列の場合のこの直交化の手順を，**ランチョス過程** という．ランチョス過程に見られる 3 項漸化式は，数値解析の随所で利用される一つの共通原理と考えられている．その意味で，これを**ランチョス原理**とよぶことがある．

共役勾配法の導出

共役勾配法は，実は初期残差ベクトル $\boldsymbol{r}^{(0)} = \boldsymbol{b} - A\boldsymbol{x}^{(0)}$ と $n \times n$ 行列 A から生成

されるクリロフ部分空間 $K_k(A;\boldsymbol{r}^{(0)})$ の次元を $k=1,2,\ldots,n$ のように拡大しながら $A\boldsymbol{x}=\boldsymbol{b}$ の解を探索する方法になっている．そこでここでは，クリロフ部分空間の考え方から共役勾配法を導いてみよう．

最初に，反復ごとに解を探索する範囲がなるべく広がるように，$A\boldsymbol{x}=\boldsymbol{b}$ の近似解に対して，$k=1,2,\ldots,n-1$ について

$$\boldsymbol{x}^{(k)}=\boldsymbol{x}^{(0)}+\boldsymbol{z}^{(k)},\quad \boldsymbol{z}^{(k)}\in K_k(A;\boldsymbol{r}^{(0)}) \tag{1.16.5}$$

という条件を課す．ここで，$\boldsymbol{r}^{(k)}$ が $\boldsymbol{x}^{(k)}$ の残差であるという意味付けをするために，

$$\boldsymbol{r}^{(k)}=\boldsymbol{b}-A\boldsymbol{x}^{(k)} \tag{1.16.6}$$

とおく．このとき，(1.16.5) の両辺に左から A を乗じて $\boldsymbol{b}$ から引けば

$$\boldsymbol{r}^{(k)}=\boldsymbol{r}^{(0)}-A\boldsymbol{z}^{(k)}\ \in\ K_{k+1}(A;\boldsymbol{r}^{(0)}) \tag{1.16.7}$$

を得る．これだけの条件からはまだ $\boldsymbol{x}^{(k)}$ はきまらない．

つぎに，初期残差 $\boldsymbol{r}^{(0)}$ から出発して，ランチョス過程 (1.16.4) に基づくつぎの形の直交化を行なって，$\boldsymbol{r}^{(0)},\boldsymbol{r}^{(1)},\boldsymbol{r}^{(2)},\ldots,\boldsymbol{r}^{(n-1)}$ が $K_n(A;\boldsymbol{r}^{(0)})$ の直交系を成すようにする．

$$\left[\begin{array}{l}
\boldsymbol{r}^{(0)}=\boldsymbol{b}-A\boldsymbol{x}^{(0)}\\
\boldsymbol{r}^{(1)}=-\alpha_0\left\{A\boldsymbol{r}^{(0)}-\dfrac{(A\boldsymbol{r}^{(0)},\,\boldsymbol{r}^{(0)})}{(\boldsymbol{r}^{(0)},\,\boldsymbol{r}^{(0)})}\boldsymbol{r}^{(0)}\right\}\\
k=2,3,\ldots,n-1\\
\left[\begin{array}{l}
\boldsymbol{r}^{(k)}=-\alpha_{k-1}\left\{A\boldsymbol{r}^{(k-1)}\right.\\
\qquad\left.-\dfrac{(A\boldsymbol{r}^{(k-1)},\,\boldsymbol{r}^{(k-1)})}{(\boldsymbol{r}^{(k-1)},\,\boldsymbol{r}^{(k-1)})}\boldsymbol{r}^{(k-1)}-\dfrac{(A\boldsymbol{r}^{(k-1)},\,\boldsymbol{r}^{(k-2)})}{(\boldsymbol{r}^{(k-2)},\,\boldsymbol{r}^{(k-2)})}\boldsymbol{r}^{(k-2)}\right\}
\end{array}\right.
\end{array}\right. \tag{1.16.8}$$

この直交化だけでは α_0 および $\alpha_{k-1},\ k=2,3,\ldots,n-1$ は未定の自由パラメータであるが，この (1.16.8) と (1.16.7) とを両立させることによりこれらの $\{\alpha_k\}$ と $\boldsymbol{r}^{(0)},\boldsymbol{r}^{(1)},\ldots,\boldsymbol{r}^{(n-1)}$ が定まり，さらに近似解 $\boldsymbol{x}^{(0)},\boldsymbol{x}^{(1)},\ldots,\boldsymbol{x}^{(n-1)}$ がきまる．以下でそれを確かめよう．

まず (1.16.7) を (1.16.8) の $\boldsymbol{r}^{(k)}$ の式の右辺に代入すると

$$\boldsymbol{r}^{(k)}=\alpha_{k-1}\left\{\frac{(A\boldsymbol{r}^{(k-1)},\,\boldsymbol{r}^{(k-1)})}{(\boldsymbol{r}^{(k-1)},\,\boldsymbol{r}^{(k-1)})}+\frac{(A\boldsymbol{r}^{(k-1)},\,\boldsymbol{r}^{(k-2)})}{(\boldsymbol{r}^{(k-2)},\,\boldsymbol{r}^{(k-2)})}\right\}\boldsymbol{r}^{(0)}$$

$$-\alpha_{k-1}A\left\{\boldsymbol{r}^{(k-1)}+\frac{(A\boldsymbol{r}^{(k-1)},\,\boldsymbol{r}^{(k-1)})}{(\boldsymbol{r}^{(k-1)},\,\boldsymbol{r}^{(k-1)})}\boldsymbol{z}^{(k-1)}+\frac{(A\boldsymbol{r}^{(k-1)},\,\boldsymbol{r}^{(k-2)})}{(\boldsymbol{r}^{(k-2)},\,\boldsymbol{r}^{(k-2)})}\boldsymbol{z}^{(k-2)}\right\} \tag{1.16.9}$$

となる．本節の最初に述べたように，クリロフ部分空間の元に A を乗じたものは $\boldsymbol{r}^{(0)}$ とは1次独立であると仮定しているので，(1.16.9) と (1.16.7) とで $\boldsymbol{r}^{(0)}$ の係数を比較すれば，

$$\alpha_{k-1}\left\{\frac{(A\boldsymbol{r}^{(k-1)},\,\boldsymbol{r}^{(k-1)})}{(\boldsymbol{r}^{(k-1)},\,\boldsymbol{r}^{(k-1)})}+\frac{(A\boldsymbol{r}^{(k-1)},\,\boldsymbol{r}^{(k-2)})}{(\boldsymbol{r}^{(k-2)},\,\boldsymbol{r}^{(k-2)})}\right\}=1 \tag{1.16.10}$$

なる関係が導かれる．α_0 については，(1.16.8) の $\boldsymbol{r}^{(1)}$ の式と (1.16.7) において $k=1$ とおいた式で $\boldsymbol{r}^{(0)}$ の係数を比較して

$$\alpha_0=\frac{(\boldsymbol{r}^{(0)},\,\boldsymbol{r}^{(0)})}{(A\boldsymbol{r}^{(0)},\,\boldsymbol{r}^{(0)})} \tag{1.16.11}$$

を得る．このとき，(1.16.8) の $\boldsymbol{r}^{(1)}$ の式は

$$\boldsymbol{r}^{(1)}=\boldsymbol{r}^{(0)}-\alpha_0A\boldsymbol{r}^{(0)} \tag{1.16.12}$$

となる．

こうして (1.16.11) および (1.16.10) によりすべての α_k がきまり，残差 $\boldsymbol{r}^{(k)}$, $k=0,1,\ldots,n-1$ は確定した．しかし，さらにこの α_k が共役勾配法のものと一致することを示し，また近似解 $\boldsymbol{x}^{(k)}$ を計算する手順を確立する必要がある．

その目的のために，ここで

$$\alpha_{k-1}\boldsymbol{p}^{(k-1)}=\boldsymbol{z}^{(k)}-\boldsymbol{z}^{(k-1)}\ \in\ K_k(A;\boldsymbol{r}^{(0)}) \tag{1.16.13}$$

によって新たに補助ベクトル $\boldsymbol{p}^{(k)}$ を導入する．この両辺に左から A を乗ずると，(1.16.7) より

$$\boldsymbol{r}^{(k)}=\boldsymbol{r}^{(k-1)}-\alpha_{k-1}A\boldsymbol{p}^{(k-1)} \tag{1.16.14}$$

となる．一方，漸化式 (1.16.8) は，(1.16.10) を使うとつぎのように変形できる．

$$\boldsymbol{r}^{(k)}-\boldsymbol{r}^{(k-1)}=-\alpha_{k-1}A\boldsymbol{r}^{(k-1)}-\alpha_{k-1}\frac{(A\boldsymbol{r}^{(k-1)},\,\boldsymbol{r}^{(k-2)})}{(\boldsymbol{r}^{(k-2)},\,\boldsymbol{r}^{(k-2)})}(\boldsymbol{r}^{(k-1)}-\boldsymbol{r}^{(k-2)}) \tag{1.16.15}$$

ここで (1.16.14) を (1.16.15) に代入すると

$$-\alpha_{k-1}A\boldsymbol{p}^{(k-1)} = -\alpha_{k-1}A\boldsymbol{r}^{(k-1)} + \alpha_{k-1}\frac{(A\boldsymbol{r}^{(k-1)},\, \boldsymbol{r}^{(k-2)})}{(\boldsymbol{r}^{(k-2)},\, \boldsymbol{r}^{(k-2)})}\alpha_{k-2}A\boldsymbol{p}^{(k-2)}$$

となるが，両辺に左から $-A^{-1}/\alpha_{k-1}$ を乗じて，k を $k+1$ とすると

$$\boldsymbol{p}^{(k)} = \boldsymbol{r}^{(k)} - \alpha_{k-1}\frac{(A\boldsymbol{r}^{(k)},\, \boldsymbol{r}^{(k-1)})}{(\boldsymbol{r}^{(k-1)},\, \boldsymbol{r}^{(k-1)})}\boldsymbol{p}^{(k-1)} \tag{1.16.16}$$

を得る．一方，(1.16.8) と $\boldsymbol{r}^{(k)}$ との内積をつくると

$$(\boldsymbol{r}^{(k)},\, \boldsymbol{r}^{(k)}) = -\alpha_{k-1}(\boldsymbol{r}^{(k)},\, A\boldsymbol{r}^{(k-1)}),$$

すなわち

$$\alpha_{k-1} = -\frac{(\boldsymbol{r}^{(k)},\, \boldsymbol{r}^{(k)})}{(\boldsymbol{r}^{(k)},\, A\boldsymbol{r}^{(k-1)})} \tag{1.16.17}$$

となる．これを (1.16.16) に代入すれば，$\boldsymbol{p}^{(k)}$ に対して共役勾配法の (1.15.23) と同じ式

$$\boldsymbol{p}^{(k)} = \boldsymbol{r}^{(k)} + \beta_{k-1}\boldsymbol{p}^{(k-1)} \tag{1.16.18}$$

$$\beta_{k-1} = \frac{(\boldsymbol{r}^{(k)},\, \boldsymbol{r}^{(k)})}{(\boldsymbol{r}^{(k-1)},\, \boldsymbol{r}^{(k-1)})} \tag{1.16.19}$$

が導かれる．なお，$\boldsymbol{p}^{(0)}$ については，(1.16.12) と (1.16.14) で $k=1$ とおいた式を比較して

$$\boldsymbol{p}^{(0)} = \boldsymbol{r}^{(0)} \tag{1.16.20}$$

とすればよい．

つぎに，(1.16.14) と $\boldsymbol{p}^{(k-1)}$ との内積をつくると

$$(\boldsymbol{r}^{(k)},\, \boldsymbol{p}^{(k-1)}) = (\boldsymbol{r}^{(k-1)},\, \boldsymbol{p}^{(k-1)}) - \alpha_{k-1}(A\boldsymbol{p}^{(k-1)},\, \boldsymbol{p}^{(k-1)})$$

となるが，左辺は $\boldsymbol{r}^{(k)} \perp K_k(A;\, \boldsymbol{r}^{(0)})$ および (1.16.13) の $\boldsymbol{p}^{(k-1)} \in K_k(A;\, \boldsymbol{r}^{(0)})$ より 0 であるから

$$\alpha_{k-1} = \frac{(\boldsymbol{p}^{(k-1)},\, \boldsymbol{r}^{(k-1)})}{(\boldsymbol{p}^{(k-1)},\, A\boldsymbol{p}^{(k-1)})} \tag{1.16.21}$$

を得る．この α_{k-1} は共役勾配法の (1.15.14) と一致する．

このようにして，$\boldsymbol{r}^{(0)}$ と $\boldsymbol{p}^{(0)}=\boldsymbol{r}^{(0)}$ から出発して，$k=1,2,\ldots$ について，$\boldsymbol{p}^{(k-1)}$ を使って (1.16.14) より $\boldsymbol{r}^{(k)}$ を計算し，(1.16.18) を使って $\boldsymbol{p}^{(k)}$ を計算する，という手順によって，$\{\boldsymbol{r}^{(k)}\}$ と $\{\boldsymbol{p}^{(k)}\}$ を具体的に生成していくことができることがわかった．

最後に，(1.16.5) と (1.16.13) より

$$\boldsymbol{x}^{(k)}-\boldsymbol{x}^{(k-1)}=\boldsymbol{z}^{(k)}-\boldsymbol{z}^{(k-1)}=\alpha_{k-1}\boldsymbol{p}^{(k-1)}$$

となるから，近似解 $\boldsymbol{x}^{(k)}$ は共役勾配法の (1.15.19) と同じ

$$\boldsymbol{x}^{(k)}=\boldsymbol{x}^{(k-1)}+\alpha_{k-1}\boldsymbol{p}^{(k-1)} \tag{1.16.22}$$

によって生成されることがわかる．

反復 (1.16.8) を $k=n$ まで続けると，$\boldsymbol{r}^{(n)}$ は n 次元空間の 1 次独立な n 個のベクトルすべてと直交するということから $\boldsymbol{r}^{(n)}=0$ となり，$\boldsymbol{x}^{(k)}$ は原理的には少なくとも n 回の反復で真の解に到達することがわかる．また，$\boldsymbol{r}^{(0)}$, $A\boldsymbol{r}^{(0)}, \ldots, A^{k-1}\boldsymbol{r}^{(0)}$ が 1 次従属な場合には，反復途中のある m で $\boldsymbol{r}^{(m)}=0$ になる．これは $\boldsymbol{x}^{(m)}$ が真の解になることを意味する．A の固有値に縮退があるとそのようになる（練習問題 1.9）．こうして，クリロフ部分空間の立場から共役勾配法が導かれた．

クリロフ部分空間法

クリロフ部分空間に基づく反復解法として，いろいろな方法が知られている．これらの方法を総称して，**クリロフ部分空間法**とよぶ．クリロフ部分空間法は，一般に近似解の列 $\boldsymbol{x}^{(0)}, \boldsymbol{x}^{(1)}, \ldots, \boldsymbol{x}^{(n-1)}$ が

$$\boldsymbol{x}^{(k)}=\boldsymbol{x}^{(0)}+\boldsymbol{z}^{(k)}, \quad \boldsymbol{z}^{(k)} \in K_k(A;\boldsymbol{r}^{(0)}) \tag{1.16.23}$$

をみたすように生成する方法である．このとき

$$\boldsymbol{r}^{(k)}=\boldsymbol{b}-A\boldsymbol{x}^{(k)}=\boldsymbol{r}^{(0)}-A\boldsymbol{z}^{(k)} \in K_{k+1}(A;\boldsymbol{r}^{(0)}) \tag{1.16.24}$$

となる．すなわち，右辺で $K_k(A;\boldsymbol{r}^{(0)})$ の元に A を乗じているので，残差 $\boldsymbol{r}^{(k)}$

はクリロフ部分空間の定義によって $K_{k+1}(A;\boldsymbol{r}^{(0)})$ に含まれることになる．しかし，この条件 (1.16.23) だけからは $\boldsymbol{x}^{(k)}$ はもちろんきまらない．そこで，上で述べた行列 A が対称の場合には，さらに条件を絞るために，$\boldsymbol{r}^{(0)}$ から出発するランチョス過程によって残差 $\{\boldsymbol{r}^{(k)}\}$ が $K_n(A;\boldsymbol{r}^{(0)})$ の直交系を成すようにした．それによって

$$\boldsymbol{r}^{(k)} \perp K_k(A;\boldsymbol{r}^{(0)}) \tag{1.16.25}$$

が成り立ち，$\boldsymbol{x}^{(k)}$ が決まって，反復解法が確定した．それが共役勾配法である．

A が対称でない場合には，クリロフ部分空間における直交系をつくるために原則的にはアーノルド過程を採用しなければならないが，そうするとランチョス過程と異なって計算量がかなり増大するという問題が生ずる．それに対処するために，対称でない場合にもランチョス過程に対応する効率の良い方法も工夫されている．A が対称正定値であれば，1.15 節で述べたような $S(\boldsymbol{\xi})$ の最小化という直感的に理解しやすい見地から共役勾配法を導くことができたが，一方クリロフ部分空間の立場に立つと，より広い視点から適用対象範囲のより広い反復解法を構成することができるのである．現在クリロフ部分空間の立場から，さまざまな反復解法が研究され提案されている[11]．

1.17 前処理付き共役勾配法

共役勾配法は 1950 年代にはじめて提案された方法であるが[12]，そのままの形では実用面で問題があり，あまり利用されなかった．しかしその後，効率を上げるためのさまざまな前処理が提案され，現在では前処理付き共役勾配法は大規模疎行列の連立 1 次方程式を解く最も実用的な方法の一つとして広く使われるようになっている．本節では前処理付き共役勾配法について考察する．

共役勾配法の前処理

前節のクリロフ部分空間法の考え方による共役勾配法の導出の最後で述べたように，方程式 $A\boldsymbol{x}=\boldsymbol{b}$ の係数行列 A の固有値に縮退があると，共役勾配法においては真の解に到達するまでの反復回数がその分だけ減少する．このことは幾何学的立場からつぎのように解釈することもできる．簡単のために 2 次元

---

11) 張紹良，大規模連立 1 次方程式の解法 — クリロフ部分空間法，応用数理 **8** (1998) 301–312.

12) M.R.Hestenes and E.Stiefel, Methods of conjugate gradients for solving linear systems, Journal of Research of the National Bureau of Standards, **49** (1952) 409–436.

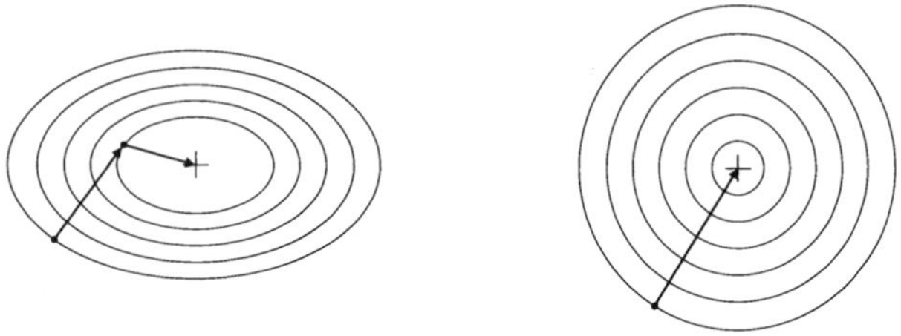

行列 A の固有値に縮退がない場合　行列 A の固有値に縮退がある場合

図 1.3　$S(\boldsymbol{\xi})$ の等高線図

の場合を考えると，行列 A の固有値に縮退がない場合には，最小にする目的関数 (1.14.2) の $S(\boldsymbol{\xi})$ の等高線は楕円になる．それに対して，行列 A の固有値に縮退がある場合，すなわち二つの固有値が等しい場合には，$S(\boldsymbol{\xi})$ の等高線は真の解を中心とする完全な円になる（図 1.3）．したがって，共役勾配法を適用した場合，縮退がなければ一般に 2 回の反復が必要であるが，縮退がある場合には 1 回の反復で真の解に到達することができるのである．

一般の n 次元行列の固有値が縮退している最も極端な例は，A が単位行列 I の場合である．そこで，実際に $A\boldsymbol{x} = \boldsymbol{b}$ を共役勾配法で解く前に，この方程式に適当な**前処理**（preconditioning）をほどこしてこれを単位行列に近い行列を係数にもつ方程式に変換し，これに共役勾配法を適用する．すなわち，正則行列 C をうまく選んで，方程式 $A\boldsymbol{x} = \boldsymbol{b}$ の代わりにこれと同値な方程式

$$(C^{-1}A(C^{\mathrm{T}})^{-1})C^{\mathrm{T}}\boldsymbol{x} = C^{-1}\boldsymbol{b} \tag{1.17.1}$$

を考え，これに共役勾配法を適用する．C は行列 $C^{-1}A(C^{\mathrm{T}})^{-1}$ がなるべく単位行列に近くなるように選ぶ．C を**前処理行列**という．C が正則で A が正定値対称ならば $C^{-1}A(C^{\mathrm{T}})^{-1}$ も正定値対称になることに注意しよう．このようにして構成した共役勾配法を**前処理付き共役勾配法**という．

この前処理としてはいろいろな方法が考案されているが，いずれにせよ少ない手間で処理が実行できるものでなければならない．ここでは，行列 A を不完全に修正コレスキー分解する前処理について述べる．

いま，A を不完全に修正コレスキー分解したものを

$$\widetilde{L}\widetilde{D}\widetilde{L}^{\mathrm{T}} \tag{1.17.2}$$

とする．具体的には，はじめの行列 A において成分 a_{ij} が 0 であった添字の集合を P とするとき，LDL^{T} 分解の手順 (1.7.27) において，左辺に現れる成分 l_{ki} の添字が P に属すときにはその成分は計算せずにとばし，右辺に現れる成分 l_{kj}, l_{ij}, l_{ki} の添字が P に属すときにはその成分は 0 とおいて計算を行なうのである．このように不完全に修正コレスキーを行なうことを，**不完全コレスキー分解**という．

不完全コレスキー分解 (1.17.2) に対して，$\widetilde{D}$ の対角成分の平方根を対角成分にもつ対角行列を $\widetilde{D}^{1/2}$ と書く．このとき，前処理行列 C は

$$C = \widetilde{L}\widetilde{D}^{1/2} \tag{1.17.3}$$

とすればよい．この前処理をほどこした方程式 (1.17.1) は

$$(\widetilde{L}\widetilde{D}^{1/2})^{-1}A((\widetilde{L}\widetilde{D}^{1/2})^{\mathrm{T}})^{-1}(\widetilde{L}\widetilde{D}^{1/2})^{\mathrm{T}}\boldsymbol{x} = (\widetilde{L}\widetilde{D}^{1/2})^{-1}\boldsymbol{b} \tag{1.17.4}$$

となる．ここで

$$\boldsymbol{z} = (\widetilde{L}\widetilde{D}^{1/2})^{\mathrm{T}}\boldsymbol{x} \tag{1.17.5}$$

$$\boldsymbol{c} = (\widetilde{L}\widetilde{D}^{1/2})^{-1}\boldsymbol{b} \tag{1.17.6}$$

$$B = (\widetilde{L}\widetilde{D}^{1/2})^{-1}A((\widetilde{L}\widetilde{D}^{1/2})^{\mathrm{T}})^{-1} \tag{1.17.7}$$

とおくと，(1.17.4) は

$$B\boldsymbol{z} = \boldsymbol{c} \tag{1.17.8}$$

と書くことができる．A の厳密な LDL^{T} 分解を $A = LDL^{\mathrm{T}}$ と書いて，$\widetilde{L} \simeq L$, $\widetilde{D} \simeq D$ とすれば，$B \simeq I$ が成り立つことが理解できよう．

ここで，本来の共役勾配法の残差ベクトル $\boldsymbol{r}^{(k)} = \boldsymbol{b} - A\boldsymbol{x}^{(k)}$ と，A に関して共役なベクトル $\boldsymbol{p}^{(k)}$ に対応して，残差ベクトルを

$$\boldsymbol{s}^{(k)} = \boldsymbol{c} - B\boldsymbol{z}^{(k)} = (\widetilde{L}\widetilde{D}^{1/2})^{-1}\boldsymbol{r}^{(k)} \tag{1.17.9}$$

と書き，B に関して共役なベクトルを

$$\boldsymbol{q}^{(k)} = (\widetilde{L}\widetilde{D}^{1/2})^{\mathrm{T}}\boldsymbol{p}^{(k)} \tag{1.17.10}$$

と書く．方程式 (1.17.8) に共役勾配法を適用して少し変形すると，つぎのような前処理付き共役勾配法のアルゴリズムが導かれる．この方法を，**不完全コレスキー分解共役勾配法**あるいは Incomplete Choleski decomposition Conjugate Gradient method の頭文字をとって **ICCG 法**という．

ICCG 法

(i) 適当な初期ベクトル $\boldsymbol{x}^{(0)}$ を選んでつぎの計算を行なう．

$$\boldsymbol{r}^{(0)} = \boldsymbol{b} - A\boldsymbol{x}^{(0)} \tag{1.17.11}$$

$$\boldsymbol{p}^{(0)} = (\widetilde{L}\widetilde{D}\widetilde{L}^{\mathrm{T}})^{-1}\boldsymbol{r}^{(0)} \tag{1.17.12}$$

(ii) $k = 0, 1, 2, \cdots$ についてつぎの手順をくりかえす．

$$\alpha_k = \frac{(\boldsymbol{r}^{(k)}, (\widetilde{L}\widetilde{D}\widetilde{L}^{\mathrm{T}})^{-1}\boldsymbol{r}^{(k)})}{(\boldsymbol{p}^{(k)}, A\boldsymbol{p}^{(k)})} \tag{1.17.13}$$

$$\boldsymbol{x}^{(k+1)} = \boldsymbol{x}^{(k)} + \alpha_k \boldsymbol{p}^{(k)} \tag{1.17.14}$$

$$\boldsymbol{r}^{(k+1)} = \boldsymbol{r}^{(k)} - \alpha_k A\boldsymbol{p}^{(k)} \tag{1.17.15}$$

$$\|\boldsymbol{r}^{(k+1)}\| \le \varepsilon\|\boldsymbol{b}\| \text{ ならば終了する} \tag{1.17.16}$$

$$\beta_k = \frac{(\boldsymbol{r}^{(k+1)}, (\widetilde{L}\widetilde{D}\widetilde{L}^{\mathrm{T}})^{-1}\boldsymbol{r}^{(k+1)})}{(\boldsymbol{r}^{(k)}, (\widetilde{L}\widetilde{D}\widetilde{L}^{\mathrm{T}})^{-1}\boldsymbol{r}^{(k)})} \tag{1.17.17}$$

$$\boldsymbol{p}^{(k+1)} = (\widetilde{L}\widetilde{D}\widetilde{L}^{\mathrm{T}})^{-1}\boldsymbol{r}^{(k+1)} + \beta_k \boldsymbol{p}^{(k)} \tag{1.17.18}$$

このアルゴリズムに現れる $\boldsymbol{v} = (\widetilde{L}\widetilde{D}\widetilde{L}^{\mathrm{T}})^{-1}\boldsymbol{r}^{(k)}$ の計算は，三角行列を係数にもつ二組の連立1次方程式 $\widetilde{L}\boldsymbol{y} = \boldsymbol{r}^{(k)}$ と $\widetilde{D}\widetilde{L}^{\mathrm{T}}\boldsymbol{v} = \boldsymbol{y}$ を解くことによって行う．

ICCG 法における計算の主要部分は，行列とベクトルの積およびベクトルの内積である．これらはコンピュータの得意とするところであり，とくに A が大型疎行列の場合に ICCG 法が有効である．

練 習 問 題

1.1

$$\|\boldsymbol{x}\|_p = \Big(\sum_j |x_j|^p\Big)^{1/p}, \quad 1 \le p < \infty$$

はノルムの条件を満足することを示せ．

1.2 行列の 2 種類の自然なノルム $\|A\|_\alpha$, $\|A\|_\beta$ が与えられたとき，すべての $n\times n$ 行列 A に対して

$$m\|A\|_\alpha \le \|A\|_\beta \le M\|A\|_\alpha$$

を満足する正の数 m, M が存在することを証明せよ．

1.3 $n\times n$ 行列 A を係数にもつ方程式 $A\boldsymbol{x}=\boldsymbol{b}$ をガウスの消去法で解くとき，どの程度の回数の四則演算が必要か．

1.4 係数に誤差 ΔA をもつ方程式を

$$(A+\Delta A)\boldsymbol{x}=\boldsymbol{b}$$

と書く．ΔA は十分小さく $\|A^{-1}\Delta A\|<1/2$ を満足するものとする．このとき近似解 $\boldsymbol{x}^{(0)}$ から出発してつぎの手順を反復することにより $\boldsymbol{x}^{(k)}$ は $k\to\infty$ のとき $A\boldsymbol{x}=\boldsymbol{b}$ の真の解に収束することを示せ．

(i) $\boldsymbol{r}^{(k)}=\boldsymbol{b}-A\boldsymbol{x}^{(k)}$ を十分な精度で計算する．

(ii) $A\boldsymbol{d}^{(k)}=\boldsymbol{r}^{(k)}$ を解き $\boldsymbol{x}^{(k+1)}=\boldsymbol{x}^{(k)}+\boldsymbol{d}^{(k)}$ とする．

これを**反復改良法**という．

1.5 A が対角優位行列ならば，$A\boldsymbol{x}=\boldsymbol{b}$ に対するガウス・ザイデル法の反復行列 M の固有値の絶対値は 1 より小さいことを証明せよ．

1.6 A および D が正定値対称行列で $A=D+F+F^{\mathrm{T}}$ とする．このとき，もし $0<\omega<2$ でありかつ $(D+\omega F^{\mathrm{T}})^{-1}$ が存在すれば，$A\boldsymbol{x}=\boldsymbol{b}$ に対する SOR 法の反復行列 M の固有値の絶対値は 1 より小さいことを証明せよ．

1.7 2 次元の正方領域における境界値問題

$$\begin{cases} \Delta u \equiv \dfrac{\partial^2 u}{\partial x^2}+\dfrac{\partial^2 u}{\partial y^2}=0, \quad 0<x<1,\ 0<y<1 \\ \text{境界上で} \quad u(x,y)=f(x,y) \end{cases}$$

を差分法で解くとき，行列 A が (1.13.1) の形をした方程式 $A\boldsymbol{x}=\boldsymbol{b}$ が得られることを示せ．ただし x 方向，y 方向とも $[0,1]$ を N 等分して等間隔な格子点 $(j/N,\,k/N)$; $j,k=0,1,\ldots,N$ をとり，$\Delta u=0$ は 5 点差分方程式

$$4u_{j,k}-(u_{j+1,k}+u_{j-1,k}+u_{j,k+1}+u_{j,k-1})=0 \tag{1}$$

によって近似する．$u_{j,k}$ は点 $(j/N,k/N)$ における近似解の値である．またこのときの $\rho(M_J)$ を求めよ．

1.8　m 個の独立変数 $x_1, x_2, \ldots, x_m$ をもつ非線形で微分可能な関数を $S(\boldsymbol{x})$ とする．ただし

$$\boldsymbol{x} = \begin{pmatrix} x_1 \\ x_2 \\ \vdots \\ x_m \end{pmatrix}$$

このとき $S(\boldsymbol{x})$ の極小値を求める方法を共役勾配法の考え方から導け．

1.9　3×3 行列 A の固有値 $\lambda_1, \lambda_2, \lambda_3$ には縮退があって $\lambda_1 \neq \lambda_2 = \lambda_3$ であり，それぞれには固有ベクトル $\boldsymbol{u}_1, \boldsymbol{u}_2, \boldsymbol{u}_3$ が属するものとする．このとき，$\boldsymbol{u} = c_1\boldsymbol{u}_1 + c_2\boldsymbol{u}_2 + c_3\boldsymbol{u}_3$ とおくことによって，$\boldsymbol{u}, A\boldsymbol{u}, A^2\boldsymbol{u}$ は互いに1次独立ではないことを示せ．

第2章　非線形方程式

2.1　非線形方程式とニュートン法

本章では，ニュートン法を中心に，非線形方程式の数値解法について述べる．

非線形方程式

本章で扱う対象は n 個の未知数をもつ n 元連立非線形方程式

$$\begin{cases} f_1(x_1,\, x_2,\, \cdots,\, x_n) = 0 \\ f_2(x_1,\, x_2,\, \cdots,\, x_n) = 0 \\ \qquad \cdots\cdots \\ f_n(x_1,\, x_2,\, \cdots,\, x_n) = 0 \end{cases} \tag{2.1.1}$$

の解を反復法 によって求める問題である．この方程式は n 次元ベクトル

$$\boldsymbol{x} = \begin{pmatrix} x_1 \\ x_2 \\ \vdots \\ x_n \end{pmatrix}, \quad \boldsymbol{f} = \begin{pmatrix} f_1 \\ f_2 \\ \vdots \\ f_n \end{pmatrix} \tag{2.1.2}$$

を導入することにより

$$\boldsymbol{f}(\boldsymbol{x}) = \boldsymbol{0} \tag{2.1.3}$$

と表わすことができる．ここで扱う n 次元ベクトルには，第 1 章で述べたような適当なノルムが定義されているものとする．とくに 1 変数の場合には (2.1.3) は単につぎのスカラーの方程式になる．

$$f(x) = 0 \tag{2.1.4}$$

最初に，非線形方程式 $\boldsymbol{f}(\boldsymbol{x}) = \boldsymbol{0}$ に対する典型的な反復解法であるニュート

ン法について述べる．

ニュートン法の幾何学的意味

ニュートン法の考え方を，まず 1 変数の場合について幾何学的に考察しておこう．与えられた関数 $f(x)$ を点 $x^{(k)}$ におけるその接線 $\widetilde{f}(x)$ で近似する (図 2.1)．

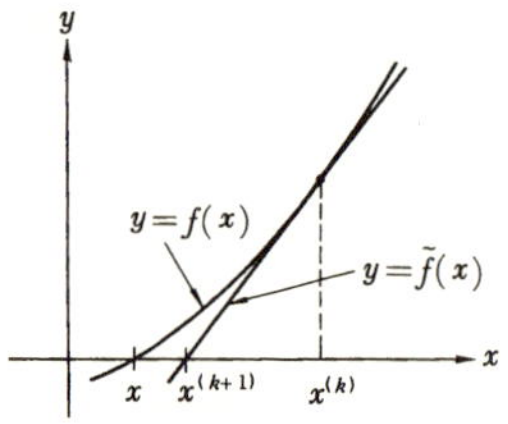

図 2.1

$$\widetilde{f}(x) = f(x^{(k)}) + f'(x^{(k)})(x - x^{(k)}) \qquad (2.1.5)$$

そして $f(x)=0$ の解を直接求めるかわりに近似的に 1 次方程式 $\widetilde{f}(x)=0$ の解 x を求め，その x を $x^{(k+1)}$ とおけば，つぎのスキームが導かれる．

$$x^{(k+1)} = x^{(k)} - \frac{f(x^{(k)})}{f'(x^{(k)})} \qquad (2.1.6)$$

初期値 $x^{(0)}$ から出発して，この公式を $k=0,1,2,\ldots$ について反復使用するのが 1 変数の場合の**ニュートン法**である．

問題 2.1 $\sqrt{a}$ をニュートン法で計算するときのスキームはどのような形になるか．

ニュートン法は，(2.1.5) のようにテーラー展開を 1 次の項で打ち切って導かれたものであり，x と $x^{(k)}$ が複素数であってもそのスキーム (2.1.6) は有効であることに注意しよう．

n 変数の方程式に対するニュートン法

$\boldsymbol{f}(\boldsymbol{x})=\boldsymbol{0}$ の解を求めるための n 変数のニュートン法も，1 変数の場合と同様の考え方によって導くことができる．いま考えている n 次元の閉領域 K で $\boldsymbol{f}(\boldsymbol{x})$ が 2 回微分可能であると仮定する．このとき，$\boldsymbol{f}(\boldsymbol{x})$ を $\boldsymbol{x}^{(k)}$ のまわりでテーラー展開すると

$$\boldsymbol{f}(\boldsymbol{x}) = \boldsymbol{f}(\boldsymbol{x}^{(k)}) + J(\boldsymbol{x}^{(k)})(\boldsymbol{x} - \boldsymbol{x}^{(k)}) + O((\boldsymbol{x} - \boldsymbol{x}^{(k)})^2) \qquad (2.1.7)$$

となる[1)]．ただし，$J(\boldsymbol{x})$ は $\boldsymbol{f}(\boldsymbol{x})$ の微分 $\dfrac{\partial f_i}{\partial x_j}$ を ij 成分とする $n \times n$ 行列で

1) 一般に $s = O(h)$ なる量は，h が小さくなるとき s は h と同程度の速さで小さくなること，すなわち $\lim_{h\to 0}\left|\dfrac{s}{h}\right| = \alpha < \infty$ を意味し，オーダー h と読む．

ある．

$$J(\boldsymbol{x}) = (J_{ij}) = \left(\frac{\partial f_i}{\partial x_j}\right) \tag{2.1.8}$$

この行列 $J(\boldsymbol{x})$ を $\boldsymbol{f}$ の**ヤコビ行列**という．いま，(2.1.7) の右辺を 1 次の項までとって打ち切ったものを $\widetilde{\boldsymbol{f}}(\boldsymbol{x})$ と書き，解くべき方程式 $\boldsymbol{f}(\boldsymbol{x}) = 0$ の代わりにそれを近似する方程式

$$\widetilde{\boldsymbol{f}}(\boldsymbol{x}) = \boldsymbol{f}(\boldsymbol{x}^{(k)}) + J(\boldsymbol{x}^{(k)})(\boldsymbol{x} - \boldsymbol{x}^{(k)}) = 0 \tag{2.1.9}$$

を考える．ここで，ヤコビ行列は正則であるとする．このとき，(2.1.9) を $\boldsymbol{x}$ について解いて，その $\boldsymbol{x}$ を新たに $\boldsymbol{x}^{(k+1)}$ とおけば，つぎの n 変数の場合の**ニュートン法**のスキームが得られる．

$$\boldsymbol{x}^{(k+1)} = \boldsymbol{x}^{(k)} - J^{-1}(\boldsymbol{x}^{(k)})\boldsymbol{f}(\boldsymbol{x}^{(k)}) \tag{2.1.10}$$

ここで，右辺において $\boldsymbol{x}^{(k)}$ を $\boldsymbol{x}$ とおいたものを

$$\boldsymbol{\phi}(\boldsymbol{x}) = \boldsymbol{x} - J^{-1}(\boldsymbol{x})\boldsymbol{f}(\boldsymbol{x}) \tag{2.1.11}$$

と書くと，反復のスキーム (2.1.10) は，第 1 章 (1.10.11) と同様に，

$$\boldsymbol{x}^{(k+1)} = \boldsymbol{\phi}(\boldsymbol{x}^{(k)}) \tag{2.1.12}$$

と表わせる．これは，方程式 $\boldsymbol{f}(\boldsymbol{x}) = 0$ と同値な方程式

$$\boldsymbol{x} = \boldsymbol{\phi}(\boldsymbol{x}) \tag{2.1.13}$$

に基づいて構成した，一つの反復法のスキームとみることができる．

いま $\boldsymbol{x}$ を $\boldsymbol{f}(\boldsymbol{x}) = 0$ の真の解とすると，J が正則なとき，(2.1.7) より

$$\begin{aligned}
\boldsymbol{x}^{(k+1)} - \boldsymbol{x} &= \boldsymbol{\phi}(\boldsymbol{x}^{(k)}) - \boldsymbol{\phi}(\boldsymbol{x}) \\
&= \{\boldsymbol{x}^{(k)} - J^{-1}(\boldsymbol{x}^{(k)})\boldsymbol{f}(\boldsymbol{x}^{(k)})\} - \{\boldsymbol{x} - J^{-1}(\boldsymbol{x})\boldsymbol{f}(\boldsymbol{x})\} \\
&= \boldsymbol{x}^{(k)} - \boldsymbol{x} - J^{-1}(\boldsymbol{x}^{(k)})\boldsymbol{f}(\boldsymbol{x}^{(k)}) \\
&= \boldsymbol{x}^{(k)} - \boldsymbol{x} - J^{-1}(\boldsymbol{x}^{(k)})\{\boldsymbol{f}(\boldsymbol{x}^{(k)}) - \boldsymbol{f}(\boldsymbol{x})\} \\
&= \boldsymbol{x}^{(k)} - \boldsymbol{x} - J^{-1}(\boldsymbol{x}^{(k)})\{J(\boldsymbol{x}^{(k)})(\boldsymbol{x}^{(k)} - \boldsymbol{x}) - O((\boldsymbol{x} - \boldsymbol{x}^{(k)})^2)\} \\
&= J^{-1}(\boldsymbol{x}^{(k)})O((\boldsymbol{x}^{(k)} - \boldsymbol{x})^2)
\end{aligned} \tag{2.1.14}$$

となり，これから

$$\boldsymbol{x}^{(k+1)} - \boldsymbol{x} = O((\boldsymbol{x}^{(k)} - \boldsymbol{x})^2) \tag{2.1.15}$$

なる関係が得られる．これは，$J(\boldsymbol{x}^{(k)})$ が正則であれば，ニュートン法において反復が 1 段進んだときの誤差が前段の誤差の 2 乗に比例して小さくなることを意味している．このような収束をする反復法を **2 次の収束をする反復法** という．

$J(\boldsymbol{x})$ の行列式 $|J(\boldsymbol{x})|$ は関数 $\boldsymbol{f}(\boldsymbol{x})$ の**ヤコビアン**にほかならない．したがってこの反復法が意味をもつためには反復の途中の $\boldsymbol{x}^{(k)}$ および解 $\boldsymbol{x}$ において $\boldsymbol{f}(\boldsymbol{x})$ のヤコビアンが 0 になってはならないこと，すなわち

$$|J(\boldsymbol{x})| \neq 0, \quad \boldsymbol{x} \in K \tag{2.1.16}$$

であることが必要である．この条件はニュートン法が 2 次の収束をする反復法であることを保証するものである．1 変数の場合この条件は

$$f'(x) \neq 0, \quad x \in K \tag{2.1.17}$$

となる．

例題 2.1 2 変数の 2 元連立方程式に対するニュートン法の具体的手順を示せ．

解 方程式 $\boldsymbol{f}(\boldsymbol{x}) = \boldsymbol{0}$ において $\boldsymbol{x}$ と $\boldsymbol{f}$ の成分を

$$\boldsymbol{x} = \begin{pmatrix} x_1 \\ x_2 \end{pmatrix}, \quad \boldsymbol{f} = \begin{pmatrix} f_1 \\ f_2 \end{pmatrix} \tag{2.1.18}$$

とする．各反復ごとに近似値 $\boldsymbol{x}^{(k)}$ は $\Delta\boldsymbol{x}^{(k)}$ だけ修正を受けるものとする．

$$\boldsymbol{x}^{(k+1)} = \boldsymbol{x}^{(k)} + \Delta\boldsymbol{x}^{(k)} \tag{2.1.19}$$

このとき修正量 $\Delta\boldsymbol{x}^{(k)} = \begin{pmatrix} \Delta x_1^{(k)} \\ \Delta x_2^{(k)} \end{pmatrix}$ は (2.1.10) より

$$\Delta\boldsymbol{x}^{(k)} = -J^{-1}(\boldsymbol{x}^{(k)})\boldsymbol{f}(\boldsymbol{x}^{(k)}) \tag{2.1.20}$$

となる．これは

$$J(\boldsymbol{x}^{(k)})\Delta\boldsymbol{x}^{(k)} = -\boldsymbol{f}(\boldsymbol{x}^{(k)}) \tag{2.1.21}$$

を意味する．これを成分ごとに書けば

$$\begin{cases} \dfrac{\partial f_1(\boldsymbol{x}^{(k)})}{\partial x_1}\Delta x_1^{(k)} + \dfrac{\partial f_1(\boldsymbol{x}^{(k)})}{\partial x_2}\Delta x_2^{(k)} = -f_1(\boldsymbol{x}^{(k)}) \\ \dfrac{\partial f_2(\boldsymbol{x}^{(k)})}{\partial x_1}\Delta x_1^{(k)} + \dfrac{\partial f_2(\boldsymbol{x}^{(k)})}{\partial x_2}\Delta x_2^{(k)} = -f_2(\boldsymbol{x}^{(k)}) \end{cases} \tag{2.1.22}$$

となる．この連立 1 次方程式を解けば，$\Delta\boldsymbol{x}^{(k)}$ すなわち $\boldsymbol{x}^{(k+1)}$ が得られる． ■

問題 2.2 z を複素数 $z = x + iy$ として，方程式 $z^2 + 1 = 0$ を実数部と虚数部に分け，方程式 $z^2 + 1 = 0$ を解く 2 変数の方程式に対するニュートン法のスキームを導け．またこのスキームは，(2.1.6) に現われる変数をすべて複素数とみなしたとき，問題 2.1 において $a = -1$ とおいたスキームに一致することを確かめよ．

2.2 一般の反復法

反復法の収束と縮小写像

ニュートン法では，与えられた方程式 $\boldsymbol{f}(\boldsymbol{x}) = 0$ に対してそれと同値な方程式

$$\boldsymbol{x} = \boldsymbol{\phi}(\boldsymbol{x}), \quad \boldsymbol{\phi}(\boldsymbol{x}) = \boldsymbol{x} - J^{-1}(\boldsymbol{x})\boldsymbol{f}(\boldsymbol{x}) \tag{2.2.1}$$

を考えた．ここでは，(2.2.1) のニュートン法の $\boldsymbol{\phi}(\boldsymbol{x})$ にかぎらない，方程式 $\boldsymbol{f}(\boldsymbol{x}) = \boldsymbol{0}$ と同値なより一般の方程式

$$\boldsymbol{x} = \boldsymbol{\phi}(\boldsymbol{x}) \tag{2.2.2}$$

を考え，その解である $\boldsymbol{\phi}$ の**不動点** を求めるための反復法

$$\boldsymbol{x}^{(k+1)} = \boldsymbol{\phi}(\boldsymbol{x}^{(k)}) \tag{2.2.3}$$

を考察する．$\boldsymbol{\phi}(\boldsymbol{x})$ は n 次元ベクトルを n 次元ベクトルに対応させる関数である．方程式 $\boldsymbol{x} = \boldsymbol{\phi}(\boldsymbol{x})$ が一意的な解をもち，これに対して反復解法が適用可能であるためには，$\boldsymbol{\phi}$ が**縮小写像**でなければならない．第 1 章の場合のように $\boldsymbol{\phi}$ が $\boldsymbol{x}$ の 1 次関数であれば縮小写像という性質は n 次元空間全域において保たれるが，$\boldsymbol{\phi}$ が非線形の場合には縮小写像が成立する領域は一般にある限られた範囲のものになる．そこで，本章で対象とする関数 $\boldsymbol{\phi}$ の定義域はこの n 次元空間のある閉領域 K であるとする．K は完備である．

関数 ϕ が K で縮小写像であれば，第 1 章で述べた**縮小写像の不動点定理** 1.7 がいまの場合にそのまま適用できる．これを関数 ϕ に対するリプシッツ条件によってつぎの定理 2.1 の形にいいかえておこう．

任意の $\boldsymbol{x}, \boldsymbol{y} \in K$ に対して，不等式

$$\|\boldsymbol{\phi}(\boldsymbol{x}) - \boldsymbol{\phi}(\boldsymbol{y})\| \leq q\|\boldsymbol{x} - \boldsymbol{y}\| \tag{2.2.4}$$

が成立するような定数 $q > 0$ が存在するとき，$\boldsymbol{\phi}$ は K において**リプシッツ条件**を満足するという．q を**リプシッツ定数**という．もしリプシッツ定数 q が $0 < q < 1$ を満たせば $\boldsymbol{\phi}$ は縮小写像になる．

定理 2.1 n 次元ノルム空間のある閉領域を K とする．関数 $\boldsymbol{\phi}(\boldsymbol{x})$ はつぎの条件を満たしているものとする．

(i) $\boldsymbol{x} \in K$ ならば $\boldsymbol{\phi}(\boldsymbol{x}) \in K$

(ii) 任意の $\boldsymbol{x}, \boldsymbol{y} \in K$ に対してリプシッツ条件

$$\|\boldsymbol{\phi}(\boldsymbol{x}) - \boldsymbol{\phi}(\boldsymbol{y})\| \leq q\|\boldsymbol{x} - \boldsymbol{y}\|$$

が $0 < q < 1$ なる定数について満足される．

このとき，任意の $\boldsymbol{x}^{(0)} \in K$ を初期値 とする反復法 $\boldsymbol{x}^{(k+1)} = \boldsymbol{\phi}(\boldsymbol{x}^{(k)})$ によって生成される列 $\{\boldsymbol{x}^{(k)}\}$ は，$k \to \infty$ のとき $\boldsymbol{x} = \boldsymbol{\phi}(\boldsymbol{x})$ のただ一つの解 $\boldsymbol{x}$ に収束する．

一般に $\boldsymbol{\phi}(\boldsymbol{x})$ が与えられたとき，$\boldsymbol{x} \in K$ ならば必ず $\boldsymbol{x} = \boldsymbol{\phi}(\boldsymbol{x})$ となるような領域 K を決めることはむずかしい．実際の計算ではあらかじめ別の方法で K に入ると思われるような真の解 $\boldsymbol{x}$ に十分近い近似値 $\boldsymbol{x}^{(0)}$ を求め，それから反復をはじめるのがふつうである．これについては次節でふれる．しかし $\boldsymbol{x}^{(0)}$ が $\boldsymbol{x}$ に十分近く選ばれたとしても $q > 1$ であれば $\boldsymbol{x}$ への収束は保証されないことはいうまでもない．

$\boldsymbol{\phi}$ が縮小写像となるための十分条件

ここで $\boldsymbol{\phi}$ が縮小写像となるための条件を調べておこう．$\boldsymbol{\phi}$ が K で 2 回微分可能であると仮定する．このとき $\boldsymbol{y}, \boldsymbol{z} \in K$ なる 2 点を結ぶ線分上で次式が成立する．

$$\boldsymbol{\phi}(\boldsymbol{y}) - \boldsymbol{\phi}(\boldsymbol{z}) = \boldsymbol{\phi}(\boldsymbol{z} + t(\boldsymbol{y} - \boldsymbol{z}))\Big|_{t=1} - \boldsymbol{\phi}(\boldsymbol{z} + t(\boldsymbol{y} - \boldsymbol{z}))\Big|_{t=0}$$

$$= \int_0^1 \frac{d}{dt}\boldsymbol{\phi}(\boldsymbol{z} + t(\boldsymbol{y} - \boldsymbol{z}))dt \tag{2.2.5}$$

ただし微分，積分は成分ごとに行なうものとする．$\boldsymbol{x} = \boldsymbol{z} + t(\boldsymbol{y} - \boldsymbol{z})$ とおいて (2.2.5) の右辺の被積分関数を成分ごとに書くと

$$\frac{d}{dt}\phi_i(\boldsymbol{z} + t(\boldsymbol{y} - \boldsymbol{z})) = \sum_{j=1}^{n} \frac{\partial \phi_i}{\partial x_j} \times (y_j - z_j) \tag{2.2.6}$$

となるが，いま $\boldsymbol{\phi}$ の微分 $\dfrac{\partial \phi_i}{\partial x_j}$ を ij 成分とする $n \times n$ 行列 B を

$$B(\boldsymbol{x}) = (B_{ij}) = \left(\frac{\partial \phi_i}{\partial x_j}\right) \tag{2.2.7}$$

によって定義して (2.2.6) を行列で表わせば，つぎのようになる．

$$\frac{d}{dt}\boldsymbol{\phi}(\boldsymbol{z} + t(\boldsymbol{y} - \boldsymbol{z})) = B(\boldsymbol{z} + t(\boldsymbol{y} - \boldsymbol{z})) \cdot (\boldsymbol{y} - \boldsymbol{z}) \tag{2.2.8}$$

したがって

$$\boldsymbol{\phi}(\boldsymbol{y}) - \boldsymbol{\phi}(\boldsymbol{z}) = \int_0^1 B(\boldsymbol{z} + t(\boldsymbol{y} - \boldsymbol{z})) \cdot (\boldsymbol{y} - \boldsymbol{z})dt \tag{2.2.9}$$

が成立する．

ここで

$$\|B(\boldsymbol{x})\| \leq q < 1 \tag{2.2.10}$$

を仮定しよう．このとき (2.2.9) のノルムをとると，$0 < q < 1$ に対するリプシッツ条件

$$\|\boldsymbol{\phi}(\boldsymbol{y}) - \boldsymbol{\phi}(\boldsymbol{z})\| \leq q\|\boldsymbol{y} - \boldsymbol{z}\| \tag{2.2.11}$$

が得られる．したがって不等式 (2.2.10) が $\boldsymbol{\phi}$ が縮小写像となるための一つの十分条件である．

1 変数の方程式に対する反復法

1 変数の方程式

$$x = \phi(x) \tag{2.2.12}$$

に対して反復法の原理を考察しておこう．これによって $x = \phi(x)$ の解の存在

と数値解法のアルゴリズムとしての反復法 $x^{(k+1)} = \phi(x^{(k)})$ との間の密切な関係がいっそう明白になるであろう．

関数 $\phi(x)$ は閉区間 $K = [a, b]$ で定義されており，K で連続であるとする．また $x \in K$ のときその関数値 $\phi(x)$ も K に入るものと仮定する．いまの場合ノルムとして絶対値をとる．

まず，方程式 (2.2.12) は $[a, b]$ 内に少なくとも 1 根をもつ．なぜなら $\psi(x) = x - \phi(x)$ とおくと，$\psi(a) \leq 0$, $\psi(b) \geq 0$ であるから，中間値の定理により $\psi(\xi) = \xi - \phi(\xi) = 0$ となる ξ が $a \leq \xi \leq b$ に存在するからである．第 1 章でみたように，n 変数の場合の $\boldsymbol{x} = \boldsymbol{\phi}(\boldsymbol{x})$ の解の存在は縮小写像 $\boldsymbol{x}^{(k+1)} = \boldsymbol{\phi}(\boldsymbol{x}^{(k)})$ により生成される列 $\{\boldsymbol{x}^{(k)}\}$ の収束を通して証明されたわけであるが，1 変数の場合はこのように解の存在はほとんど自明である．

つぎに，方程式 $x = \phi(x)$ の解の一意性は $0 < q < 1$ に対するリプシッツ条件により保証される．すなわち区間 $[a, b]$ 内の任意の 2 点 ξ および η に対して不等式

$$|\phi(\xi) - \phi(\eta)| \leq q|\xi - \eta| \tag{2.2.13}$$

が成立するような定数 $0 < q < 1$ が存在すれば，$x = \phi(x)$ は $K = [a, b]$ にただ一つの根をもつ．この証明は n 変数の場合の不動点の存在の一意性の証明とまったく同様であるが，これは図 2.2 からも明らかであって，曲線 $y = \phi(x)$ がある点 ξ で直線 $y = x$ を横断すれば $0 < q < 1$ である限り 2 度と横断することはない．

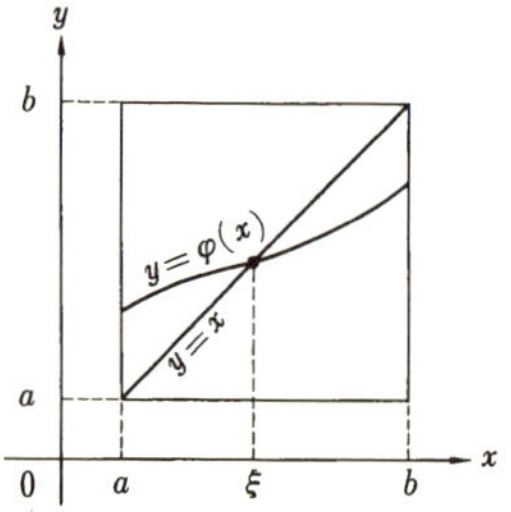

図 2.2

問題 2.3　$\phi(x)$ が微分可能であって，$q > 0$ なる定数に対して $a \leq x \leq b$ のすべての x において $|\phi'(x)| \leq q$ が成立するならば，$\phi(x)$ はリプシッツ条件を満足することを証明せよ．

n 変数でみた収束の十分条件 (2.2.10) は，1 変数の場合 $x \in K$ において

$$|\phi'(x)| \leq q < 1 \tag{2.2.14}$$

が成立することに対応している．

さらに，反復法 $x^{(k+1)} = \phi(x^{(k)})$ の収束においてリプシッツ定数 q が 1 より小という条件の果たす役割は，反復の様子を幾何学的に示した図 2.3 より明らかであろう．

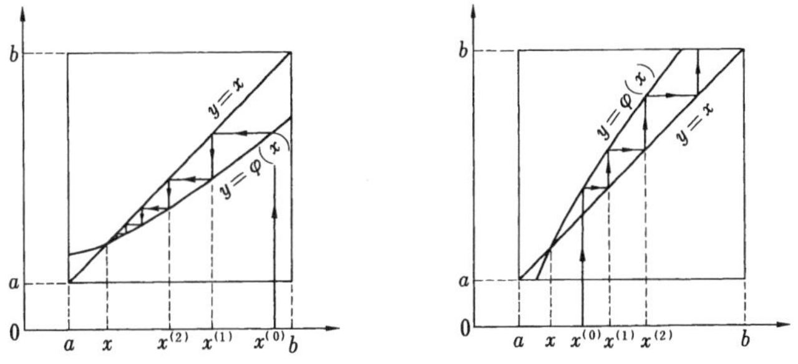

$q<1$　　　　$q>1$

図 **2.3**

2.3　反復法の誤差

打切り誤差と丸め誤差の影響

実際計算では反復法は有限回数のくりかえしで打ち切られるために**打切り誤差** を生ずる．また反復ごとに四捨五入による**丸め誤差** が入ってくる．

まず反復を N 回で打ち切ったときの打切り誤差を評価しよう．ここでも反復法

$$\boldsymbol{x}^{(k+1)} = \boldsymbol{\phi}(\boldsymbol{x}^{(k)}) \tag{2.3.1}$$

の関数 $\boldsymbol{\phi}(\boldsymbol{x})$ に対してリプシッツ条件

$$\|\boldsymbol{\phi}(\boldsymbol{y}) - \boldsymbol{\phi}(\boldsymbol{z})\| \le q\|\boldsymbol{y} - \boldsymbol{z}\| \tag{2.3.2}$$

を仮定する．第 1 章の定理 1.7 の証明とまったく同様にして，$\boldsymbol{x}^{(k+1)} = \boldsymbol{\phi}(\boldsymbol{x}^{(k)})$ から生成される列は $0<q<1$ であれば第 1 章 (1.10.8) より

$$\|\boldsymbol{x}^{(N+k)} - \boldsymbol{x}^{(N)}\| \le \frac{q^N}{1-q}\|\boldsymbol{x}^{(1)} - \boldsymbol{x}^{(0)}\| \tag{2.3.3}$$

を満足する．ここで $k \to \infty$ のとき $\boldsymbol{x}^{(k)} \to \boldsymbol{x}$ であるから

$$\|\boldsymbol{x}^{(N)} - \boldsymbol{x}\| \leq \frac{q^N}{1-q}\|\boldsymbol{\phi}(\boldsymbol{x}^{(0)}) - \boldsymbol{x}^{(0)}\| \tag{2.3.4}$$

つぎに，くりかえしごとに丸め誤差 $\boldsymbol{\varepsilon}^{(k)}$ が入るとすると，実際の反復過程はつぎの式で表現される．

$$\boldsymbol{y}^{(k)} = \boldsymbol{\phi}(\boldsymbol{y}^{(k-1)}) + \boldsymbol{\varepsilon}^{(k)} \tag{2.3.5}$$

したがって $\boldsymbol{y}^{(k)}$ と，丸め誤差をもたないと仮定した $\boldsymbol{x}^{(k)}$ との差は

$$\boldsymbol{y}^{(k)} - \boldsymbol{x}^{(k)} = \boldsymbol{\phi}(\boldsymbol{y}^{(k-1)}) - \boldsymbol{\phi}(\boldsymbol{x}^{(k-1)}) + \boldsymbol{\varepsilon}^{(k)} \tag{2.3.6}$$

となる．ここで第 1 章の場合と同じ理由によって第 1 章 (1.12.2) と同様丸め誤差に対して

$$\|\boldsymbol{\varepsilon}^{(k)}\| < \varepsilon \quad (\varepsilon \text{ は } k \text{ によらない}) \tag{2.3.7}$$

を仮定しよう．このとき (2.3.6) のノルムをとれば

$$\begin{aligned}\|\boldsymbol{y}^{(k)} - \boldsymbol{x}^{(k)}\| &\leq \|\boldsymbol{\phi}(\boldsymbol{y}^{(k-1)}) - \boldsymbol{\phi}(\boldsymbol{x}^{(k-1)})\| + \varepsilon \\ &\leq q\|\boldsymbol{y}^{(k-1)} - \boldsymbol{x}^{(k-1)}\| + \varepsilon\end{aligned} \tag{2.3.8}$$

この関係をくりかえし用いると第 1 章 (1.12.5) と同様にして

$$\begin{aligned}\|\boldsymbol{y}^{(k)} - \boldsymbol{x}^{(k)}\| &\leq q^k\|\boldsymbol{y}^{(0)} - \boldsymbol{x}^{(0)}\| + \varepsilon\sum_{j=0}^{k-1} q^j \\ &= q^k\|\boldsymbol{y}^{(0)} - \boldsymbol{x}^{(0)}\| + \frac{1-q^k}{1-q}\varepsilon\end{aligned} \tag{2.3.9}$$

が導かれる．ところが初期値 $\boldsymbol{y}^{(0)}$ には丸め誤差は存在しないと考えられるから，$\boldsymbol{y}^{(0)} = \boldsymbol{x}^{(0)}$ である．したがって

$$\|\boldsymbol{y}^{(N)} - \boldsymbol{x}^{(N)}\| \leq \frac{\varepsilon}{1-q} \tag{2.3.10}$$

打切り誤差と丸め誤差を合わせて結局つぎの評価を得る．

$$\begin{aligned}\|\boldsymbol{y}^{(N)} - \boldsymbol{x}\| &\leq \|\boldsymbol{y}^{(N)} - \boldsymbol{x}^{(N)}\| + \|\boldsymbol{x}^{(N)} - \boldsymbol{x}\| \\ &\leq \frac{1}{1-q}\left\{q^N\|\boldsymbol{\phi}(\boldsymbol{x}^{(0)}) - \boldsymbol{x}^{(0)}\| + \varepsilon\right\}\end{aligned} \tag{2.3.11}$$

右辺は最初の反復のデータ $\boldsymbol{x}^{(0)}$, $\boldsymbol{\phi}(\boldsymbol{x}^{(0)})$ によって表現されていることに注意しよう．

適切な初期値の選択

これまで $\boldsymbol{\phi}$ は $\boldsymbol{x} \in K$ ならば $\boldsymbol{\phi}(\boldsymbol{x}) \in K$ を満たすという一般的な仮定のもとに議論を進めてきたが，こうなるための初期値の範囲を調べておこう．

いま初期値 $\boldsymbol{x}^{(0)}$ を定めたと仮定して

$$T_1 = \left\{\boldsymbol{y} \middle| \|\boldsymbol{y} - \boldsymbol{x}^{(0)}\| \leq \rho\right\} \tag{2.3.12}$$

なる円板領域を考えよう．丸め誤差が存在しないとき T_1 において $\boldsymbol{\phi}$ は縮小写像であるとする．このとき最初の反復の結果 $\boldsymbol{\phi}(\boldsymbol{x}^{(0)})$ がすでに初期値 $\boldsymbol{x}^{(0)}$ と十分近く，つぎの不等式が成立しているものとしよう．

$$\|\boldsymbol{\phi}(\boldsymbol{x}^{(0)}) - \boldsymbol{x}^{(0)}\| + \varepsilon \leq (1-q)\rho \tag{2.3.13}$$

すると，以後反復法 (2.3.5) によって生成される列 $\{\boldsymbol{y}^{(k)}\}$ はけっして T_1 からはみ出すことはない．なぜならこのとき (2.3.3) において $N=0$ とおけば

$$\|\boldsymbol{x}^{(k)} - \boldsymbol{x}^{(0)}\| \leq \frac{1}{1-q}\|\boldsymbol{\phi}(\boldsymbol{x}^{(0)}) - \boldsymbol{x}^{(0)}\| \tag{2.3.14}$$

となるが，(2.3.9) および仮定 (2.3.13) から

$$\begin{aligned}\|\boldsymbol{y}^{(k)} - \boldsymbol{x}^{(0)}\| &\leq \|\boldsymbol{y}^{(k)} - \boldsymbol{x}^{(k)}\| + \|\boldsymbol{x}^{(k)} - \boldsymbol{x}^{(0)}\| \\ &\leq \frac{1}{1-q}\left\{\|\boldsymbol{\phi}(\boldsymbol{x}^{(0)}) - \boldsymbol{x}^{(0)}\| + \varepsilon\right\} \leq \rho \end{aligned} \tag{2.3.15}$$

となって反復の過程で $\boldsymbol{y}^{(k)}$ はつねに T_1 の内部に入っているからである．要するに，初期値としては最初の反復ですでに値があまり変わらないような，十分真の解に近い近似値を選ぶことがたいせつである．

問題 2.4 方程式 $x = (x-1)^2 + 1$ に対して $\phi(x) = (x-1)^2 + 1$ とするとき，反復法 $x^{(k+1)} = \phi(x^{(k)})$ はどのような範囲の初期値に対してどの根に収束するか．

2.4 スツルムの方法

本節では実数係数をもつ代数方程式の実数解を求めるスツルムの方法について述べる．

スツルム列

実軸上の区間 $[a,b]$ における多項式 $f(x)$ の実根の個数に関する重要な定理

を示そう．この定理は，つぎに定義する実係数をもつ多項式 $f(x)$ から生成されるスツルム列が基本になっている．

定義 2.1 実係数をもつ多項式 $f(x)$ と区間 $[a,b]$ が与えられたとする．このときつぎの四つの条件を満足する実係数多項式の列

$$f(x),\ f_1(x),\ f_2(x),\ \ldots,\ f_l(x) \tag{2.4.1}$$

は区間 $[a,b]$ において**スツルム列**をなすという．ただし，$f_0(x) = f(x)$ とする．

(1) 区間 $[a,b]$ 内のすべての点 x に対して，隣り合う二つの多項式 $f_k(x)$ と $f_{k+1}(x)$ は同時には 0 にならない．

(2) 区間 $[a,b]$ 内のある点 x_0 で $f_k(x_0)=0$ であるならば $f_{k-1}(x_0)f_{k+1}(x_0)<0$ である．

(3) 列の最後の多項式 $f_l(x)$ は区間 $[a,b]$ において一定の符号をもつ．

(4) ある点 x_0 で $f(x_0)=0$ であるならば $f'(x_0)f_1(x_0)>0$ である．

スツルムの定理

定理 2.2（スツルム） 多項式の列 $f(x), f_1(x), f_2(x), \ldots, f_l(x)$ は区間 $[a,b]$ でスツルム列をなし，$f(a)f(b) \neq 0$ であるとする．このとき，x を固定して関数値の列 $\{f(x), f_1(x), \ldots, f_l(x)\}$ を左から右に見ていったときの符号の変化の回数を $N(x)$ とすると，多項式 $f(x)$ の区間 $[a,b]$ 内に存在する零点の個数 n_0 は次式で与えられる．

$$n_0 = N(a) - N(b) \tag{2.4.2}$$

証明 もしある x_0 の近くですべての $f_k(x)$ が符号を変えなければそこでは $N(x)$ には変化が生じない．したがって x_0 をさかいにして $N(x)$ の値が変わるとすればいずれかの $f_k(x)$ が x_0 で 0 になっているはずである．

そこでまず $0<k<l$ なるある k において $f_k(x_0)=0$ となっていると仮定しよう．

このとき定義にあげた条件 (2) より x が x_0 に十分近ければ $f_{k-1}(x)$ と $f_{k+1}(x)$ とは符号が異なるから，列 $f(x), f_1(x), \ldots, f_l(x)$ における

$$\ldots, f_{k-1}(x), f_k(x), f_{k+1}(x), \ldots$$

の部分の符号の変化が 1 回分として $N(x)$ の値に勘定されている．多項式は x の連続関数であるから，x が x_0 の前後に少々ずれても $f_{k-1} \to f_k \to f_{k+1}$ において符号が 1 回変化しているという事実には変わりはない．これから結局 $0 < k < l$ であるかぎり $f_k(x)$ が 0 になっても $N(x)$ の値には何の変化も与えないことがわかる．

したがって $N(x)$ の値に変化を与えるとすればそれは $f(x) = 0$ となる場合か，$f_l(x) = 0$ となる場合である．ところがスツルム列の条件 (3) から $f_l(x)$ は区間 $[a, b]$ で定符号であり $f_l(x) = 0$ にはなりえない．それゆえ $N(x)$ の値が変化するのは $f(x) = 0$ となるときだけである．

$f(x)$ の零点を x_0 とすると，定義の (4) の条件は $f'(x_0)$ と $f_1(x_0)$ が同符号であることを示している．まず $f'(x_0) > 0$ の場合，$f(x)$ は x_0 の直後 $x_0+\delta$ では $f(x_0+\delta) > 0$ であり，かつ $f_1(x_0) \simeq f_1(x_0+\delta) > 0$ であるから，$f(x_0+\delta) \to f_1(x_0+\delta)$ において符号の変化は生じない．ところが x_0 の直前 $x_0 - \delta$ では $f(x_0-\delta) < 0$ であり，一方 $f_1(x_0-\delta) > 0$ であるから $f(x_0-\delta) \to f_1(x_0-\delta)$ において符号の変化が 1 回起きる．したがって $x_0+\delta \to x_0-\delta$ のとき列 $f(x)$, $f_1(x)$, …, $f_l(x)$ の符号の変化は 1 回増加する．すなわち

$$N(x_0-\delta) - N(x_0+\delta) = 1 \tag{2.4.3}$$

つぎに $f'(x_0) < 0$ の場合であるが，このときも $f'(x_0) > 0$ の場合とまったく同様にして (2.4.3) が成立することが示される．

したがって $f(x)$ の $[a, b]$ 内のすべての零点を考えれば

$$N(a) - N(b) = n_0$$

なお，列の符号の変化の回数だけが問題なのであるから，列の途中で 0 になっているものはとばして数えればよい． ■

ユークリッドの互除法によるスツルム列の生成

上のスツルムの定理は列 $f(x)$, $f_1(x)$, …, $f_l(x)$ に関してはかなり一般的な条件しか付していない．この条件を満足する一つの有用なスツルム列を，とくに

$$f_1(x) = f'(x) \tag{2.4.4}$$

とおいて出発する，つぎの**ユークリッドの互除法**のアルゴリズムを適用するこ

とにより具体的に構成することができる．

$$\begin{cases} f(x) = g_1(x)f_1(x) - f_2(x) \\ f_1(x) = g_2(x)f_2(x) - f_3(x) \\ \qquad\cdots\cdots\cdots \\ f_{k-1}(x) = g_k(x)f_k(x) - f_{k+1}(x) \\ \qquad\cdots\cdots\cdots \end{cases} \tag{2.4.5}$$

ここで $f_k(x)$ の次数はつねに $f_{k+1}(x)$ の次数より高く，割算は剰余がなくなるまで続行するものとする．いま

$$f_{l-1}(x) = g_l(x)f_l(x) \tag{2.4.6}$$

となって列が終結したとする．このとき $f_l(x)$ は $f(x)$ と $f_1(x)$ との最大公約数であることは明らかであろう．しかも $f(x) = 0$ と $f'(x) = 0$ とが共通根をもたないとき，すなわち $f(x) = 0$ が重根をもたないときは $f_l(x) =$ 定数 $\neq 0$ である．

さて (2.4.5) で生成される列がスツルム列であることを確かめよう．ここで $f(x) = 0$ が区間 $[a, b]$ において単根のみをもつと仮定する．このとき列 $f(x)$, $f_1(x)$, ..., $f_l(x)$ はスツルム列をなす．なぜならまず $f_l(x) =$ 定数 $\neq 0$ より定義の条件 (3) は満たされる．つぎに，$f_k(x) = f_{k-1}(x) = 0$ となったと仮定すると (2.4.5) より $f_{k+1}(x)$ 以降の $f_j(x)$ がすべて 0 になり $f_l(x)$ も 0 になる．これは $f_l(x) =$ 定数 $\neq 0$ に反する．したがって隣り合う $f_{k-1}(x)$, $f_k(x)$ は同時には 0 にならず条件 (1) は満足される．またある点で $f_k(x) = 0$ となったとすると (2.4.5) より $f_{k+1}(x) = -f_{k-1}(x)$ であるから条件 (2) も満足される．最後に条件 (4) であるが，これは $f'(x)f_1(x) = \{f'(x)\}^2 > 0$ よりたしかに満たされている．

与えられた多項式が重根をもつ場合，すなわちユークリッドのアルゴリズムを適用したとき $f_l(x) \neq$ 定数 となる場合には，$f(x)/f_l(x)$ を新たに $f(x)$ とみなせばスツルムの定理を適用することができる．

スツルムの方法

このようにスツルムの定理によって区間 $[a, b]$ 内に存在する $f(x) = 0$ 根の数

を知ることができるが，この方法は実係数をもつ代数方程式の実数解を求めるために利用することができる．すなわち，区間を 2 等分しながら，順次スツルムの定理を適用する区間を狭くしていく．そして，ただ 1 根が存在する区間を十分小さく追いつめることができれば，その区間内の適当な点を根の近似値として採用することができる．これを**スツルムの方法**という．スツルムの方法は行列の固有値問題において応用される．第 3 章 3.4 節を見よ．

2.5　代数方程式に対する連立法

連　立　法

n 次多項式

$$\begin{aligned} p_n(z) &= a_0 z^n + a_1 z^{n-1} + \cdots + a_{n-1} z + a_n \\ &= a_0 (z-\alpha_1)(z-\alpha_2)\cdots(z-\alpha_n), \quad a_0 \neq 0 \end{aligned} \tag{2.5.1}$$

の係数 $a_0, a_1, \ldots, a_n$ が複素数で与えられているとき，そのすべての根 $\alpha_1, \alpha_2, \ldots, \alpha_n$ を同時に求める方法が知られている．本節で述べる方法では，z, a_k, α_j などはすべて複素数として演算を進める必要がある．

方程式 $p_n(z)=0$ の特定の解 α_i に対応する近似値を $z_i^{(k)}$ と書くとき，α_i に十分近いと考えられる初期値 $z_i^{(0)}$ から出発して

$$z_i^{(k+1)} = z_i^{(k)} - \frac{p_n(z_i^{(k)})}{p_n'(z_i^{(k)})}, \quad k = 0, 1, 2, \ldots \tag{2.5.2}$$

を繰り返し計算する方法が，第 2 章 2.1 節で述べたニュートン法である．上付き添字 (k) は，反復回数を明示するためのものである．

ニュートン法のスキーム (2.5.2) の分母は

$$p_n'(z_i^{(k)}) = a_0 \sum_{l=1}^{n} \prod_{\substack{j=1 \\ j \neq l}}^{n} (z_i^{(k)} - \alpha_j)$$

と書くことができるが，ここで右辺の α_j を $z_j^{(k)}$ でおきかえると，(2.5.2) を修正したつぎの反復のスキームが導かれる．

$$z_i^{(k+1)} = z_i^{(k)} - \frac{p_n(z_i^{(k)})}{a_0 \prod_{\substack{j=1 \\ j \neq i}}^{n} (z_i^{(k)} - z_j^{(k)})}, \quad k = 0, 1, 2, \ldots \tag{2.5.3}$$

このスキームによる反復法は 2 次収束することを示すことができる [16]．その意味でこの方法を **2 次法**，あるいは**デュラン・ケルナー法**という．

すこし計算量は増えるが，より収束の速い方法を導くこともできる．

$$\log p_n(z) = \log a_0 + \sum_{i=1}^{n} \log (z - \alpha_i) \tag{2.5.4}$$

の両辺を z で微分して右辺を変形すると

$$\begin{aligned} \frac{p_n'(z)}{p_n(z)} &= \frac{1}{z - \alpha_i} + \sum_{\substack{j=1 \\ j \neq i}}^{n} \frac{1}{z - \alpha_j} \\ &= \frac{1}{z - \alpha_i} + \sum_{\substack{j=1 \\ j \neq i}}^{n} \left(\frac{1}{z - z_j} - \frac{z_j - \alpha_j}{(z - z_j)(z - \alpha_j)} \right) \end{aligned} \tag{2.5.5}$$

となる．ここで，最右辺の括弧の中の第 2 項は第 1 項に比較すると小さいので無視すると，

$$\alpha_i \simeq z - \frac{1}{\dfrac{p_n'(z)}{p_n(z)} - \sum_{\substack{j=1 \\ j \neq i}}^{n} \dfrac{1}{z - z_j}} \tag{2.5.6}$$

が得られる．この式で α_i を $z_i^{(k+1)}$, z を $z_i^{(k)}$, z_j を $z_j^{(k)}$ でおきかえることにより，つぎのスキームが得られる．

$$z_i^{(k+1)} = z_i^{(k)} - \frac{\dfrac{p_n(z_i^{(k)})}{p_n'(z_i^{(k)})}}{1 - \dfrac{p_n(z_i^{(k)})}{p_n'(z_i^{(k)})} \sum_{\substack{j=1 \\ j \neq i}}^{n} \dfrac{1}{z_i^{(k)} - z_j^{(k)}}} \tag{2.5.7}$$

α_1, α_2, …, α_n が相異なる根であれば，(2.5.7) は 3 次収束することが示される [16]．このスキームによる反復法を，**3 次法**あるいは **エーリッヒ・アバース法**という．

ここに述べた二つの方法では，$z_i^{(k)}$ から $z_i^{(k+1)}$ を計算するとき，$z_i^{(k)}$ だけでなく他の根の近似値も使って更新がなされている．その意味で，これらの方法を**連立法**とよぶ．収束の速さおよび初期値のとり方も含めて，連立法の詳細については参考文献 [16] を参照されたい．

多項式とその微分の計算

代数方程式の解を計算するニュートン法や連立法，あるいはスツルムの方法では，多項式 $p_n(z)$ およびその微分 $p_n'(z)$ の値を計算する必要がある．これらを効率よく計算するつぎのような方法がある．

与えられた多項式を

$$p_n(\zeta) = a_0\zeta^n + a_1\zeta^{n-1} + \cdots + a_{n-1}\zeta + a_n \tag{2.5.8}$$

として，$\zeta = z$ における値 $p_n(z)$ を計算するものとしよう．$p_n(\zeta)$ を $\zeta - z$ で割算したとして，それを

$$p_n(\zeta) = (\zeta - z)(b_0^{(1)}\zeta^{n-1} + b_1^{(1)}\zeta^{n-2} + \cdots + b_{n-1}^{(1)}) + b_n^{(1)} \tag{2.5.9}$$

と書く．ここで，(2.5.8) と (2.5.9) の ζ^{n-l} の係数を等置すると

$$\begin{cases} b_0^{(1)} = a_0 \\ b_l^{(1)} = zb_{l-1}^{(1)} + a_l, \quad l = 1, 2, \ldots, n \end{cases} \tag{2.5.10}$$

が導かれる．一方，(2.5.9) より

$$p_n(z) = b_n^{(1)} \tag{2.5.11}$$

であるから，$a_0 = b_0^{(1)}$ から出発して，漸化式 (2.5.10) および (2.5.11) によって $p_n(z)$ の値を計算できる．この方法を**ホーナーの方法**という．

つぎに，$p_n(\zeta)$ を $\zeta = z$ を中心としてテイラー展開すると

$$\begin{aligned} p_n(\zeta) &= p_n(z) + (\zeta - z)p_n'(z) + (\zeta - z)^2\frac{1}{2!}p_n''(z) + \cdots + (\zeta - z)^n\frac{1}{n!}p_n^{(n)}(z) \\ &= p_n(z) + (\zeta - z)q_1(\zeta, z) \end{aligned} \tag{2.5.12}$$

$$q_1(\zeta, z) = p_n'(z) + (\zeta - z)\frac{1}{2!}p_n''(z) + \cdots + (\zeta - z)^{n-1}\frac{1}{n!}p_n^{(n)}(z) \tag{2.5.13}$$

となる．ここで，(2.5.11) に注意して，(2.5.12) と (2.5.9) を比較すると，

$$q_1(\zeta, z) = b_0^{(1)}\zeta^{n-1} + b_1^{(1)}\zeta^{n-2} + \cdots + b_{n-1}^{(1)} \tag{2.5.14}$$

となるが，(2.5.13) と (2.5.14) で $\zeta = z$ とおくと

$$p_n'(z) = q_1(z, z) = b_0^{(1)}z^{n-1} + b_1^{(1)}z^{n-2} + \cdots + b_{n-1}^{(1)} \tag{2.5.15}$$

となる．$b_0^{(1)}$, $b_1^{(1)}$, …, $b_{n-1}^{(1)}$ はすでにで (2.5.10) 計算してあるので，(2.5.15) によって $p_n'(z)$ の値を計算するために再びホーナーの方法を適用すればよい．すなわち

$$\begin{cases} b_0^{(2)} = a_0 \\ b_l^{(2)} = zb_{l-1}^{(2)} + b_l^{(1)}, \quad l = 1, 2, \ldots, n-1 \end{cases} \tag{2.5.16}$$

を計算すれば

$$p_n'(z) = b_{n-1}^{(2)} \tag{2.5.17}$$

によって $p_n'(z)$ の値が求められる．ただし，(2.5.10) を計算した z と (2.5.16) を計算する z は同じ値でなければならない．

この手順を繰り返せば，結局 $m = 0$, 1, …, $n-1$ について

$$\begin{cases} b_0^{(m+1)} = a_0 \\ b_l^{(m+1)} = zb_{l-1}^{(m+1)} + b_l^{(m)}, \quad l = 1, 2, \ldots, n-m \end{cases} \tag{2.5.18}$$

を繰り返すことにより

$$\frac{d^m p_n(z)}{dz^m} = m!\, b_{n-m}^{(m+1)} \tag{2.5.19}$$

によって $p_n(z)$ の m 階微分の値を求めることができる．

練習問題

2.1 $f(x)$ が $a \leq x \leq b$ で定義された微分可能な関数で $f(a) < 0$, $f(b) > 0$, $0 < \alpha \leq f'(x) \leq \beta$ を満足しているものとする．このとき $f(x) = 0$ の解を求めるために

$$x^{(k+1)} = \phi(x^{(k)}) \equiv x^{(k)} - \lambda f(x^{(k)})$$

なる反復法を採用するとすれば，λ をどのように選んだらよいか．

2.2 与えられた数 $c > 0$ の逆数を割算なしで求めるアルゴリズムを $f(x) = 1/x - c = 0$ に対するニュートン法によって構成せよ．この方法は $1/2c < x^{(0)} < 3/2c$ を満足する値 $x^{(0)}$ を初期値とするとき収束することを示せ．

2.3 1 変数の方程式 $f(x)=0$ において x がその σ 重根（$\sigma \geq 2$）であるとする．このときニュートン法 $x^{(k+1)}=\phi(x^{(k)})=x^{(k)}-f(x^{(k)})/f'(x^{(k)})$ において x の近くで

$$x^{(k+1)}-x=\frac{\sigma-1}{\sigma}(x^{(k)}-x)+O((x^{(k)}-x)^2)$$

が成立し，2 次の収束をしなくなることを示せ．

2.4 ある反復法によって生成される列 $\{x^{(k)}\}$ が $k\to\infty$ のとき極限値 x に

$$x^{(k+1)}-x=(A+\varepsilon^{(k)})(x^{(k)}-x)$$

のように収束していくものとする．ただし A は $|A|<1$ なる定数で，$\varepsilon^{(k)}$ は $k\to\infty$ のとき 0 に収束するものとする．このとき $x^{(k)}$, $x^{(k+1)}$, $x^{(k+2)}$ から

$$y^{(k)}=x^{(k)}-\frac{(x^{(k+1)}-x^{(k)})^2}{x^{(k+2)}-2x^{(k+1)}+x^{(k)}}$$

によって列 $\{y^{(k)}\}$ を計算すると，これは

$$\frac{y^{(k)}-x}{x^{(k)}-x}\to 0, \quad k\to\infty$$

の意味で $\{x^{(k)}\}$ より速く x に収束することを示せ．これを**エイトキンの加速法**という．

2.5 n 次方程式 $p_n(z)=a_0+a_1z+\cdots+a_nz^n=0$ の真の解を z_0 とおく．方程式の係数は誤差を含むから実際に解かれる方程式は

$$(a_0+\delta_0)+(a_1+\delta_1)z+\cdots+(a_n+\delta_n)z^n=0 \qquad (1)$$

である．この方程式の z_0 に対応する解を $z_0+\varepsilon$ とすると，$p_n'(z_0)$ がそれほど小さくないとき

$$|\varepsilon|\simeq\frac{\left|\displaystyle\sum_{k=0}^{n}\delta_k {z_0}^k\right|}{|p_n'(z_0)|} \qquad (2)$$

が成立することを示せ．この結果を利用して方程式

$$p_n(z)=(z+1)(z+2)\cdots(z+20)$$

において $\delta_k=0$ $(k\neq 19)$, $\delta_{19}=10^{-17}$ とするとき $z_0=-20$ に対応する $|\varepsilon|$ を評価せよ．

第3章　行列の固有値問題

本章では与えられた $n \times n$ 行列 A の固有値および固有ベクトルを数値的に求める問題を扱う．ここで基本になる操作は適当な正則行列 P による A の相似変換 $P^{-1}AP$ である．A が対称行列であれば，相似変換によってこれを対角行列に変換し直接固有値および固有ベクトルを求めることができる．ヤコビ法がその一つの典型的な方法である．

しかし行列の次元数 n が大きいときには，適当な相似変換によって対称行列 A をいったん 3 重対角行列に変換し，その 3 重対角行列に適当な操作を行なって固有値を求めるほうが実際上有利なことが多い．**3 重対角行列**とは，対角成分およびそれに隣接する成分以外の成分がすべて 0 のつぎの形をもつ行列である．$*$ は一般には 0 でない成分である．

$$\begin{pmatrix} * & * & & & & \\ * & * & * & & 0 & \\ & * & * & \ddots & & \\ & & \ddots & \ddots & \ddots & \\ & 0 & & \ddots & * & * \\ & & & & * & * \end{pmatrix}$$

相似変換によって固有値は不変であるから，この 3 重対角行列ともとの行列 A の固有値は等しい．3 重対角化を経由する方法の代表がハウスホルダー法である．

非対称行列の固有値を求める方法に QR 法が存在する．このほか，行列のべきを作っていくことにより絶対値最大の固有値が優越してくることを利用した方法がある．これがべき乗法である．

3.1　ヤ コ ビ 法

固有値を求めようとしている $n \times n$ 行列

$$A = (a_{ij}) \tag{3.1.1}$$

は実対称行列 $A^{\mathrm{T}} = A$ であるとする．**ヤコビ法**は，実対称行列 A に対して 2 次元の回転に相当する相似変換をくりかえしながら対角行列へ近づけていく方法である．その結果は合成された n 次元の回転になる．ここでいう 2 次元の回転としては，くりかえしの各段階で得られる行列において指定した行列成分が 0 になるような相似変換がとられる．これを可能にする回転行列を定めよう．

ヤコビ法における相似変換

まず最初のステップ

$$B = P^{-1}AP \tag{3.1.2}$$

を考える．いま行列 $P = (P_{ij})$ を

$$P = \begin{array}{c} \begin{matrix} \quad\quad\quad\quad p & \quad\quad\quad\quad q & \quad\quad \end{matrix} \\ \left(\begin{matrix} 1 & & & & & & \\ & \ddots & & & & 0 & \\ & & \cos\phi & \cdots & \sin\phi & & \\ & & \vdots & \ddots & \vdots & & \\ & & -\sin\phi & \cdots & \cos\phi & & \\ & 0 & & & & \ddots & \\ & & & & & & 1 \end{matrix} \right) \begin{matrix} \\ \\ p \\ \\ q \\ \\ \\ \end{matrix} \end{array} \tag{3.1.3}$$

とおく．ここで $P_{pp} = P_{qq} = \cos\phi$, $P_{pq} = \sin\phi$, $P_{qp} = -\sin\phi$ で，他の部分は単位行列と同じものである．このとき P が直交行列 $P^{-1} = P^{\mathrm{T}}$ であることは直接積 $P^{\mathrm{T}}P = I$ によって確かめることができる．したがってこの行列 P による A の相似変換 $B = P^{-1}AP$ は直交変換である．また行列 B は A が対称であれば

$$B^{\mathrm{T}} = (P^{-1}AP)^{\mathrm{T}} = P^{\mathrm{T}}A(P^{-1})^{\mathrm{T}} = P^{-1}AP = B \tag{3.1.4}$$

を満たすから対称である．すなわちこの変換により対称性は保存される．

この変換において，もとの行列 A の p 行，q 行および p 列，q 列のみが変換を受け，他の部分は不変に保たれることは容易にわかる．変換を受けた行列 $B = (b_{ij})$ の成分はつぎのように表わされる．

$$\begin{cases} b_{ij} = a_{ij}, \quad i,j \neq p,q \\ b_{pk} = b_{kp} = a_{pk}\cos\phi - a_{qk}\sin\phi, \quad k \neq p,q \\ b_{qk} = b_{kq} = a_{pk}\sin\phi + a_{qk}\cos\phi, \quad k \neq p,q \\ b_{pp} = \dfrac{a_{pp}+a_{qq}}{2} + \dfrac{a_{pp}-a_{qq}}{2}\cos 2\phi - a_{pq}\sin 2\phi \\ b_{qq} = \dfrac{a_{pp}+a_{qq}}{2} - \dfrac{a_{pp}-a_{qq}}{2}\cos 2\phi + a_{pq}\sin 2\phi \\ b_{pq} = b_{qp} = \dfrac{a_{pp}-a_{qq}}{2}\sin 2\phi + a_{pq}\cos 2\phi \end{cases} \tag{3.1.5}$$

この変換の目的はある指定した pq 成分を消去することである．すなわち変換の結果得られる b_{pq} を 0 にすることである．たとえば，変換される前の行列の絶対値が大きな成分などが実際に消去の対象になる．この操作は，(3.1.5) の最後の式を 0 とおくことによって，すなわち ϕ を

$$\tan 2\phi = \frac{-2a_{pq}}{a_{pp}-a_{qq}} \tag{3.1.6}$$

を満たすようにとることによって実行される．そしてこれをくりかえすことによって行列全体の非対角成分が最終的にすべて 0 に収束することが期待される．

消去する成分の選択

消去する成分 a_{pq} の選択法は幾とおりか考えられる．各段階で $|a_{ij}|$ の最大のものをとるのは一つの適切な選び方であろう．そこで以下このように相似変換を選択した場合について非対角成分の 0 への収束を考察する．ある段階で $|a_{ij}|$ が最大の成分を 0 にする回転を行なったとしても，つぎの段階で別の回転を行なうと一般にはこの場所に 0 でない成分が復活してくる．しかし各段階の回転において a_{pq} として絶対値最大のものを選択するかぎり，この回転のくりかえしにより非対角成分はすべてしだいに 0 に近づいていく．以下にそれを示そう．

ヤコビ法の収束

P は直交行列であるから

$$B^{\mathrm{T}}B = (P^{-1}AP)^{\mathrm{T}}(P^{-1}AP) = P^{-1}A^{\mathrm{T}}AP \tag{3.1.7}$$

が成立するが，一般に相似変換によって対角和は不変に保たれるから

$$\operatorname{tr} A^{\mathrm{T}} A = \operatorname{tr} B^{\mathrm{T}} B \tag{3.1.8}$$

となる．これを成分ごとに書くとつぎの結果を得る．

$$\sum_{i,j} {a_{ij}}^2 = \sum_{i,j} {b_{ij}}^2 \tag{3.1.9}$$

これは直交変換によって行列の成分の 2 乗和が一定に保たれることを示している重要な関係である．つぎに (3.1.5) の最後の 3 式から直接

$${b_{pp}}^2 + 2{b_{pq}}^2 + {b_{qq}}^2 = {a_{pp}}^2 + 2{a_{pq}}^2 + {a_{qq}}^2 \tag{3.1.10}$$

が導かれるが，いま ϕ は $b_{pq} = 0$ となるように選んだのであるから結局

$${b_{pp}}^2 + {b_{qq}}^2 = {a_{pp}}^2 + 2{a_{pq}}^2 + {a_{qq}}^2 \tag{3.1.11}$$

が得られる．この式は上の相似変換によって対角成分の 2 乗和が増加していることを示しているが，一方，行列全体の成分の 2 乗和は相似変換で一定に保たれているから，結局この結果非対角成分の 2 乗和が減少したことになる．

この減少の比率はつぎのようにして評価できる．非対角成分の 2 乗和は

$$\begin{aligned}
\sum_{i \neq j} {b_{ij}}^2 &= \sum_{i,j} {b_{ij}}^2 - \Bigl(\sum_{i \neq p,q} {b_{ii}}^2 + {b_{pp}}^2 + {b_{qq}}^2 \Bigr) \\
&= \sum_{i,j} {a_{ij}}^2 - \Bigl(\sum_{i \neq p,q} {a_{ii}}^2 + {a_{pp}}^2 + 2{a_{pq}}^2 + {a_{qq}}^2 \Bigr) \\
&= \sum_{i \neq j} {a_{ij}}^2 - 2{a_{pq}}^2
\end{aligned} \tag{3.1.12}$$

となっているが，いま p, q は ${a_{pq}}^2 = \max\limits_{i \neq j} {a_{ij}}^2$ のように選んだのであるから，和 $\sum_{i \neq j}$ の項数が $n^2 - n$ であることに注意すれば

$$\sum_{i \neq j} {b_{ij}}^2 \leq \left\{ 1 - \frac{2}{n(n-1)} \right\} \sum_{i \neq j} {a_{ij}}^2 \tag{3.1.13}$$

が得られる．したがってこの回転のくりかえしにより非対角成分は全体として減少して 0 に収束する．

問題 3.1 ヤコビ法において非対角成分の2乗和が ε 以下になるために必要なくりかえしの回数 N の上限は次式で評価されることを示せ.

$$N > \frac{\log \varepsilon}{\log\{(n^2-n-2)/(n^2-n)\}} \tag{3.1.14}$$

固有値および固有ベクトル

与えられた行列 $A = A_1$ からはじめる相似変換に番号を付けて

$$A_{m+1} = {P_m}^{-1} A_m P_m, \quad m = 1, 2, \ldots \tag{3.1.15}$$

とおき

$$T = \lim_{m\to\infty} P_1 P_2 \cdots P_m \tag{3.1.16}$$

を作ると, 以上の結果から

$$\Lambda = T^{-1} A T \tag{3.1.17}$$

となる. ここで Λ は対角行列

$$\Lambda = \begin{pmatrix} \lambda_1 & & & \\ & \lambda_2 & & 0 \\ 0 & & \ddots & \\ & & & \lambda_n \end{pmatrix} \tag{3.1.18}$$

である. 行列の固有値は相似変換により不変に保たれるから, Λ の対角成分 $\lambda_1, \lambda_2, \ldots, \lambda_n$ が与えられた行列 A の固有値にほかならない.

行列 A の固有ベクトルも上述の操作で同時に求めることができる. 相似変換 (3.1.17) はまた

$$AT = T\Lambda \tag{3.1.19}$$

と表わすことができるが, 行列 T の第 k 列からなる列ベクトルを $\boldsymbol{t}_k$ とすると (3.1.19) より

$$\boldsymbol{A t}_k = \lambda_k \boldsymbol{t}_k \tag{3.1.20}$$

が成立する. すなわち, T の第 k 列のベクトル $\boldsymbol{t}_k$ が A の固有値 λ_k に属する固有ベクトルである.

問題 3.2 行列の固有値は一般には有限回の操作で求めることはできない. なぜか.

3.2 ハウスホルダー法

ハウスホルダー法とは，与えられた対称行列 A の 3 重対角化とその 3 重対角行列の固有値および固有ベクトルを求める過程を合わせた全体の操作の総称であるが，本節ではそのうち 3 重対角化の部分について述べる．

3 重対角化の最初のステップは，与えられた $n\times n$ 対称行列 A に適当な相似変換

$$B = P^{-1}AP \tag{3.2.1}$$

を行なって，行列 B を

$$B = \begin{pmatrix} * & * & 0 & \cdots & 0 \\ * & * & * & \cdots & * \\ 0 & * & * & \cdots & * \\ \vdots & \vdots & \vdots & \ddots & \vdots \\ 0 & * & * & \cdots & * \end{pmatrix} \tag{3.2.2}$$

の形にすることである．ここで $*$ は一般には 0 でない成分を表わすものとする．これと同様の操作をさらに B の第 1 行と第 1 列を除いた小行列に対して行ない，それを続けていけば結局その結果は 3 重対角行列に帰着される．

基本直交行列

ここで変換行列 P に対して

$$P = I - 2\boldsymbol{u}\boldsymbol{u}^{\mathrm{T}} \tag{3.2.3}$$

の形を仮定する．ただし $\boldsymbol{u}$ は正規化条件

$$\|\boldsymbol{u}\|_2{}^2 = \boldsymbol{u}^{\mathrm{T}}\boldsymbol{u} = 1 \tag{3.2.4}$$

を満足している n 次元ベクトルである．このような行列 P は対称な直交行列 $P = P^{\mathrm{T}} = P^{-1}$ である．なぜなら

$$P^{\mathrm{T}} = (I - 2\boldsymbol{u}\boldsymbol{u}^{\mathrm{T}})^{\mathrm{T}} = I^{\mathrm{T}} - 2(\boldsymbol{u}\boldsymbol{u}^{\mathrm{T}})^{\mathrm{T}} = I - 2\boldsymbol{u}\boldsymbol{u}^{\mathrm{T}} = P \tag{3.2.5}$$

であり，かつ

$$P^{\mathrm{T}}P = PP = (I - 2\boldsymbol{u}\boldsymbol{u}^{\mathrm{T}})(I - 2\boldsymbol{u}\boldsymbol{u}^{\mathrm{T}})$$
$$= I - 2\boldsymbol{u}\boldsymbol{u}^{\mathrm{T}} - 2\boldsymbol{u}\boldsymbol{u}^{\mathrm{T}} + 4\boldsymbol{u}(\boldsymbol{u}^{\mathrm{T}}\boldsymbol{u})\boldsymbol{u}^{\mathrm{T}} = I \qquad (3.2.6)$$

が成立するからである．このような性質をもつ (3.2.3) で与えられる行列を**基本直交行列**とよぶことにする．この行列は対称性と直交性を保存したまま目的に応じてベクトル $\boldsymbol{u}$ にさまざまな操作を行なうことができるのでひじょうに有用な行列である．

相似変換による第 1 列の消去

いま基本直交行列 P を構成するベクトル $\boldsymbol{u}$ を

$$\boldsymbol{u} = \begin{pmatrix} 0 \\ * \\ \vdots \\ * \end{pmatrix} \qquad (3.2.7)$$

のようにとることができたと仮定しよう．このとき実際に $P = I - 2\boldsymbol{u}\boldsymbol{u}^{\mathrm{T}}$ を作れば P は

$$P = P^{-1} = \begin{pmatrix} 1 & 0 & \cdots & 0 \\ 0 & * & \cdots & * \\ \vdots & \vdots & \ddots & \vdots \\ 0 & * & \cdots & * \end{pmatrix} \qquad (3.2.8)$$

の形になることがすぐわかる．P がこの形をしていると，一般の $n \times n$ 行列を G とするとき G の第 1 列と GP の第 1 列は等しくなる．したがって $P^{-1}A$ と $P^{-1}AP = B$ の第 1 列は互いに等しい．そこで行列 A および B の第 1 列から成るベクトルをそれぞれ $\boldsymbol{a}, \boldsymbol{b}$ とおけば上の関係はつぎのように表わされる．

$$(I - 2\boldsymbol{u}\boldsymbol{u}^{\mathrm{T}})\boldsymbol{a} = \boldsymbol{b} \qquad (3.2.9)$$

問題は $\boldsymbol{a}$ が与えられかつ (3.2.2) で示した行列 B の第 1 列 $\boldsymbol{b}$ の形が

$$b = \begin{pmatrix} * \\ * \\ 0 \\ \vdots \\ 0 \end{pmatrix} \tag{3.2.10}$$

のように指定されているとき，(3.2.7) を満たすベクトル $\boldsymbol{u}$ が存在するか否かである．この存在はつぎの補題によって保証される．

補題 3.1 $\boldsymbol{x}$ と $\boldsymbol{y}$ を相異なる与えられたベクトルとする．これらは

$$\|\boldsymbol{x}\|_2 = \|\boldsymbol{y}\|_2 \tag{3.2.11}$$

を満たしているものとする．このとき

$$(I - 2\boldsymbol{u}\boldsymbol{u}^{\mathrm{T}})\boldsymbol{x} = \boldsymbol{y}, \quad \|\boldsymbol{u}\|_2 = 1 \tag{3.2.12}$$

を満足するベクトル $\boldsymbol{u}$ が存在して，それは符号は別にして一意的に

$$\boldsymbol{u} = \frac{\boldsymbol{x} - \boldsymbol{y}}{\|\boldsymbol{x} - \boldsymbol{y}\|_2} \tag{3.2.13}$$

によって与えられる．

証明 $\boldsymbol{x}^{\mathrm{T}}\boldsymbol{x} = \boldsymbol{y}^{\mathrm{T}}\boldsymbol{y}$ および $\boldsymbol{x}^{\mathrm{T}}\boldsymbol{y} = \boldsymbol{y}^{\mathrm{T}}\boldsymbol{x}$ に注意しながら (3.2.13) を (3.2.12) の左辺に代入すれば

$$\begin{aligned} \left(I - \frac{2(\boldsymbol{x}-\boldsymbol{y})(\boldsymbol{x}-\boldsymbol{y})^{\mathrm{T}}}{(\boldsymbol{x}-\boldsymbol{y})^{\mathrm{T}}(\boldsymbol{x}-\boldsymbol{y})}\right)\boldsymbol{x} &= \boldsymbol{x} - \frac{2(\boldsymbol{x}-\boldsymbol{y})(\boldsymbol{x}^{\mathrm{T}}\boldsymbol{x} - \boldsymbol{y}^{\mathrm{T}}\boldsymbol{x})}{\boldsymbol{x}^{\mathrm{T}}\boldsymbol{x} - \boldsymbol{y}^{\mathrm{T}}\boldsymbol{x} - \boldsymbol{x}^{\mathrm{T}}\boldsymbol{y} + \boldsymbol{y}^{\mathrm{T}}\boldsymbol{y}} \\ &= \boldsymbol{x} - \frac{2(\boldsymbol{x}^{\mathrm{T}}\boldsymbol{x} - \boldsymbol{y}^{\mathrm{T}}\boldsymbol{x})}{2(\boldsymbol{x}^{\mathrm{T}}\boldsymbol{x} - \boldsymbol{y}^{\mathrm{T}}\boldsymbol{x})}(\boldsymbol{x}-\boldsymbol{y}) = \boldsymbol{y} \end{aligned} \tag{3.2.14}$$

となり (3.2.12) を満足する $\boldsymbol{u}$ が (3.2.13) で与えられることが示された．

つぎに $\boldsymbol{v}$ を定理の条件を満足するもう一つのベクトルとする．このとき

$$\boldsymbol{y} = (I - 2\boldsymbol{v}\boldsymbol{v}^{\mathrm{T}})\boldsymbol{x} = (I - 2\boldsymbol{u}\boldsymbol{u}^{\mathrm{T}})\boldsymbol{x}$$

より

$$(\boldsymbol{v}^{\mathrm{T}}\boldsymbol{x})\boldsymbol{v} = (\boldsymbol{u}^{\mathrm{T}}\boldsymbol{x})\boldsymbol{u}$$

が導かれ，したがって $\boldsymbol{v}$ と $\boldsymbol{u}$ とは互いに平行かまたは反対向きのいずれかである．す

なわち $\boldsymbol{u}$ は符号を除けば一意的に定まる.　■

この補題から (3.2.9) を満足する $\boldsymbol{u}$ が

$$\boldsymbol{u} = \frac{\boldsymbol{a} - \boldsymbol{b}}{\|\boldsymbol{a} - \boldsymbol{b}\|_2} \tag{3.2.15}$$

によって与えられることがわかる. $\boldsymbol{b}$ の成分を

$$\boldsymbol{b} = \begin{pmatrix} b_{11} \\ b_{21} \\ 0 \\ \vdots \\ 0 \end{pmatrix} \tag{3.2.16}$$

とするとき

$$b_{11} = a_{11} \tag{3.2.17}$$

とすれば (3.2.7) が満足される. また

$$b_{21}{}^2 = \sum_{j=2}^{n} a_{j1}{}^2 \tag{3.2.18}$$

とすれば $\|\boldsymbol{a}\|_2 = \|\boldsymbol{b}\|_2$ が満足され, 上述の定理により $\boldsymbol{u}$ の存在が保証される.

相似変換 $P^{-1}AP$ の計算

上のように b_{11} および $b_{21}{}^2$ を選ぶと

$$\boldsymbol{w} \equiv \boldsymbol{a} - \boldsymbol{b} = \begin{pmatrix} 0 \\ a_{21} + s \\ a_{31} \\ \vdots \\ a_{n1} \end{pmatrix}, \quad s^2 = b_{21}{}^2 = \sum_{j=2}^{n} a_{j1}{}^2 \tag{3.2.19}$$

となる. ここで s の符号は, ノルム

$$\|\boldsymbol{w}\|_2{}^2 = \|\boldsymbol{a} - \boldsymbol{b}\|_2{}^2 = 2s^2 + 2a_{21}s \tag{3.2.20}$$

の計算において桁落ちの生じないように, a_{21} と同符号にとっておく. このと

き P は

$$P = I - 2\boldsymbol{u}\boldsymbol{u}^{\mathrm{T}} = I - \alpha \boldsymbol{w}\boldsymbol{w}^{\mathrm{T}} \tag{3.2.21}$$

となる．ただし

$$\alpha = \frac{1}{s^2 + |a_{21}s|} \tag{3.2.22}$$

こうして変換の行列 P が定められたが，実際の変換 $B = P^{-1}AP$ はつぎのように計算する．

$$\begin{aligned} B = P^{-1}AP &= (I - \alpha\boldsymbol{w}\boldsymbol{w}^{\mathrm{T}})A(I - \alpha\boldsymbol{w}\boldsymbol{w}^{\mathrm{T}}) \\ &= A - \alpha\boldsymbol{w}\boldsymbol{w}^{\mathrm{T}}A - \alpha A\boldsymbol{w}\boldsymbol{w}^{\mathrm{T}} + \alpha^2\boldsymbol{w}\boldsymbol{w}^{\mathrm{T}}A\boldsymbol{w}\boldsymbol{w}^{\mathrm{T}} \\ &= A - (\boldsymbol{w}\boldsymbol{q}^{\mathrm{T}} + \boldsymbol{q}\boldsymbol{w}^{\mathrm{T}}) \end{aligned} \tag{3.2.23}$$

ただし，$\boldsymbol{q}$ は

$$\boldsymbol{p} = \alpha A\boldsymbol{w} \tag{3.2.24}$$

とするとき

$$\boldsymbol{q} = \boldsymbol{p} - \frac{\alpha}{2}\boldsymbol{w}\boldsymbol{p}^{\mathrm{T}}\boldsymbol{w} \tag{3.2.25}$$

で与えられる．

P は対称行列であるから $P^{-1}AP = B$ により A の対称性は保存され，B の第 1 行は自動的にその第 1 列を転置したものになっている．こうして与えられた行列 A は (3.2.2) の形をもつ行列 B に変換された．

3 重対角化

$A = A_1$ の 3 重対角化のつぎの段階は第 1 段で変換された行列 $B = A_2$ をさらに

$$A_3 = {P_2}^{-1}A_2P_2 = \begin{pmatrix} * & * & 0 & 0 & \cdots & 0 \\ * & * & * & 0 & \cdots & 0 \\ 0 & * & * & * & \cdots & * \\ 0 & 0 & * & * & \cdots & * \\ \vdots & \vdots & \vdots & \vdots & \ddots & \vdots \\ 0 & 0 & * & * & \cdots & * \end{pmatrix} \tag{3.2.26}$$

の形に変換することである．その変換は

$$\boldsymbol{u}_2 = \begin{pmatrix} 0 \\ 0 \\ * \\ \vdots \\ * \end{pmatrix}, \quad \|\boldsymbol{u}_2\|_2 = 1 \tag{3.2.27}$$

なるベクトルから構成される基本直交行列

$$P_2 = I - 2\boldsymbol{u}_2\boldsymbol{u}_2{}^{\mathrm{T}} \tag{3.2.28}$$

によって実行される．この行列の形は

$$P_2 = \begin{pmatrix} 1 & 0 & 0 & \cdots & 0 \\ 0 & 1 & 0 & \cdots & 0 \\ 0 & 0 & * & \cdots & * \\ \vdots & \vdots & \vdots & \ddots & \vdots \\ 0 & 0 & * & \cdots & * \end{pmatrix} \tag{3.2.29}$$

となっており，変換 $P_2{}^{-1}A_2P_2$ によって A_2 の第 1 列および第 1 行には何の変化も与えないことがわかる．

このような変換

$$A_{k+1} = P_k{}^{-1}A_kP_k \tag{3.2.30}$$

$$P_k = I - 2\boldsymbol{u}_k\boldsymbol{u}_k{}^{\mathrm{T}} \tag{3.2.31}$$

$$\boldsymbol{u}_k = \begin{pmatrix} 0 \\ \vdots \\ 0 \\ * \\ \vdots \\ * \end{pmatrix} k \tag{3.2.32}$$

をくりかえすと，一般にそれまで 3 重対角化されている部分は不変に保ったまま，結局 $n-2$ 回の変換で与えられた行列 A は完全に 3 重対角化される．

非対称行列

与えられた行列 A が非対称行列のときには，直交変換 $B = P^{-1}AP$ において行列 B の第 1 行の第 3 成分以下が一般には 0 にならない．しかしそれにもかかわず上述の変換を続行すると A は最終的に

$$\begin{pmatrix} * & * & * & \cdots & * \\ * & * & * & \cdots & * \\ 0 & * & * & \cdots & * \\ \vdots & \ddots & \ddots & \ddots & \vdots \\ 0 & \cdots & 0 & * & * \end{pmatrix} \tag{3.2.33}$$

の形に変換される．行列のこの形 (3.2.33) を**ヘッセンベルグの標準形**という．後に 3.8 節で述べる QR 法を適用するとき，行列 A をいったんヘッセンベルグの標準形に変換してからこれを行なうと能率がよい．

3.3 ランチョス法

対称行列を 3 重対角化するランチョス法を説明する．A を与えられた $n \times n$ 対称行列とする．これが直交行列 P によって 3 重対角行列 B に直交変換されたとする．

$$B = P^{-1}AP \tag{3.3.1}$$

A が対称であるから B も対称である．そこで B の成分をつぎのようにおくことにする．

$$B = \begin{pmatrix} \alpha_1 & \beta_1 & & & & \\ \beta_1 & \alpha_2 & \beta_2 & & 0 & \\ & \beta_2 & \alpha_3 & \beta_3 & & \\ & & \ddots & \ddots & \ddots & \\ & 0 & & \ddots & \alpha_{n-1} & \beta_{n-1} \\ & & & & \beta_{n-1} & \alpha_n \end{pmatrix} \tag{3.3.2}$$

一方，直交行列 P の第 k 列のベクトルを $\boldsymbol{u}_k$ とすると，P の直交性から

$$\boldsymbol{u}_i{}^{\mathrm{T}}\boldsymbol{u}_j = \begin{cases} 0; & i \neq j \\ 1; & i = j \end{cases} \tag{3.3.3}$$

が成立する．また直交変換 (3.3.1) はつぎのように書くことができる．

$$AP = PB \tag{3.3.4}$$

ランチョス法とは，この (3.3.4) の関係から直接変換行列 P すなわちベクトル $\boldsymbol{u}_k$ を定めながら，それと同時に 3 重対角化を行なっていく方法である．

等式 (3.3.4) の右辺の B に (3.3.2) を代入して各列を比較すると次式が得られる．

$$\begin{cases} A\boldsymbol{u}_1 = \alpha_1\boldsymbol{u}_1 + \beta_1\boldsymbol{u}_2 \\ A\boldsymbol{u}_2 = \beta_1\boldsymbol{u}_1 + \alpha_2\boldsymbol{u}_2 + \beta_2\boldsymbol{u}_3 \\ \qquad\cdots\cdots\cdots \\ A\boldsymbol{u}_k = \beta_{k-1}\boldsymbol{u}_{k-1} + \alpha_k\boldsymbol{u}_k + \beta_k\boldsymbol{u}_{k+1} \\ \qquad\cdots\cdots\cdots \\ A\boldsymbol{u}_n = \beta_{n-1}\boldsymbol{u}_{n-1} + \alpha_n\boldsymbol{u}_n \end{cases} \tag{3.3.5}$$

第 k 行目の式に左から $\boldsymbol{u}_k{}^{\mathrm{T}}$ を乗ずると，(3.3.3) の直交性からつぎのように α_k が求められる．

$$\alpha_k = \boldsymbol{u}_k{}^{\mathrm{T}} A\boldsymbol{u}_k \tag{3.3.6}$$

また $\boldsymbol{u}_{k-1}, \boldsymbol{u}_k$ がすでに求められているとすると，$\boldsymbol{u}_{k+1}$ は (3.3.5) よりつぎのようにして計算することができる．まず $\boldsymbol{v}_{k+1}$ を

$$\boldsymbol{v}_{k+1} = A\boldsymbol{u}_k - \beta_{k-1}\boldsymbol{u}_{k-1} - \alpha_k\boldsymbol{u}_k \tag{3.3.7}$$

によって求める．つぎに $\boldsymbol{u}_{k+1}$ に (3.3.3) の正規化条件 $\boldsymbol{u}_{k+1}{}^{\mathrm{T}}\boldsymbol{u}_{k+1} = 1$ を満足させるために β_k を

$$\beta_k = \|\boldsymbol{v}_{k+1}\|_2 \tag{3.3.8}$$

と定める．そして

$$\boldsymbol{u}_{k+1} = \frac{1}{\beta_k}\boldsymbol{v}_{k+1} \tag{3.3.9}$$

とすればよい．

このようにして，$\|\boldsymbol{u}_1\|_2 = 1$ なる任意の初期ベクトル $\boldsymbol{u}_1$ からはじめて順次 α_k, β_k を計算することにより 3 重対角行列 B を求めることができる．もとの行列 A は変形を受けず，A とベクトルの積だけで計算が行なわれるのがラン

チョス法の長所である．また直交性から，3 項のみから成る漸化関係によって逐次求める量が得られていくのがこの方法の大きな特徴である．しかし計算を進めていくうちに丸め誤差の累積によって $\boldsymbol{u}_k$ の直交性がくずれてしまう可能性をもっている．

3.4 3 重対角行列の固有値—バイセクション法

前 2 節において対称行列 A を 3 重対角化する方法を示した．本節ではこうして得られた対称な 3 重対角行列の固有値を計算するための一つの有力な方法について述べる．

固有値の特性方程式とスツルム列

対称な 3 重対角行列を

$$A = \begin{pmatrix} \alpha_1 & \beta_1 & & & & \\ \beta_1 & \alpha_2 & \beta_2 & & 0 & \\ & \beta_2 & \alpha_3 & \beta_3 & & \\ & & \ddots & \ddots & \ddots & \\ & 0 & & \ddots & \alpha_{n-1} & \beta_{n-1} \\ & & & & \beta_{n-1} & \alpha_n \end{pmatrix} \tag{3.4.1}$$

とする．このとき行列 $\lambda I - A$ の k 番目の**主小行列式** $p_k(\lambda)$ は次式で与えられる．

$$p_k(\lambda) = \begin{vmatrix} \lambda-\alpha_1 & -\beta_1 & & & & \\ -\beta_1 & \lambda-\alpha_2 & -\beta_2 & & 0 & \\ & -\beta_2 & \lambda-\alpha_3 & -\beta_3 & & \\ & & \ddots & \ddots & \ddots & \\ & 0 & & -\beta_{k-2} & \lambda-\alpha_{k-1} & -\beta_{k-1} \\ & & & & -\beta_{k-1} & \lambda-\alpha_k \end{vmatrix} \tag{3.4.2}$$

これを最後の行について展開すれば $p_k(\lambda)$ に関する漸化式

$$p_k(\lambda) = (\lambda-\alpha_k)p_{k-1}(\lambda) - {\beta_{k-1}}^2 p_{k-2}(\lambda) \tag{3.4.3}$$

が得られる．また

$$p_1(\lambda) = \lambda - \alpha_1 \tag{3.4.4}$$

は明らかである．そこで上の漸化式が $k=2$ に対しても成立するように

$$p_0(\lambda) = 1 \tag{3.4.5}$$

と定義しておく．$k=n$ のときには

$$p_n(\lambda) = |\lambda I - A| \tag{3.4.6}$$

であり，この λ の n 次多項式の零点が求める固有値である．

さて，このように定義した多項式列 $\{p_k(\lambda)\}$ はつぎの重要な性質をもっている．

補題 3.2　多項式列 $p_n(\lambda), p_{n-1}(\lambda), \ldots, p_1(\lambda), p_0(\lambda)$ は実軸上の閉区間においてスツルム列をなす．ただし $\beta_k \neq 0$ とする．

証明　スツルム列の定義は第 2 章 2.4 節に与えてある．上の列がスツルム列の満たすべき四つの条件を満足することを示そう．スツルム列の定義における f_k と本節の p_k とは番号の付け方が逆で，$p_k = f_{n-k}$ となっていることに注意せよ．

(1) 隣り合う二つの多項式 $p_k(\lambda), p_{k-1}(\lambda)$ は同時には 0 にならない．なぜならもし (3.4.3) において $p_k(\lambda) = p_{k-1}(\lambda) = 0$ であると $p_{k-2}(\lambda)$ が 0 になり，したがって以下すべての $p_j(\lambda)$, $j \leq k$ が 0 になる．しかし $p_0(\lambda) = 1$ でこれは 0 にはなりえない．

(2) ある点 λ_0 において $p_k(\lambda_0) = 0$ であるならば，$p_{k-1}(\lambda_0)p_{k+1}(\lambda_0) < 0$ が成立する．なぜなら (3.4.3) で番号を一つ増した式

$$p_{k+1}(\lambda) = (\lambda - \alpha_{k+1})p_k(\lambda) - {\beta_k}^2 p_{k-1}(\lambda)$$

において $p_k(\lambda_0) = 0$ とおけば

$$p_{k+1}(\lambda_0) = -{\beta_k}^2 p_{k-1}(\lambda_0) \tag{3.4.7}$$

となる．これより $p_{k-1}(\lambda_0)p_{k+1}(\lambda_0) < 0$ は明らかである．

（なお $\beta_k = 0$ のときはもとの行列 A はその個所で二つの小行列に分割でき，それに対応して固有値を求める問題はより単純な二つの行列式の零点を求める問題に帰着される．したがって一般に $\beta_k \neq 0$ と仮定してよい.）

(3) $p_0(\lambda) = 1$ であるからこれは定符号である．

(4) ある点 λ_0 で $p_n(\lambda_0)=0$ ならば $p'_n(\lambda_0)p_{n-1}(\lambda_0)>0$ が成立することがつぎのようにして証明できる．漸化式 (3.4.3) を λ に関して微分すれば

$$p'_k(\lambda)=p_{k-1}(\lambda)+(\lambda-\alpha_k)p'_{k-1}(\lambda)-{\beta_{k-1}}^2p'_{k-2}(\lambda) \qquad (3.4.8)$$

となるが，(3.4.8)$\times p_{k-1}-$(3.4.3)$\times p'_{k-1}$ を計算すれば

$$\begin{aligned}&p'_k(\lambda)p_{k-1}(\lambda)-p_k(\lambda)p'_{k-1}(\lambda)\\&={\beta_{k-1}}^2\{p'_{k-1}(\lambda)p_{k-2}(\lambda)-p_{k-1}(\lambda)p'_{k-2}(\lambda)\}+{p_{k-1}}^2(\lambda)\end{aligned}$$

が得られる．ここで

$$q_k\equiv p'_k(\lambda)p_{k-1}(\lambda)-p_k(\lambda)p'_{k-1}(\lambda) \qquad (3.4.9)$$

とおくと上式は

$$q_k(\lambda)={p_{k-1}}^2(\lambda)+{\beta_{k-1}}^2q_{k-1}(\lambda), \quad k=2,3,\ldots,n \qquad (3.4.10)$$

となる．ところが

$$q_1(\lambda)=p'_1(\lambda)p_0(\lambda)-p_1(\lambda)p'_0(\lambda)=p'_1(\lambda)=1>0 \qquad (3.4.11)$$

であるから (3.4.10) より

$$q_k(\lambda)>0, \quad k=2,3,\ldots,n \qquad (3.4.12)$$

が得られる．とくに $k=n$ のとき

$$q_n(\lambda)=p'_n(\lambda)p_{n-1}(\lambda)-p_n(\lambda)p'_{n-1}(\lambda)>0$$

であるが，仮定より $p_n(\lambda_0)=0$ であるから

$$q_n(\lambda_0)=p'_n(\lambda_0)p_{n-1}(\lambda_0)>0 \qquad (3.4.13)$$

■

上の補題により $\{p_n(\lambda),p_{n-1}(\lambda),\ldots,p_1(\lambda),p_0(\lambda)\}$ がスツルム列をなすことが確かめられた．したがって第 2 章のスツルムの定理 2.2 からただちにつぎの定理を得る．

定理 3.1 区間 $a<\lambda<b$ が与えられて $p_n(a)\neq 0$, $p_n(b)\neq 0$ とする．このとき λ を固定した列 $\{p_n(\lambda),p_{n-1}(\lambda),\ldots,p_0(\lambda)\}$ における符号の変化の回数を $N(\lambda)$ とすると，この区間に含まれる行列 A の固有値の数 n_0 は

$$n_0=N(a)-N(b) \qquad (3.4.14)$$

で与えられる．

バイセクション法

対称行列の固有値はすべて実数であるから $p_n(\lambda)$ の零点はすべて実数である．初めにその中にすべての固有値が含まれていると考えられる適当な区間 $[a,b]$ をとる．これを 2 等分して $[a,(a+b)/2]$, $[(a+b)/2,b]$ なる二つの区間に分け，各区間における固有値の個数を上の定理を使って数える．この手順をくりかえしてしだいに区間を狭くしていき一つ一つの固有値を十分狭い範囲に追い込むことができればそれから固有値の近似値を知ることができる．これを**バイセクション法**（**二分法**）という．$p_n(\lambda)$ の値は漸化式 (3.4.3) を順次使って簡単に計算できる．出発に使う区間 $[a,b]$ を定めるには，第 1 章 1.2 節に述べた行列の固有値の存在範囲に関する知識を利用することができる．

3.5 べき乗法

つぎに 3 重対角行列の固有ベクトルを求める方法へ進むが，その前に固有ベクトルの計算の基本となっていると同時に行列の絶対値最大の固有値を求めることのできるべき乗法を述べておく．

与えられた $n\times n$ 行列を A とする．適当な初期ベクトル $\boldsymbol{x}^{(0)}$ からはじめて逐次

$$\boldsymbol{x}^{(k)} = A\boldsymbol{x}^{(k-1)} \tag{3.5.1}$$

を計算すると $k\to\infty$ のとき $\boldsymbol{x}^{(k)}$ は A の絶対値最大の固有値に属する固有ベクトルに収束する．これを示そう．

べき乗法の収束

A の固有値 λ_i がすべて相異なり

$$|\lambda_1| > |\lambda_2| > \cdots > |\lambda_n| \tag{3.5.2}$$

であるとする．$\boldsymbol{u}_i$ を λ_i に属する A の固有ベクトル，すなわち

$$A\boldsymbol{u}_i = \lambda_i\boldsymbol{u}_i \tag{3.5.3}$$

とすると，$\boldsymbol{u}_i$ は互いに 1 次独立なので，初期ベクトル $\boldsymbol{x}^{(0)}$ はこれらの 1 次結合によって

$$\boldsymbol{x}^{(0)} = c_1\boldsymbol{u}_1 + c_2\boldsymbol{u}_2 + \cdots + c_n\boldsymbol{u}_n \tag{3.5.4}$$

と表わすことができる．ここで $c_1\neq 0$ ととって $\boldsymbol{x}^{(0)}$ が $\boldsymbol{u}_1$ 成分をもつように

しておけば

$$\begin{aligned}\boldsymbol{x}^{(k)} &= A^k\boldsymbol{x}^{(0)} = c_1{\lambda_1}^k\boldsymbol{u}_1 + c_2{\lambda_2}^k\boldsymbol{u}_2 + \cdots + c_n{\lambda_n}^k\boldsymbol{u}_n \\ &= c_1{\lambda_1}^k\left\{\boldsymbol{u}_1 + \frac{c_2}{c_1}\left(\frac{\lambda_2}{\lambda_1}\right)^k\boldsymbol{u}_2 + \cdots + \frac{c_n}{c_1}\left(\frac{\lambda_n}{\lambda_1}\right)^k\boldsymbol{u}_n\right\}\end{aligned} \tag{3.5.5}$$

となる．したがって，$|\lambda_l/\lambda_1| < 1,\ l \neq 1$ であるから $k \to \infty$ のとき $\boldsymbol{x}^{(k)}$ には絶対値最大の固有値 λ_1 に属する固有ベクトル $c_1{\lambda_1}^k\boldsymbol{u}_1$ が優越してくる．定数因子 $c_1{\lambda_1}^k$ を乗じても λ_1 に属する固有ベクトルに変りはないことは明らかである．また

$$\boldsymbol{x}^{(k-1)} = c_1{\lambda_1}^{(k-1)}\left\{\boldsymbol{u}_1 + \frac{c_2}{c_1}\left(\frac{\lambda_2}{\lambda_1}\right)^{k-1}\boldsymbol{u}_2 + \cdots + \frac{c_n}{c_1}\left(\frac{\lambda_n}{\lambda_1}\right)^{k-1}\boldsymbol{u}_n\right\} \tag{3.5.6}$$

であるから

$$\lim_{k\to\infty}\frac{\boldsymbol{x}^{(k)\mathrm{T}}\boldsymbol{x}^{(k)}}{\boldsymbol{x}^{(k)\mathrm{T}}\boldsymbol{x}^{(k-1)}} = \lambda_1 \tag{3.5.7}$$

が成立し，これから固有値 λ_1 を求めることができる．このような方法を**べき乗法**という．

$\boldsymbol{u}_1$ を求めるとき出発値に使用した $\boldsymbol{x}^{(0)}$ から $\boldsymbol{u}_1$ 成分を除いたものを新たに初期値として上と同じ反復をくりかえせば原理的には第 2 の固有値 λ_2 および固有ベクトル $\boldsymbol{u}_2$ を求めることができる（練習問題 3.3 参照）．残りの固有値および固有ベクトルに関しても同様である．しかし出発値から完全に $\boldsymbol{u}_1$ 成分を除去したとしても反復の過程で必ず丸め誤差が入るため $\boldsymbol{u}_1$ 成分が発生し，さらに反復を続けると $\boldsymbol{x}^{(k)}$ にはやがて $\boldsymbol{u}_1$ 成分が優越してくる．したがってべき乗法はふつう絶対値最大の固有値か，せいぜい絶対値の大きいほうから数個の固有値および固有ベクトルを求めるために使われる．

べき乗法は上述の制限は受けるが，行列 A 自身は計算の過程で変形を受けず単に行列とベクトルの積の反復で計算が行なわれるので，この方法は行列の次元数が大であるときには有効である．

3.6 逆反復法

対称行列の固有値は 3 重対角化とバイセクション法によって近似的に計算することができる．このように行列 A の固有値 λ_s の近似値 μ が何らかの方法で求められたなら

ば，前節のべき乗法を応用することにより λ_s に属する固有ベクトル $\boldsymbol{u}_s$ を求めることができる．

固有値 λ_s の近似値 μ に対応して，行列

$$B = (\mu I - A)^{-1} \tag{3.6.1}$$

を考える．$\lambda_s, \boldsymbol{u}_s$ は $A\boldsymbol{u}_s = \lambda_s \boldsymbol{u}_s$ を満足しているから

$$B\boldsymbol{u}_s = \frac{1}{\mu - \lambda_s}\boldsymbol{u}_s \tag{3.6.2}$$

が成り立つ．いま近似値 μ が λ_s に十分近く

$$|\mu - \lambda_s| < |\mu - \lambda_j|, \quad j \neq s \tag{3.6.3}$$

が満たされていれば，$1/(\mu - \lambda_s)$ は行列 B の絶対値最大の固有値となる．

$$\left|\frac{1}{\mu - \lambda_s}\right| > \left|\frac{1}{\mu - \lambda_j}\right|, \quad j \neq s \tag{3.6.4}$$

したがって前節のべき乗法により B の固有値および固有ベクトルを求めることができる．すなわち適当な初期値 $\boldsymbol{x}^{(0)}$ からはじめて逐次

$$\boldsymbol{x}^{(k)} = B\boldsymbol{x}^{(k-1)} \tag{3.6.5}$$

なる演算を行なえば

$$\lim_{k\to\infty} \boldsymbol{x}^{(k)} = \boldsymbol{u}_s \tag{3.6.6}$$

となる．さらに反復の各段階で比 $\boldsymbol{x}^{(k)\mathrm{T}}\boldsymbol{x}^{(k)}/\boldsymbol{x}^{(k)\mathrm{T}}\boldsymbol{x}^{(k-1)}$ を作れば

$$\lim_{k\to\infty} \frac{\boldsymbol{x}^{(k)\mathrm{T}}\boldsymbol{x}^{(k)}}{\boldsymbol{x}^{(k)\mathrm{T}}\boldsymbol{x}^{(k-1)}} = \frac{1}{\mu - \lambda_s} \tag{3.6.7}$$

となるから，これより μ に補正を加えて精度を高めることができる．ここに述べた方法を**逆反復法**という．

実際の計算は各反復において $\boldsymbol{x}^{(k)} = B\boldsymbol{x}^{(k-1)}$ と同値な連立 1 次方程式

$$(\mu I - A)\boldsymbol{x}^{(k)} = \boldsymbol{x}^{(k-1)} \tag{3.6.8}$$

を解くことによって進められる．

行列 A が非対称行列の場合でも A の固有値の近似値が求められさえすればその固有ベクトルは逆反復法により求められることはいうまでもない．非対称行列の固有値を求める方法は次節以下で述べる．

3.7 行列の QR 分解

本節以降では複素数を成分にもつ一般の非対称行列の固有値問題を扱う.

行列の QR 分解

互いに直交する正規化されたベクトル $\boldsymbol{q}_k$; $k=1,2,\ldots,n$ を第 k 列にもつ行列を Q とすると, Q はユニタリ行列である. すなわち

$$Q^*Q = I \tag{3.7.1}$$

ここで, 第 1 章 1.1 節で述べたグラム・シュミットの直交化の手続を行列で表現すると, つぎに述べる行列 A の QR 分解が導かれる.

定理 3.2 A を正則な $n\times n$ 行列とするとき, つぎのような分解が一意的に可能である.

$$A = QR \tag{3.7.2}$$

ただし Q はユニタリ行列, R は対角成分が正である右上三角行列である.

証明 まず Q および R を具体的に構成することによりこのような分解が可能であることを証明し, つぎにその一意性を証明しよう.

与えられた行列 A の各列ベクトルをはじめから順に $\boldsymbol{a}_1$, $\boldsymbol{a}_2$, …, $\boldsymbol{a}_n$ とする. 行列 A は正則であるからこれらのベクトルは 1 次独立である. そこでまず $\boldsymbol{a}_1$, $\boldsymbol{a}_2$, …, $\boldsymbol{a}_n$ にグラム・シュミットの直交化 (1.1.18) を適用して正規直交ベクトル $\boldsymbol{q}_1$, $\boldsymbol{q}_2$, …, $\boldsymbol{q}_n$ を作る. そしてこれらをこの順に列ベクトルとしてもつユニタリ行列を構成し, それを Q とする.

つぎに, 対角成分 r_{kk} がすべて正である右上三角行列 $R=(r_{jk})$ を

$$r_{jk} = \begin{cases} (\boldsymbol{a}_k, \boldsymbol{q}_j) & ; \quad j<k \\ \left\| \boldsymbol{a}_k - \displaystyle\sum_{l=1}^{k-1} (\boldsymbol{a}_k, \boldsymbol{q}_l)\boldsymbol{q}_l \right\| & ; \quad j=k \\ 0 & ; \quad j>k \end{cases} \tag{3.7.3}$$

によって定義しよう. ここで

$$\boldsymbol{u}_k = \boldsymbol{a}_k - \sum_{l=1}^{k-1} (\boldsymbol{a}_k, \boldsymbol{q}_l)\boldsymbol{q}_l = \boldsymbol{a}_k - \sum_{l=1}^{k-1} r_{lk}\boldsymbol{q}_l \tag{3.7.4}$$

とおいてみれば明らかなように, 上の定義から

$$r_{kk} = \|\boldsymbol{u}_k\| \tag{3.7.5}$$

である．また (1.1.18) より $\boldsymbol{q}_k$ は $\boldsymbol{u}_k$ を正規化したものであるから

$$\boldsymbol{u}_k = \|\boldsymbol{u}_k\|\boldsymbol{q}_k = r_{kk}\boldsymbol{q}_k$$

これと (3.7.4) とから

$$\boldsymbol{a}_k = \sum_{l=1}^{k} r_{lk}\boldsymbol{q}_l = \sum_{l=1}^{n} \boldsymbol{q}_l r_{lk} \tag{3.7.6}$$

が得られるが，これは両辺のベクトルの第 m 成分を比較すればわかるように

$$A = QR$$

の第 k 列のベクトルが満たしている関係にほかならない．したがって上のように Q および R を選べば A の (3.7.2) の形の分解が実際に可能である．

つぎに一意性を証明しよう．いま

$$A = Q_1R_1 = Q_2R_2 \tag{3.7.7}$$

となったとする．A は正則であり，また Q_1 はユニタリ行列で正則だから R_1 も正則になり，これから

$${Q_2}^{-1}Q_1 = R_2{R_1}^{-1} \equiv V \tag{3.7.8}$$

が成立することがわかる．ここで ${R_1}^{-1}$ は右上三角行列の逆行列であるからやはり右上三角行列であり，かつその対角成分はすべて正になることに注意しよう．したがって上の行列 V は二つの右上三角行列の積であるからやはり対角成分がすべて正の右上三角行列である．また，それと同時に V は二つのユニタリ行列の積であるからやはりユニタリ行列でもある．すなわち

$$V^{-1} = V^* \tag{3.7.9}$$

ところで上に述べたように右上三角行列 V の逆行列 V^{-1} はやはり右上三角行列であるが，一方 V^* は V の転置共役行列であるから左下三角行列である．それゆえ $V^{-1} = V^*$ は右上かつ左下三角行列であり，このような行列は対角行列以外にはない．したがって V もまた対角行列である．

対角ユニタリ行列 V の対角成分は絶対値 1 の数 $e^{i\theta}$ である．ところが (3.7.8) から得られる関係

$$R_2 = VR_1 \tag{3.7.10}$$

において両辺の対角成分はともに正でなければならないから，結局 V の対角成分はすべて 1，つまり V は単位行列である．したがって $R_1 = R_2$ となる．R_1 が正則であるから (3.7.7) より $Q_1 = Q_2$ も成立する．これで A が正則のときの分解 (3.7.2) の一意性が示された．■

この分解 (3.7.2) を行列 A の $\boldsymbol{QR}$ **分解**という．

3.8 QR 法とその収束

QR 分解を利用した相似変換

行列 A を QR 分解したものを $A = QR$ とする．このとき行列 Q による相似変換を考えると

$$Q^{-1}AQ = Q^{-1}(QR)Q = RQ \tag{3.8.1}$$

が成立する．したがって A を QR 分解した行列 Q と R の逆の順の積 RQ を作ると，それはちょうど A の相似変換になっている．Q がユニタリ行列であるのでこの変換はユニタリ変換である．

QR 法とは，この原理に基づく相似変換の反復から成るつぎのアルゴリズムによって行列 A の固有値を求める方法である．

(I) 出発値 A_1 を $A_1 = A$ とする．

(II) $k = 1, 2, \ldots$ に対してつぎの操作をくりかえす．

(II-1) A_k を QR 分解する．

$$A_k = Q_k R_k \tag{3.8.2}$$

(II-2) 積 $R_k Q_k$ を作る．

$$A_{k+1} = R_k Q_k \tag{3.8.3}$$

この相似変換の反復を続けていくと，ある条件のもとで A_k が右上三角行列に収束し，したがってその対角成分に固有値が並ぶことが証明される．これが QR 法の原理である．以下にこの収束の証明をしよう．まずつぎの補題を証明しておく．

補題 3.3

$$P_k = Q_1 Q_2 \cdots Q_k \tag{3.8.4}$$

$$U_k = R_k R_{k-1} \cdots R_1 \tag{3.8.5}$$

とすると

$$A_1{}^k = P_k U_k \tag{3.8.6}$$

証明 A_k の QR 分解 (3.8.2) の左から Q_k^* を乗ずれば $Q_k^* A_k = R_k$ であるから

$$\begin{aligned} A_k &= R_{k-1}Q_{k-1} = Q_{k-1}^* A_{k-1} Q_{k-1} = Q_{k-1}^* Q_{k-2}^* A_{k-2} Q_{k-2} Q_{k-1} = \cdots \\ &= Q_{k-1}^* Q_{k-2}^* \cdots {Q_1}^* A_1 Q_1 Q_2 \cdots Q_{k-1} \\ &= P_{k-1}^* A_1 P_{k-1} \end{aligned} \tag{3.8.7}$$

したがって

$$P_{k-1} A_k = A_1 P_{k-1} \tag{3.8.8}$$

が成立する．そこで実際に積 $P_k U_k$ を作ると

$$\begin{aligned} P_k U_k &= Q_1 Q_2 \cdots Q_k R_k R_{k-1} \cdots R_1 \\ &= Q_1 Q_2 \cdots Q_{k-1} A_k R_{k-1} \cdots R_1 \\ &= P_{k-1} A_k U_{k-1} = A_1 P_{k-1} U_{k-1} = {A_1}^2 P_{k-2} U_{k-2} = \cdots \\ &= {A_1}^{k-1} P_1 U_1 = {A_1}^{k-1} Q_1 R_1 = {A_1}^k \end{aligned} \tag{3.8.9}$$

■

ユニタリ行列の積はユニタリ行列であり，右上三角行列の積は右上三角行列であるから，P_k がユニタリ行列，U_k が右上三角行列であることは明らかであろう．しかも U_k の対角成分はすべて正であるから (3.8.6) は ${A_1}^k$ の QR 分解になっている．

ここでもう一つの注意をしておく．行列 F_k の QR 分解を $F_k = \widetilde{Q}_k \widetilde{R}_k$ とする．このときもし列 $\{F_k\}$ が単位行列 I に収束するならば，列 $\{\widetilde{Q}_k\}$, $\{\widetilde{R}_k\}$ もともにそれぞれ I に収束する．なぜなら，単位行列 I を QR 分解したときの Q および R は明らかにともに I である．また (1.1.18) より行列 F_k を QR 分解した $\widetilde{Q}_k$ および $\widetilde{R}_k$ の各成分はもとの F_k の成分の連続関数である．したがって F_k が単位行列 I に近づけば $\widetilde{Q}_k$ および $\widetilde{R}_k$ はともに I を QR 分解した I に収束する．

QR 法の収束

さて主題の QR 法の収束を証明しよう．ここでは議論が複雑になりすぎるのを避けるため，行列 A の固有値はすべて相異なるものと仮定する．

定理 3.3 A を与えられた $n \times n$ 正則行列とし，その固有値 λ_k はすべて相異なり

$$|\lambda_1| > |\lambda_2| > \cdots > |\lambda_n| > 0 \tag{3.8.10}$$

を満足しているものとする．このとき $A_1 = A$ からはじめる QR 法のアルゴリズム (3.8.2)，(3.8.3) によって作られる行列 A_k は $k \to \infty$ のとき右上三角行列に収束し，その対角成分には絶対値の大きい方から順に A の固有値が並ぶ．

証明[1] この証明は長いがその内容をつぎの三段に分けて考えると理解しやすい．

(i) ${A_1}^k$ をユニタリ行列と右上三角行列の積に分解し，かつ $k \to \infty$ のときの ${A_1}^k$ のふるまいを明らかにしておく．このとき A を対角行列に変換する相似変換 $D = X^{-1}AX$ が基本になるが，ここで X の QR 分解と X^{-1} の LU 分解を利用する．

(ii) つぎに (i) で構成した ${A_1}^k$ の分解を，QR 分解になるように修正する．そして補題 3.3 で行なった QR 分解 (3.8.6) との対応をつける．

(iii) 補題 3.3 の中で示した関係 $A_k = P_{k-1}^* A_1 P_{k-1}$ を利用して，$k \to \infty$ のときの ${A_1}^k$ のふるまいから A_k が右上三角行列に収束することを示す．

順に証明を進めよう．

(i) 行列 A の第 j 固有値 λ_j に属する固有ベクトルを第 j 列ベクトルにもつ行列を X とすると，A はこの行列 X によって対角化することができる．

$$D = X^{-1}AX \tag{3.8.11}$$

ただし D は A_1 の固有値を絶対値の大きいほうから順に対角成分にもつ対角行列である．

$$D = \begin{pmatrix} \lambda_1 & & & 0 \\ & \lambda_2 & & \\ & & \ddots & \\ 0 & & & \lambda_n \end{pmatrix} \tag{3.8.12}$$

このとき明らかに

$${A_1}^k = XD^kX^{-1} \tag{3.8.13}$$

が成立する．

ここで行列 X は正則であるから，これは QR 分解可能である．すなわち Q をユニタリ行列，R を対角成分が正である右上三角行列としてこれを形式的に

$$X = QR \tag{3.8.14}$$

と書くことができる．また一方 X^{-1} は正則であるから，これは第 1 章 1.7 節の結果か

1) J. Wilkinson [17] による．

ら LU 分解可能である．すなわち $L=(l_{ij})$ を対角成分がすべて 1 である左下三角行列，$U=(u_{ij})$ を右上三角行列としてつぎのように書くことができる．

$$X^{-1}=LU \tag{3.8.15}$$

これらを (3.8.13) に代入すれば

$$A_1{}^k=(QR)D^k(LU)=QR(D^kLD^{-k})D^kU \tag{3.8.16}$$

となる．ただし D^{-k} は $D^{-k}=(D^{-1})^k$ の意味である．

行列 D^kLD^{-k} は対角成分がすべて 1 である左下三角行列であり，その第 ij 成分は

$$\lambda_i{}^k l_{ij}\lambda_j{}^{-k}=l_{ij}\left(\frac{\lambda_i}{\lambda_j}\right)^k,\quad i>j \tag{3.8.17}$$

である．$i>j$ のときは仮定から $|\lambda_i|<|\lambda_j|$ であるから，E_k を

$$k\to\infty \text{ のとき } E_k\to 0 \tag{3.8.18}$$

となる行列として

$$D^kLD^{-k}=I+E_k \tag{3.8.19}$$

とおくことができる．したがって

$$\begin{aligned}A_1{}^k&=QR(I+E_k)D^kU\\&=Q(I+RE_kR^{-1})RD^kU\end{aligned} \tag{3.8.20}$$

となる．ここで (3.8.18) より $k\to\infty$ とともに RE_kR^{-1} は 0 に収束する．

そこでいま $I+RE_kR^{-1}$ を QR 分解したものを考え，それを

$$I+RE_kR^{-1}=\widetilde{Q}_k\widetilde{R}_k \tag{3.8.21}$$

とおくと

$$A_1{}^k=(Q\widetilde{Q}_k)(\widetilde{R}_kRD^kU) \tag{3.8.22}$$

となる．そしてこの定理のすぐ前で述べた注意により

$$k\to\infty \text{ のとき } \widetilde{Q}_k\to I,\quad \widetilde{R}_k\to I \tag{3.8.23}$$

となる．$\widetilde{R}_kRD^kU$ の四つの各行列はすべて右上三角行列であるから，その積 $\widetilde{R}_kRD^kU$ は右上三角行列である．

これまでの議論で，$A_1{}^k$ はユニタリ行列 $Q\widetilde{Q}_k$ と右上三角行列 $\widetilde{R}_kRD^kU$ の積に分解することができることがわかった．

(ii) ところでもし $A_1{}^k$ が QR 分解されたとすれば，そのとき定義から右上三角行列の

ほうの対角成分はすべて正になっていなければならない．しかし (3.8.22) の $\widetilde{R}_k RD^k U$ はまだその条件を満足していない．そこで (3.8.22) をさらに変形してこれが厳密な意味で QR 分解になるようにしよう．

一般にはいま考えている対角行列 D および右上三角行列 U の対角成分は複素数である．そこで D および U のおのおのに対して $D_1 D$ および $D_2 U$ の対角成分がすべて正になるような対角ユニタリ行列 D_1 と D_2 をとる．そのためには第 k 対角成分にそれぞれ $\overline{\lambda}_k/|\lambda_k|$ および $\overline{u}_{kk}/|u_{kk}|$ をもつ行列をとればよい．

$$D_1 = \begin{pmatrix} \dfrac{\overline{\lambda}_1}{|\lambda_1|} & & & 0 \\ & \ddots & & \\ & & \ddots & \\ 0 & & & \dfrac{\overline{\lambda}_n}{|\lambda_n|} \end{pmatrix}, \quad D_2 = \begin{pmatrix} \dfrac{\overline{u}_{11}}{|u_{11}|} & & & 0 \\ & \ddots & & \\ & & \ddots & \\ 0 & & & \dfrac{\overline{u}_{nn}}{|u_{nn}|} \end{pmatrix} \tag{3.8.24}$$

このような D_1 と D_2 の導入により (3.8.22) は

$$\begin{aligned} {A_1}^k &= (Q\widetilde{Q}_k)(\widetilde{R}_k R(D_1^* D_1 D)^k (D_2^* D_2 U)) \\ &= (Q\widetilde{Q}_k D_2^* {D_1}^{k*})(({D_1}^k D_2)\widetilde{R}_k R({D_1}^k D_2)^*(D_1 D)^k (D_2 U)) \end{aligned} \tag{3.8.25}$$

となるが，$D_2^* {D_1}^{k*}$ はユニタリ行列であるから $Q\widetilde{Q}_k D_2^* {D_1}^{k*}$ はユニタリ行列である．また $({D_1}^k D_2)\widetilde{R}_k R({D_1}^k D_2)^*(D_1 D)^k (D_2 U)$ は右上三角行列の積から成るから右上三角行列であり，対角成分はすべて正であることは明らかであろう．したがってこれで目的の ${A_1}^k$ の QR 分解が得られた．

一方，補題 3.3 より ${A_1}^k = P_k U_k$ であり，かつ正則行列の QR 分解は一意であるから結局つぎの関係が得られる．

$$P_k = Q\widetilde{Q}_k D_2^* {D_1}^{k*} \tag{3.8.26}$$

(iii) 目的の A_k の収束を証明しよう．補題 3.3 の中で示した (3.8.7) および (3.8.26) より

$$\begin{aligned} A_{k+1} &= P_k^* A_1 P_k \\ &= {D_1}^k D_2 \widetilde{Q}_k^* Q^* A_1 Q \widetilde{Q}_k D_2^* {D_1}^{k*} \end{aligned}$$

であり，また

$$A_1 = XDX^{-1} = QRDR^{-1}Q^*$$

より

$$Q^* A_1 Q = RDR^{-1} \tag{3.8.27}$$

であるから

$$A_{k+1} = {D_1}^k D_2 \widetilde{Q}_k^* R D R^{-1} \widetilde{Q}_k D_2^* {D_1}^{k*} \tag{3.8.28}$$

が成立する．これは $k \to \infty$ のとき (3.8.23) より

$$A_{k+1} \to {D_1}^k (D_2 R D R^{-1} D_2^*) {D_1}^{k*} \tag{3.8.29}$$

となる．これは明らかに右上三角行列である．

最後に，一般に二つ以上の右上三角行列の積の第 k 対角成分はおのおのの行列の第 k 対角成分の積に等しいことに注意すれば，積 RDR^{-1} の対角成分はその位置も値も D のものと同一であることがわかる．

以上で A_{k+1} は $k \to \infty$ のとき右上三角行列に収束し，その対角成分に A の固有値が絶対値の大きいほうから順に並ぶことが示された． ■

A_{k+1} は $k \to \infty$ としたとき (3.8.29) の右辺にみられるように k に依存する因子 ${D_1}^k$ および ${D_1}^{k*}$ をもっている．そのため $k \to \infty$ のとき行列 A_{k+1} の非対角成分は一般には振動現象を示し行列全体としては一定の行列には収束しない．しかし，その形は右上三角形に，そしてその対角成分は固有値に収束している．固有値問題に対してはこの収束で十分なことはいうまでもない．

3.9 QR 法の収束の加速

前節で述べたのは QR 法のごく原理的な部分である．実際には収束の加速，演算回数の減少などのためにさまざまな工夫がなされている．ここで原点移動による収束の加速を考察しておこう．

原 点 移 動

与えられた行列 A に QR 法を適用していけば A_k の対角成分は固有値に接近していくことがわかった．とくに A_k の第 nn 成分に着目すると，それは最小固有値 λ_n に近い値であろう．いまこの近似値を s とおいてあらためて原点移動 $A_1 - sI$ を行なうと，この新しい行列の固有値は $\lambda_1 - s$, $\lambda_2 - s$, $\ldots$, $\lambda_n - s$ となる．ところが s は λ_n の近似値であるから，これらの固有値のうち $\lambda_n - s$ の絶対値が他と比較して著しく小さいものになっているであろう．したがっていま行列 $A_1 - sI$ に QR 法を適用すると，(3.8.17) より最終の第 n 行の非対角成分の収束の速さは $|(\lambda_n - s)/(\lambda_j - s)|$ で決まるのでこれらは著しく速く 0 に収束することが期待される．

そこで，上の考え方をさらに一般化して，つぎのような拡張された QR 法を考えよう．

$$\begin{cases} A_k - s_k I = Q_k R_k & (3.9.1) \\ A_{k+1} = R_k Q_k + s_k I & (3.9.2) \end{cases}$$

上の説明では s_k としては λ_n の近似値をとったが，このとり方に限らず一般にある与えられた列 $\{s_k\}$ に対して補題 3.3 と類似の関係が成立する．

補題 3.4 $\{s_k\}$ を与えられた複素数の列とする．このとき QR 分解 (3.9.1), (3.9.2) に対して

$$P_k = Q_1 Q_2 \cdots Q_k \tag{3.9.3}$$

$$U_k = R_k R_{k-1} \cdots R_1 \tag{3.9.4}$$

とすると

$$\prod_{l=1}^{k} (A_1 - s_l I) = P_k U_k \tag{3.9.5}$$

証明 補題 3.3 とまったく同様に

$$\begin{aligned} A_k &= R_{k-1} Q_{k-1} + s_{k-1} I = Q_{k-1}^* (A_{k-1} - s_{k-1} I) Q_{k-1} + s_{k-1} I \\ &= Q_{k-1}^* A_{k-1} Q_{k-1} = Q_{k-1}^* Q_{k-2}^* A_{k-2} Q_{k-2} Q_{k-1} = \cdots \\ &= P_{k-1}^* A_1 P_{k-1} \end{aligned} \tag{3.9.6}$$

であるから A_k はやはり A_1 の相似変換であり，かつ

$$P_{k-1} A_k = A_1 P_{k-1} \tag{3.9.7}$$

となる．一方これを使えば

$$\begin{aligned} P_k U_k &= Q_1 Q_2 \cdots Q_k R_k R_{k-1} \cdots R_1 \\ &= Q_1 Q_2 \cdots Q_{k-1} (A_k - s_k I) R_{k-1} \cdots R_1 \\ &= P_{k-1} (A_k - s_k I) U_{k-1} = P_{k-1} A_k U_{k-1} - s_k P_{k-1} U_{k-1} \\ &= A_1 P_{k-1} U_{k-1} - s_k P_{k-1} U_{k-1} = (A_1 - s_k I) P_{k-1} U_{k-1} \\ &= (A_1 - s_k I)(A_1 - s_{k-1} I) P_{k-2} U_{k-2} = \cdots \\ &= (A_1 - s_k I)(A_1 - s_{k-1} I) \cdots (A_1 - s_2 I) Q_1 R_1 \\ &= \prod_{l=1}^{k} (A_1 - s_l I) \end{aligned} \tag{3.9.8}$$

■

拡張した QR 法 (3.9.1), (3.9.2) の収束は上の補題を使えば本来の QR 法の収束とまったく同様に証明することができる．その場合，定理 3.3 の証明の中で行列 D^k を対角行列

$$D_k = \begin{pmatrix} \prod_{l=1}^{k}(\lambda_1 - s_l) & & & 0 \\ & \prod_{l=1}^{k}(\lambda_2 - s_l) & & \\ & & \ddots & \\ 0 & & & \prod_{l=1}^{k}(\lambda_n - s_l) \end{pmatrix} \tag{3.9.9}$$

で置き換え，さらにすべての k に対して

$$\prod_{l=1}^{k}(A_1 - s_l) = XD_kX^{-1} \tag{3.9.10}$$

が成立することに注意すればよい．このとき A_k の左下半分の収束は (3.8.17) に対応して $D_kLD_k{}^{-1}$ の第 ij 成分

$$l_{ij}\frac{\prod_{l=1}^{k}(\lambda_i - s_l)}{\prod_{l=1}^{k}(\lambda_j - s_l)}, \quad i > j \tag{3.9.11}$$

に支配される．

列 $\{s_k\}$ の選択にはいろいろ考えられる．たとえば先に述べたように A_k の第 nn 成分を順次 s_k にとるのは効果的であろう．このようにとると，第 n 行の成分は (3.9.11) より急速に 0 に近づくことが期待される．

こうして第 n 行において第 nn 対角成分以外の成分が十分小さくなれば第 nn 成分は固有値 λ_n とみなすことができる．このとき残りの固有値は A_k の第 n 行，第 n 列を除いた $(n-1) \times (n-1)$ 小行列の固有値に等しい．なぜなら A_k は A_1 の相似変換だからである．したがって固有値が 1 個決定されるごとに行列の次数を下げて計算を進めて，結局すべての固有値を求めることができる．

練習問題

3.1　ヤコビ法において消去される成分は (p,q) で指定されるが，(p,q) を指定したとき直接 (p,q) 成分を消去せず $(p-1,q)$ 成分を消去していくとする．そしてその際 (p,q) を $(2,3)$, $(2,4)$, …, $(2,n)$, $(3,4)$, $(3,5)$, $(3,n)$, $(4,5)$, …, $(n-1,n)$ の順に指定する．このときはじめの対称行列は 3 重対角行列に変換されることを示せ．これを**ギブンス法**という．

3.2　ランチョス法において A の固有ベクトル $\boldsymbol{x}$ と 3 重対角化された B の固有ベクトル $\boldsymbol{y}$ との関係を求めよ．

3.3　$n\times n$ 行列 A の固有値を λ_1, λ_2, …, λ_n として，λ_1 に属する固有ベクトルを $\boldsymbol{u}$ とする．$\boldsymbol{v}^{\mathrm{T}}\boldsymbol{u}=1$ を満たす任意のベクトルを $\boldsymbol{v}$ とするとき

$$B=A-\lambda_1\boldsymbol{u}\boldsymbol{v}^{\mathrm{T}}$$

の固有値は 0, λ_2, λ_3, …, λ_n であることを示せ．

3.4　$n\times n$ 行列

$$A_n=\begin{pmatrix} n & n-1 & n-2 & \cdots & 3 & 2 & 1 \\ n-1 & n-1 & n-2 & \cdots & 3 & 2 & 1 \\ n-2 & n-2 & n-2 & \cdots & 3 & 2 & 1 \\ \vdots & \vdots & \vdots & & \vdots & \vdots & \vdots \\ 3 & 3 & 3 & \cdots & 3 & 2 & 1 \\ 2 & 2 & 2 & \cdots & 2 & 2 & 1 \\ 1 & 1 & 1 & \cdots & 1 & 1 & 1 \end{pmatrix}$$

の逆行列 Γ_n は

$$\Gamma_n=\begin{pmatrix} 1 & -1 & & & & & \\ -1 & 2 & -1 & & & 0 & \\ & -1 & 2 & -1 & & & \\ & & \ddots & \ddots & \ddots & & \\ & & & \ddots & \ddots & \ddots & \\ & 0 & & & -1 & 2 & -1 \\ & & & & & -1 & 2 \end{pmatrix}$$

であることを示せ．つぎに Γ_n の特性方程式を $\Gamma_n(\lambda)=0$ とするとき，$\Gamma_n(\lambda)$ が漸化式 $\Gamma_n(\lambda)=(2-\lambda)\Gamma_{n-1}(\lambda)-\Gamma_{n-2}(\lambda)$ を満たすことを利用して A_n の固有値を求めよ．

3.5 任意の正方行列 A に対してそれを右上三角行列 B に変換する相似変換 $P^*AP=B$ が存在することを帰納法によって証明せよ．

第4章　関数近似

計算機における関数計算は有限回の四則演算の組み合わせで近似的に行なわれる．その事情に対応して，本章では与えられた連続関数を有限回の操作で近似する問題を扱う．

4.1　関数空間

第 1 章において有限な n 次元ベクトルに対してノルムを定義したが，ここでまず関数に対して同様の概念，すなわち関数のノルムを導入する．ノルム $\|u\|_\alpha$ が定義される関数，すなわち $\|u\|_\alpha$ が存在して有界であるような関数全体の集合 X_α を，有限次元の場合と同様やはり空間 X_α あるいは**関数空間** X_α とよぶ．

L_2 ノルムとヒルベルト空間

実軸上の有限区間 $K = [a, b]$ で定義される実数値関数 $u(x)$ に対して

$$\|u\|_2 = \left\{ \int_a^b \{u(x)\}^2 dx \right\}^{1/2} \tag{4.1.1}$$

によってノルム $\|u\|_2$ を定義する．これを $\boldsymbol{L_2}$ **ノルム** という．これは n 次元ベクトル $\boldsymbol{x}$ のノルム $\|\boldsymbol{x}\|_2$ に対応するものである．また二つの関数 u_1, u_2 の**内積**を

$$(u_1, u_2) = \int_a^b u_1(x) u_2(x) dx \tag{4.1.2}$$

によって定義する[1)]．このように定義した内積が有限次元ベクトルの内積と同様につぎの性質を満足していることは容易に確かめられる．

(i)　$(u_1, u_2) = (u_2, u_1)$

(ii)　$(\alpha u_1, u_2) = \alpha(u_1, u_2)$

---

1)　複素数値関数の場合は $(u_1, u_2) = \int_a^b u_1(x)\bar{u}_2(x)dx$.

(iii) $(u_1+u_2, u_3) = (u_1, u_3) + (u_2, u_3)$

(iv) $(u, u) = \|u\|_2{}^2 \geq 0$, 等号は $u = 0$ のときにかぎり成立.

任意の二つの元に対してこのような内積の定義されている空間を**ヒルベルト空間**という.

第 1 章問題 1.1 において**シュワルツの不等式**

$$|(u_1, u_2)| \leq \|u_1\|_2 \|u_2\|_2 \tag{4.1.3}$$

を証明したが，これは上に示した内積の性質だけから導かれるものであるからそれは内積 (4.1.2) に対しても成立する．すなわち

$$\left| \int_a^b u_1(x) u_2(x) dx \right|^2 \leq \left[\int_a^b \{u_1(x)\}^2 dx \right] \left[\int_a^b \{u_2(x)\}^2 dx \right] \tag{4.1.4}$$

等号が成立するのは $u_1(x)$ と $u_2(x)$ が 1 次従属のときに限る.

一様ノルム

n 次元ベクトルのノルム $\|\boldsymbol{x}\|_\infty$ に対応して，連続関数の**一様ノルム**を

$$\|u\|_\infty = \max_{a \leq x \leq b} |u(x)| \tag{4.1.5}$$

によって定義する.

問題 4.1 $\|u\|_2$ および $\|u\|_\infty$ がノルムの性質（第 1 章 1.1 節）を満足することを確かめよ.

関数のノルムは有限次元ベクトルのノルムと異なり一般には互いに同値ではない．たとえば区間 $[-1, 1]$ で関数

$$u(x) = \left(\frac{n}{2 \arctan n} \frac{1}{1 + n^2 x^2} \right)^{1/2} \tag{4.1.6}$$

を考えると，$\|u\|_2$ は n の値によらず 1 であるが，$\|u\|_\infty = u(0)$ は n とともにいくらでも大きくなる.

基　本　系

ワイヤシュトラスの定理によれば，有限区間 $[a,b]$ において与えられた連続関数 $f(x)$ は多項式によって一様に近似できる．すなわち，どんなに小さな $\varepsilon>0$ を与えても十分大きな n をとれば

$$\|f(x)-p_n(x)\|_\infty<\varepsilon \tag{4.1.7}$$

を満足する n 次多項式 $p_n(x)$ が存在する（練習問題 4.1）．

一般に関数のノルムが $\|u\|_\alpha$ で定義されているノルム空間を X_α とする．このとき任意の $f(x)\in X_\alpha$ が，X_α におけるある関数列 $\{\psi_j(x)\}$ の 1 次結合

$$f_n(x)=\hat{c}_0\psi_0(x)+\hat{c}_1\psi_1(x)+\cdots+\hat{c}_n\psi_n(x) \tag{4.1.8}$$

によって十分よく近似できるとき，すなわち

$$\lim_{n\to\infty}\|f-f_n\|_\alpha=0 \tag{4.1.9}$$

とできるとき，$\{\psi_j(x)\}$ を X_α における**基本系**という．ワイヤシュトラスの定理は，有限区間において一様ノルム $\|u\|_\infty$ の定義されている連続関数の空間で，多項式列 $\{1,x,x^2,\ldots\}$ が基本系であることを主張している．

純粋に関数近似という立場に立つならば，区間 $a\le x\le b$ で一様に誤差が小さいことが望ましいから，ノルムとしてははじめから一様ノルム $\|u\|_\infty$ を採用して議論を進めるべきかも知れない．しかし一般に $\|u\|_\infty$ に基づく近似の理論は複雑になり，また具体的に近似関数を構成するアルゴリズムも特殊な対象に対してのみ可能である．それに対して，内積の定義されているヒルベルト空間における $\|u\|_2$ に基づく近似の理論は簡明で，また実際面への応用も容易である．しかも数値積分のように平均的な操作の近似においては，$\|u\|_\infty$ よりも $\|u\|_2$ による扱いのほうが適当であろう．一様ノルムに基づく近似に関しては 4.9 節において述べるとして，ここではまずヒルベルト空間における近似の問題を数値解析の立場から扱うための準備をしておこう．

完備な正規直交系

ヒルベルト空間 H における関数列

$$\phi_0(x),\ \phi_1(x),\ \phi_2(x),\ \ldots \tag{4.1.10}$$

が

$$(\phi_j, \phi_k) = \lambda_k \delta_{jk}, \quad \lambda_k > 0 \tag{4.1.11}$$

を満足しているとき，これを H の**直交系**という．ここで，λ_k は ϕ_k の**規格化定数**で，δ_{ij} はクロネッカー δ である．とくに $\lambda_k = 1$ のとき，すなわち

$$(\phi_j, \phi_k) = \delta_{jk} \tag{4.1.12}$$

を満足しているとき，これを H の**正規直交系**という．

n 個の関数 $u_1, u_2, \ldots, u_n$ に対して

$$c_1 u_1 + c_2 u_2 + \cdots + c_n u_n = 0 \quad \text{ならば必ず} \quad c_1 = c_2 = \cdots = c_n = 0$$

であるとき，$u_1, u_2, \ldots, u_n$ は**1 次独立**であるという．1 次独立でないとき，$u_1, u_2, \ldots, u_n$ は**1 次従属**であるという．

問題 4.2 正規直交系は 1 次独立であることを示せ．

正規直交系 $\{\phi_j\}$ が H における基本系であるとき，これを**完備な正規直交系**という．

内積が (4.1.2) で定義されている連続関数から成るヒルベルト空間を H_C として，$\{\phi_j\}$ を H_C の完備な正規直交系としよう．任意の $f(x) \in H_C$ に対して

$$f_n(x) = \tilde{c}_0 \phi_0(x) + \tilde{c}_1 \phi_1(x) + \cdots + \tilde{c}_n \phi_n(x), \quad \tilde{c}_k = (f, \phi_j) \tag{4.1.13}$$

とおくと，あとで (4.3.13) の最小性の議論で見るように，任意の 1 次結合

$$g_n(x) = c_0 \phi_0(x) + c_1 \phi_1(x) + \cdots + c_n \phi_n(x) \tag{4.1.14}$$

に対して，係数を (4.1.13) のようにとる 1 次結合 $f_n(x)$ は不等式 $\|f - f_n\|_2 \le \|f - g_n\|_2$ を満たす．一方 $\{\phi_j\}$ が基本系であるから係数をうまく選ぶことによって $\lim_{n \to \infty} \|f - g_n\|_2 = 0$ とすることができるので，結局

$$\lim_{n \to \infty} \|f - f_n\|_2 = 0 \tag{4.1.15}$$

が成立する．そこでこの関係を形式的に

$$f(x) \sim \sum_{k=0}^{\infty} (f, \phi_k) \phi_k(x) \tag{4.1.16}$$

と書くことにしよう．形式的に，という意味は，この関係が (4.1.15) の意味で成立するのであって，すべての $x \in [a,b]$ に対して一般には右辺と左辺が等しいわけではないからである．これを $f(x)$ の**直交関数展開**，あるいは後に述べる三角級数展開の一般化とみて**フーリエ展開**ということもある．展開の k 次の項

$$(f, \phi_k)\phi_k$$

を n 次元ベクトルの場合に対応して，f の ϕ_k 方向への**正射影**という．

関数空間におけるグラム・シュミットの直交化

われわれの考えている空間 H_C において具体的に一つの正規直交系，すなわち正規直交多項式系 $p_0(x), p_1(x), p_2(x), \ldots$ をとることができる．それは n 次元ベクトルの場合と同様に，H_C の 1 次独立な元 $\{1, x, x^2, \ldots\}$ から**グラム・シュミットの直交化**により構成することができる．

直交化の方法はベクトルの場合の (1.1.18) と同様で，それまで直交化した $p_j\,(j = 0, 1, 2, \ldots, k-1)$ 方向への x^k の正射影を x^k から引けばよい．

$$\left[\begin{array}{l} p_0(x) = \dfrac{1}{\sqrt{(1,\,1)}} \\ k = 1, 2, 3, \ldots \\ \quad \left[\begin{array}{l} q_k(x) = x^k - \displaystyle\sum_{j=0}^{k-1} (x^k,\, p_j)\, p_j(x) \\ p_k(x) = \dfrac{q_k(x)}{\|q_k\|_2} \end{array}\right. \end{array}\right. \tag{4.1.17}$$

正規化を伴わない直交多項式系 $p_0(x), p_1(x), p_2(x), \ldots$ も，つぎのようにして構成できる．

$$\left[\begin{array}{l} p_0(x) = \mu_0 \\ k = 1, 2, 3, \ldots \\ \quad \left[\begin{array}{l} p_k(x) = \mu_k \left\{ x^k - \displaystyle\sum_{j=0}^{k-1} \dfrac{(x^k,\, p_j)}{\|p_j\|_2{}^2} p_j(x) \right\} \end{array}\right. \end{array}\right. \tag{4.1.18}$$

μ_k は $p_k(x)$ の最高次 x^k の係数である．正規化を行なわないので $p_k(x)$ の決め方に自由度が一つ残る．この自由度に対応して μ_k を直接定めることもでき

るが，他の条件を課すこともできる．その場合，μ_k はその条件によって間接的に定まることになる．

このようにして構成される直交多項式系 $\{p_k(x)\}$ は H_C における基本系である．なぜなら，任意の n 次多項式は n 次までの直交多項式の1次結合で表わされるから，ワイヤシュトラスの定理より任意の $\varepsilon > 0$ に対して十分大きな n をとれば

$$\max_{a \le x \le b} \left| f(x) - \sum_{k=0}^{n} \hat{c}_k p_k(x) \right| < \varepsilon \tag{4.1.19}$$

が成立し，したがって

$$\left\| f - \sum_{k=0}^{n} \hat{c}_k p_k \right\|_2^2 = \int_a^b \left\{ f(x) - \sum_{k=0}^{n} \hat{c}_k p_k(x) \right\}^2 dx < (b-a)\varepsilon^2 \tag{4.1.20}$$

となるからである．すなわち，$\{p_k(x)\}$ は H_C の完備な正規直交系である．

密度関数をもつノルム

L_2 ノルムを**密度関数** $w(x)$ をもつつぎのようなノルムに拡張することができる．

$$\|u\|_w = \left[\int_a^b \{u(x)\}^2 w(x) dx \right]^{1/2} \tag{4.1.21}$$

ここで，密度関数 $w(x)$ はつぎの条件をみたす関数とする．

(i) $w(x)$ は $[a,b]$ で連続で有限個の点で 0 になることを除いて $w(x) > 0$.

(ii) 積分

$$\int_a^b x^k w(x) dx \tag{4.1.22}$$

がすべての $k = 0, 1, 2, \ldots$ に対して有界.

この密度関数に対応して，内積

$$(u,v)_w = \int_a^b u(x)v(x)w(x)dx \tag{4.1.23}$$

が定義される．このような内積 (4.1.23) の定義されている連続関数のヒルベルト空間 H_w においても，これまで述べてきた H_C において成立することがらはすべてそのまま成立する．

4.2 有限次数の近似多項式

有限次数の最良近似多項式

有限区間 $[a,b]$ において与えられた連続関数 $f(x)$ を近似する多項式 $f_n(x)$ の次数を高くすれば，$\|f-f_n\|_2$ あるいは $\|f-f_n\|_\infty$ はいくらでも 0 に近づけうることがわかった．しかし実際の計算では多項式の次数を無限に上げるわけにいかず必ず有限で留めなければならない．そこで本節ではつぎのような問題を考えよう．多項式の次数 n を一定にしたとき，与えられた連続関数 $f(x)$ に対して $\|f-f_n\|$ を最小にする n 次多項式 $f_n(x)$ が存在するか？

ここではとくに $\|u\|_2$, $\|u\|_\infty$ に限らず，関数のノルムとしてはやや一般化を行なって，近似の次数 n を固定したときつぎの条件を満足しているものを対象とする．

(i) 次の不等式を満足する正の数 M_n が存在する．

$$\|x^k\| \le M_n; \quad k=0,1,\ldots,n \tag{4.2.1}$$

(ii) $\displaystyle\sum_{k=0}^{n} {b_k}^2 = 1$ を満足するすべての $(b_0,b_1,\ldots,b_n)$ の組に対して

$$0 < m_n \le \left\| \sum_{k=0}^{n} b_k x^k \right\| \tag{4.2.2}$$

を満足する正の m_n が存在する．

ノルム $\|u\|_2$ が (i), (ii) の条件を満足することは次節に述べる．$\|u\|_\infty$ が条件 (i) を満たすことは明らかであるが，(ii) に関しては，4.9 節で述べる．

補題 4.1 $f(x)$ の近似多項式を

$$f_n(x) = a_0 + a_1 x + \cdots + a_n x^n \tag{4.2.3}$$

とする．$f-f_n$ のノルムを係数 a_0, a_1, …, a_n の関数とみて

$$d(a_0,a_1,\ldots,a_n) = \|f-f_n\| \tag{4.2.4}$$

とおく．ノルムが条件 (i) を満足すれば $d(a_0,a_1,\ldots,a_n)$ は a_0, a_1, …, a_n の連続関数である．

証明

$$d(a_0+\delta_0, a_1+\delta_1, \ldots, a_n+\delta_n) = \left\| f - f_n - \sum_{k=0}^{n} \delta_k x^k \right\|$$

$$\le d(a_0, a_1, \ldots, a_n) + \left\| \sum_{k=0}^{n} \delta_k x^k \right\| \le d(a_0, a_1, \ldots, a_n) + M_n \sum_{k=0}^{n} |\delta_k|$$

同様に

$$d(a_0, a_1, \ldots, a_n) = \left\| f - f_n - \sum_{k=0}^{n} \delta_k x^k + \sum_{k=0}^{n} \delta_k x^k \right\|$$

$$\le d(a_0+\delta_0, a_1+\delta_1, \ldots, a_n+\delta_n) + M_n \sum_{k=0}^{n} |\delta_k|$$

したがって，任意の $\varepsilon > 0$ が与えられたとき $\sum_{k=0}^{n} |\delta_k| \le \varepsilon / M_n$ を満足する十分小さい δ_0, δ_1, …, δ_n をとれば

$$\left| d(a_0+\delta_0, a_1+\delta_1, \ldots, a_n+\delta_n) - d(a_0, a_1, \ldots, a_n) \right| \le \varepsilon \tag{4.2.5}$$

となり d の連続性が示された. ■

ここで目的の多項式の存在を証明しよう.

定理 4.1 $f(x)$ を有限区間 $[a, b]$ で連続な与えられた関数とする. n を固定したうえで $f_n(x)$ を

$$f_n(x) = a_0 + a_1 x + \cdots + a_n x^n \tag{4.2.6}$$

とするとき，このような多項式のなかで条件 (i) および (ii) を満足するノルムに関して $\|f - f_n\|$ を最小にするたかだか n 次の多項式が存在する.

証明

$$d(a_0, a_1, \cdots, a_n) = \|f - (a_0 + a_1 x + \cdots + a_n x^n)\| \tag{4.2.7}$$

を a_0, a_1, …, a_n の関数とみなすと，ノルムの性質 $\|f - f_n\| \ge 0$ より

$$\inf_{a_0, a_1, \ldots, a_n} d(a_0, a_1, \ldots, a_n) \equiv \rho_n \ge 0 \tag{4.2.8}$$

である. ここで，この下限 ρ_n が実は $(a_0, a_1, \ldots, a_n)$ のある有界な閉集合における下限であることを示そう.

ノルムの性質から $\|f_n\| = \|(f - f_n) - f\| \leq \|f - f_n\| + \|f\|$ であるから任意の $r > 0$ に対して

$$\|f - f_n\| \geq \|f_n\| - \|f\| = r\left\|\frac{1}{r}f_n\right\| - \|f\|$$

が成立する．そこで

$$\sum_{k=0}^{n} {a_k}^2 = r^2$$

を満足する r をとると $\sum_{k=0}^{n}(a_k/r)^2 = 1$ であるから，条件 (ii) より

$$\left\|\frac{1}{r}f_n\right\| = \left\|\sum_{k=0}^{n}\frac{a_k}{r}x^k\right\| \geq m_n > 0$$

となり

$$\|f - f_n\| \geq rm_n - \|f\|$$

が成り立つ．そこでいま

$$r > \frac{\|f\| + \rho_n + 1}{m_n}$$

が満足されるような r, すなわち

$$\left\{\sum_{k=0}^{n} {a_k}^2\right\}^{1/2} > \frac{\|f\| + \rho_n + 1}{m_n} \tag{4.2.9}$$

を満たす十分大きな係数 $(a_0, a_1, \ldots, a_n)$ の集合を考えると，そこでは

$$\|f - f_n\| > \rho_n + 1 > \rho_n$$

が成立している．すなわち ρ_n は (4.2.9) を満たす集合における d の下限ではない．したがって ρ_n は $(a_0, a_1, \ldots, a_n)$ の有界な集合

$$\left\{\sum_{k=0}^{n} {a_k}^2\right\}^{1/2} \leq \frac{\|f\| + \rho_n + 1}{m_n} \tag{4.2.10}$$

における $d(a_0, a_1, \ldots, a_n) = \|f - f_n\|$ の下限である．

一方，ノルムには性質 (i) が満たされているから，補題より $d(a_0, a_1, \ldots, a_n)$ は a_0, a_1, …, a_n の連続関数であって，これは有界閉集合 (4.2.10) において実際に最小値 ρ_n をとる．この最小値を与える点 $(\tilde{a}_0, \tilde{a}_1, \ldots, \tilde{a}_n)$ を係数とする多項式が目的の多項式である． ■

このようにノルム $\|f - f_n\|$ を最小にするたかだか n 次の多項式 f_n を，ノルム $\|u\|$ による f の n 次の**最良近似多項式**とよぶことにする．n 次の最良近

似多項式が n 次未満の多項式である場合もあることに注意しよう．最良近似多項式の一意性に関しては，おのおののノルムに対してあとで別個に考察する．

なお，同様な条件のもとで，一般にノルム空間 X_α において，1 次独立な n 個の関数 $\psi_1(x), \psi_2(x), \ldots, \psi_n(x)$ の 1 次結合による $f \in X_\alpha$ の**最良近似**，すなわち X_α の有限な n 次元部分空間における最良近似が存在する（練習問題 4.2）．

4.3 最小二乗近似

本節では L_2 ノルム $\|u\|_2$ による最良近似を考察する．

最小二乗近似

区間 $[a,b]$ において関数 $f(x)$ および $n+1$ 個の 1 次独立な関数 $\psi_0(x), \psi_1(x), \ldots, \psi_n(x)$ が与えられているとする．これらの関数の 1 次結合

$$f_n(x) = \tilde{c}_0\psi_0(x) + \tilde{c}_1\psi_1(x) + \cdots + \tilde{c}_n\psi_n(x) \tag{4.3.1}$$

を作ってその係数 $\tilde{c}_0, \tilde{c}_1, \ldots, \tilde{c}_n$ を

$$S_n = \|f - f_n\|_2{}^2 \tag{4.3.2}$$

が最小になるように定める最良近似の問題を考えよう．この L_2 ノルムの 2 乗による残差

$$\begin{aligned} S_n &= \int_a^b \left\{ f(x) - \sum_{k=0}^{n} \tilde{c}_k\psi_k(x) \right\}^2 dx \\ &= \int_a^b \{f(x)\}^2 dx - 2\sum_{k=0}^{n} \tilde{c}_k \int_a^b \psi_k(x) f(x) dx \\ &\quad + \sum_{j=0}^{n}\sum_{k=0}^{n} \tilde{c}_j\tilde{c}_k \int_a^b \psi_j(x)\psi_k(x) dx \end{aligned} \tag{4.3.3}$$

を最小にする $\tilde{c}_k$ は次式を満足しなければならない．

$$\frac{\partial S_n}{\partial \tilde{c}_k} = 2\left\{ \sum_{j=0}^{n} \tilde{c}_j \int_a^b \psi_j(x)\psi_k(x) dx - \int_a^b \psi_k(x) f(x) dx \right\} = 0 \tag{4.3.4}$$

ここで a_{jk}, b_k をそれぞれ

$$a_{jk} = \int_a^b \psi_j(x)\psi_k(x)dx = (\psi_j, \psi_k) \tag{4.3.5}$$

$$b_k = \int_a^b f(x)\psi_k(x)dx = (f, \psi_k) \tag{4.3.6}$$

と定義して，a_{jk} を第 jk 成分とする $(n+1)\times(n+1)$ 行列を A, b_k を第 k 成分とするベクトルを $\boldsymbol{b}$, そして係数 $\tilde{c}_k$ を第 k 成分とするベクトルを $\tilde{\mathbf{c}}$ とおく．このとき (4.3.4) は

$$A\tilde{\mathbf{c}} = \boldsymbol{b} \tag{4.3.7}$$

と表わされ，係数 $\tilde{c}_k$ はこの連立 1 次方程式の解として与えられる．この方程式を**正規方程式**という．こうして得られる近似式 $f_n(x)$ を**最小二乗近似式**という．

例題 4.1 $f(x)$ を区間 $[0,1]$ において n 次多項式

$$f_n(x) = a_0 + a_1x + a_2x^2 + \cdots + a_nx^n \tag{4.3.8}$$

によって最小二乗近似するとき，正規方程式の行列 A はどのようなものになるか.

解

$$a_{jk} = \int_0^1 x^jx^kdx = \int_0^1 x^{j+k}dx = \frac{1}{j+k+1} \tag{4.3.9}$$

であるから行列 A はつぎのようになる.

$$A = \begin{pmatrix} \dfrac{1}{1} & \dfrac{1}{2} & \cdots & \dfrac{1}{n+1} \\ \dfrac{1}{2} & \dfrac{1}{3} & \cdots & \dfrac{1}{n+2} \\ \vdots & \vdots & \vdots & \vdots \\ \dfrac{1}{n+1} & \dfrac{1}{n+2} & \cdots & \dfrac{1}{2n+1} \end{pmatrix} \tag{4.3.10}$$

■

この行列を $n+1$ 次の**ヒルベルト行列**という．この行列は正則ではあるが n を大にすると隣り合う行ベクトルあるいは列ベクトルが互いに近いものになってそれらの間の 1 次独立性が急速に弱くなる．したがって n が大になると行列 (4.3.10) は特異に近づき方程式 (4.3.7) を数値的に解いても正しい係数は得

られなくなる．これは最小二乗近似を正規方程式を解くことによって求めるとき一般に見られる傾向である．

正規直交系による最小二乗近似

正規直交系 $\phi_0(x), \phi_1(x), \ldots, \phi_n(x)$ の1次結合

$$f_n(x) = \tilde{c}_0\phi_0(x) + \tilde{c}_1\phi_1(x) + \cdots + \tilde{c}_n\phi_n(x) \tag{4.3.11}$$

による $f(x)$ の最小二乗近似の手続きは，正規直交性

$$(\phi_j, \phi_k) = \delta_{jk} \tag{4.3.12}$$

によって著しく簡単になる．いまの場合 S_n は

$$\begin{aligned} S_n = \|f - f_n\|_2{}^2 &= \left(f - \sum_{j=0}^{n} \tilde{c}_j\phi_j,\ f - \sum_{k=0}^{n} \tilde{c}_k\phi_k\right) \\ &= \|f\|_2{}^2 - 2\sum_{k=0}^{n} \tilde{c}_k(f, \phi_k) + \sum_{k=0}^{n} \tilde{c}_k{}^2 \end{aligned} \tag{4.3.13}$$

となるが，この S_n に対して $\partial S_n/\partial \tilde{c}_k = 0$ を作ると，$\|f - f_n\|_2{}^2$ を最小にする係数 $\tilde{c}_k$ が直接つぎのように得られる．

$$\tilde{c}_k = (f, \phi_k) \tag{4.3.14}$$

これがそのまま直交関数系 $\{\phi_k\}$ による直交関数展開 (4.1.13) の係数になっていることはすでにみたとおりである．

S_n は負ではないから (4.3.13) より

$$\|f\|_2{}^2 \geq \sum_{k=0}^{n} \tilde{c}_k{}^2 \tag{4.3.15}$$

が成立することがわかる．これを**ベッセルの不等式**という．また $\{\phi_k\}$ がとくに完備な正規直交系であれば (4.1.15) と同様に

$$\lim_{n\to\infty} S_n = \lim_{n\to\infty} \|f - f_n\|_2{}^2 = 0 \tag{4.3.16}$$

となるから，ベッセルの不等式において等号が成立し，つぎの**パーシバルの等式**が得られる．

$$\|f\|_2{}^2 = \sum_{k=0}^{\infty} \tilde{c}_k{}^2 \tag{4.3.17}$$

多項式による最小二乗近似

ここでとくに多項式による最小二乗近似の問題を考えよう．それは f が与えられたとき n を固定したうえで n 次多項式

$$f_n(x) = a_0 + a_1 x + \cdots + a_n x^n \tag{4.3.18}$$

の係数 $a_0, a_1, \ldots, a_n$ を $S_n = \|f - f_n\|_2{}^2$ が最小になるように定める問題であるが，これは前節で述べた L_2 ノルムによる最良近似多項式を求める問題にほかならない．区間が $[0,1]$ の場合については，具体形を例題 4.1 ですでに見た．

S_n を最小にするたかだか n 次の多項式が存在することは最小二乗近似のアルゴリズムからも明らかであるが，それは前節の定理 4.1 によっても保証される．なぜなら，まず定理の条件 (i) が満たされていることは

$$\|x^k\| = \left\{ \int_a^b x^{2k} dx \right\}^{1/2} = \left\{ \frac{b^{2k+1} - a^{2k+1}}{2k+1} \right\}^{1/2}, \quad k = 0, 1, 2, \ldots, n \tag{4.3.19}$$

が有界であるから明らかである．また条件 (ii) も満たされる．すなわち，グラム・シュミットの直交化によって $\{1, x, \ldots, x^n\}$ を正規直交多項式 $\{p_0, p_1, \ldots, p_n\}$ に組み直せば

$$b_0 + b_1 x + \cdots + b_n x^n = b_0' p_0(x) + b_1' p_1(x) + \cdots + b_n' p_n(x) \tag{4.3.20}$$

となるが，このとき $\displaystyle\sum_{k=0}^{n} b_k{}^2 = 1$ であれば b_k' がすべて 0 になることはないから

$$\|b_0 + b_1 x + \cdots + b_n x^n\|_2{}^2 = b_0'^{\,2} + b_1'^{\,2} + \cdots + b_n'^{\,2} > 0 \tag{4.3.21}$$

となる．

最小二乗近似多項式の一意性

定理 4.2 最小二乗近似多項式は一意である．

証明 いま二つの多項式 $f_n(x)$, $g_n(x)$ によって $\left\|f - \sum_{k=0}^{n} a_k x^k\right\|_2$ が最小値 ρ_n をとったと仮定する．このときノルムの性質から

$$\rho_n \le \left\| f - \frac{1}{2} f_n - \frac{1}{2} g_n \right\|_2 \le \frac{1}{2}\|f - f_n\|_2 + \frac{1}{2}\|f - g_n\|_2 = \rho_n \tag{4.3.22}$$

が成立し，したがって (4.3.22) の中央の不等号は実は等号である．両辺を 2 乗して共通因子を除くとこの関係はつぎの形に帰着される．

$$(f - f_n, f - g_n) = \|f - f_n\|_2 \|f - g_n\|_2 \tag{4.3.23}$$

これはシュワルツの不等式 (4.1.4) で等号が成立している場合であり，それは $f - f_n$ と $f - g_n$ が 1 次従属，すなわち

$$\alpha(f - f_n) + \beta(f - g_n) = 0 \tag{4.3.24}$$

のときである．もし $\alpha = -\beta$ とすると $f_n(x) \equiv g_n(x)$ となる．またもし $\alpha \neq -\beta$ ならば

$$f(x) = \frac{1}{\alpha + \beta}\{\alpha f_n(x) + \beta g_n(x)\} \tag{4.3.25}$$

となり，$f(x)$ はたかだか n 次の多項式であってこのとき $\rho_n = 0$ となり，やはり $f(x) \equiv f_n(x) \equiv g_n(x)$ である． ■

ここに示した一意性の証明の中心は (4.3.22) の中央で等号が成立していることである．これより，L_2 ノルムに限らず一般に関数のノルム $\|u\|$ が

$$\|u + v\| = \|u\| + \|v\| \quad \text{であれば } u \text{ と } v \text{ は 1 次従属} \tag{4.3.26}$$

という条件を満足しているとき，そのノルムによる最良近似多項式が一意であることがわかる．

問題 4.3 一様ノルム $\|u\|_\infty$ は条件 (4.3.26) を満たすか．

直交多項式展開

正規直交多項式系 $\{p_k(x)\}$ による $f(x)$ の最小二乗近似多項式

$$f_n(x) = c_0 p_0(x) + c_1 p_1(x) + \cdots + c_n p_n(x) \tag{4.3.27}$$

の係数は (4.3.14) からつぎのように求めることができる．

$$c_k = \int_a^b p_k(x) f(x) dx \tag{4.3.28}$$

これは前述したように，直交多項式系を完備な正規直交系と考えたときの展開

$$f(x) \sim c_0 p_0(x) + c_1 p_1(x) + \cdots + c_n p_n(x) + c_{n+1} p_{n+1}(x) + \cdots \tag{4.3.29}$$

を有限な n 次の項で打ち切ればそれが自動的に L_2 ノルムによる $f(x)$ の n 次

の最良近似多項式になっていることを意味している．

密度関数をもつノルム $\|u\|_w$ による最小二乗近似，すなわち

$$S_n = \|f - f_n\|_w{}^2 = \int_a^b \{f(x) - f_n(x)\}^2 w(x)dx \tag{4.3.30}$$

を最小にする問題においても事情は L_2 ノルムの場合とまったく同様である．とくに $\{p_k(x)\}$ が内積 (4.1.23) に関して直交系であるが正規化はされていないときには，展開 (4.3.29) の係数，すなわち最小二乗近似多項式の係数はつぎのようになる．

$$c_k = \frac{(f, p_k)_w}{\|p_k\|_w{}^2} = \frac{\displaystyle\int_a^b p_k(x)f(x)w(x)dx}{\displaystyle\int_a^b \{p_k(x)\}^2 w(x)dx} \tag{4.3.31}$$

この係数をもつ展開 (4.3.29) を一般に $f(x)$ の**直交多項式展開**という．

直交多項式自身の最小性

直交多項式による最小二乗近似はこのようにアルゴリズムが著しく簡単で実際上有用であるが，実は直交多項式自身がつぎに示す最小性をもっている．

定理 4.3 $p_n(x)$ は区間 $[a, b]$ で密度関数 $w(x)$ をもつ内積に関して直交性を満足している直交多項式で，その x^n の係数 μ_n は $\mu_n \neq 0$ であるとする．このとき最高次の係数が 1 である n 次多項式

$$q_n(x) = a_0 + a_1 x + \cdots + a_{n-1}x^{n-1} + x^n \tag{4.3.32}$$

のうちで $\|q_n\|_w$ を最小にするものは $p_n(x)/\mu_n$ である．

証明 n 次多項式 $q_n(x)$ は n 次までの直交多項式 $p_k(x)$; $k = 0, 1, \ldots, n$ によって展開し直すことができる．

$$q_n(x) = b_0 p_0(x) + b_1 p_1(x) + \cdots + b_{n-1}p_{n-1}(x) + \frac{1}{\mu_n}p_n(x) \tag{4.3.33}$$

このとき両辺のノルムをとると，直交性から次式が成立する．

$$\|q_n\|_w{}^2 = \lambda_0 b_0{}^2 + \lambda_1 b_1{}^2 + \cdots + \lambda_{n-1}b_{n-1}{}^2 + \frac{\lambda_n}{\mu_n{}^2}, \quad \lambda_k = \|p_k\|_w{}^2 > 0 \tag{4.3.34}$$

したがって $\|q_n\|_w{}^2$ を最小にするのは $b_0 = b_1 = \cdots = b_{n-1} = 0$，すなわち $q_n(x) = p_n(x)/\mu_n$ であって，そのとき最小値 $\sqrt{\lambda_n}/|\mu_n|$ をとる． ■

4.4 直交多項式

直交多項式の定義域と密度関数

前節で直交多項式の有用性が示された．そこで本節では，実軸上の区間 $K = [a, b]$ および**密度関数** $w(x)$ が与えられることによって定まる，一般の直交多項式系 $\{p_k(x)\}$ の性質を調べておこう．密度関数は 4.1 節の最後に述べた二つの条件をみたすものとする．よく知られている直交多項式は正規化されていないので，ここでは直交関係はつぎのように定義されているものとする．

$$(p_j, p_k)_w = \int_a^b p_j(x)p_k(x)w(x)dx = \begin{cases} \lambda_k > 0; & j = k \\ 0; & j \neq k \end{cases} \tag{4.4.1}$$

以下とくに必要のないかぎり内積の添字 w は省略する．また 0 次の多項式は正の定数，すなわち

$$p_0(x) = \mu_0 > 0 \tag{4.4.2}$$

であるとしておく．

よく知られた直交多項式には表 4.1 に示すようなものがある．

表 4.1

	名称	$[a,b]$	$w(x)$	λ_n
$P_n(x)$	**ルジャンドル多項式**	$[-1,1]$	1	$2/(2n+1)$
$T_n(x)$	**チェビシェフ多項式**	$[-1,1]$	$\frac{1}{\sqrt{1-x^2}}$	$\pi/2$ (ただし $\lambda_0 = \pi$)
$L_n(x)$	**ラゲール多項式**	$[0,\infty)$	e^{-x}	1
$H_n(x)$	**エルミート多項式**	$(-\infty,\infty)$	e^{-x^2}	$\sqrt{\pi}2^n n!$

ラゲールおよびエルミート多項式の定義域は有限区間ではないが，$L_n(x)e^{-x/2}$ および $H_n(x)e^{-x^2/2}$ がそれぞれの定義域で直交性をもつ，L_2 ノルムのもとでの基本系であることが知られている[2]．

直交多項式の零点の分布

定理 4.4 直交多項式 $p_n(x)$, $n \geq 1$ の零点はすべて相異なる単根で，しかも区間 $K = [a, b]$ の内部に存在する．

2) [19] p.144 参照．

証明 $(p_n, p_0) = 0,\ n \geq 1$ であるから

$$\int_a^b p_n(x)w(x)dx = 0, \quad n \geq 1 \tag{4.4.3}$$

が成立する．一方，$K = [a, b]$ において $w(x)$ は有限個の点で 0 になるのを除いては正である．したがってもし $p_n(x)$ が $[a, b]$ 内で符号を変えないとすると (4.4.3) より $p_n(x) \equiv 0$ となってしまう．それゆえ $p_n(x)$ は $[a, b]$ で少なくとも 1 回は符号を変えるはずである．この零点を $x_1,\ x_2,\ \ldots,\ x_k,\ k \geq 1$ とする．これらの零点では符号が変わるからおのおのの重複度は奇数であることに注意しよう．

ここでいま

$$q_k(x) = (x - x_1)(x - x_2)\cdots(x - x_k) \tag{4.4.4}$$

なる k 次多項式を考える．すると $p_n(x)q_k(x)$ は $K = [a, b]$ において符号を変えない．したがって

$$\int_a^b p_n(x)q_k(x)w(x)dx = (p_n, q_k) \neq 0 \tag{4.4.5}$$

となる．ところで一般に $n - 1$ 次以下の多項式 $\psi_{n-1}(x)$ は $p_l(x);\quad l = 0,\ 1,\ \ldots,\ n-1$ の 1 次結合によって表わすことができる．

$$\psi_{n-1}(x) = a_0p_0(x) + a_1p_1(x) + \cdots + a_{n-1}p_{n-1}(x) \tag{4.4.6}$$

ここで $(p_l, p_n) = 0;\ l = 0, 1, \ldots, n-1$ であるから

$$(\psi_{n-1}, p_n) = 0 \tag{4.4.7}$$

が成立する．したがって $k < n$ と仮定すると (4.4.5) は (4.4.7) と矛盾する．それゆえ $k = n$ でなければならない．

これで $p_n(x)$ の奇数の重複度をもつ相異なる零点が $K = [a, b]$ 内に全部で n 個存在することがわかった．しかも，$p_n(x)$ の零点の個数は n であるからこれらはすべて単根でなければならない． ■

直交多項式の漸化式

直交多項式系 $\{p_n(x)\}$ にはつぎに示す 3 項から成る**漸化式**が存在する．

定理 4.5

$$p_k(x) = (\alpha_k x + \beta_k)p_{k-1}(x) - \gamma_k p_{k-2}(x); \quad k = 1, 2, \ldots \tag{4.4.8}$$

ただし

$$p_{-1}(x) = 0 \tag{4.4.9}$$

と定める．各係数はつぎのように与えられる．

$$\begin{cases} \alpha_k = \dfrac{\mu_k}{\mu_{k-1}}, \quad \beta_k = -\dfrac{\alpha_k(xp_{k-1}, p_{k-1})}{\lambda_{k-1}} \\ \gamma_k = \dfrac{\alpha_k(xp_{k-1}, p_{k-2})}{\lambda_{k-2}} = \dfrac{\mu_k \mu_{k-2} \lambda_{k-1}}{{\mu_{k-1}}^2 \lambda_{k-2}} \end{cases} \tag{4.4.10}$$

λ_k は (4.4.1) の $p_k(x)$ の規格化定数，μ_k は $p_k(x)$ の最高次 x^k の係数である．

証明 いま $k-1$ 次多項式 $p_k(x) - (\mu_k/\mu_{k-1})xp_{k-1}(x)$ を考える．$k-1$ 次多項式は $p_{k-1}(x)$, $p_{k-2}(x)$, $\ldots$, $p_0(x)$ の 1 次結合によって表わすことができるから

$$p_k(x) - \frac{\mu_k}{\mu_{k-1}} xp_{k-1}(x) = b_{k-1}p_{k-1}(x) + \cdots + b_j p_j(x) + \cdots + b_0 p_0(x) \tag{4.4.11}$$

ここで両辺において $p_j(x)$, $j < k-2$ との内積をとると，消えずに残るのは左辺第 2 項と右辺の $b_j p_j(x)$ の項のみである．

$$-\frac{\mu_k}{\mu_{k-1}}(p_j, xp_{k-1}) = -\frac{\mu_k}{\mu_{k-1}}(xp_j, p_{k-1}) = b_j(p_j, p_j) \tag{4.4.12}$$

ところが (4.4.7) より $(xp_j, p_{k-1}) = 0$ なので

$$b_j(p_j, p_j) = 0, \quad j < k-2$$

となるが，$(p_j, p_j) \neq 0$ であるから結局

$$b_j = 0, \quad j < k-2 \tag{4.4.13}$$

が得られる．したがって (4.4.11) はつぎの 3 項のみから成る漸化式に帰着される．

$$p_k(x) = (\alpha_k x + b_{k-1})p_{k-1}(x) + b_{k-2}p_{k-2}(x), \tag{4.4.14}$$

$$\alpha_k = \frac{\mu_k}{\mu_{k-1}} \tag{4.4.15}$$

つぎに (4.4.8) と p_{k-2} との内積を作ると

$$0 = \alpha_k(xp_{k-1}, p_{k-2}) - \gamma_k(p_{k-2}, p_{k-2}) \tag{4.4.16}$$

となる．これから

$$\gamma_k = \frac{\alpha_k}{\lambda_{k-2}}(xp_{k-1}, p_{k-2}) \tag{4.4.17}$$

が得られる．一方 (4.4.8) で k を 1 減じた

$$p_{k-1}(x) = (\alpha_{k-1}x + \beta_{k-1})p_{k-2}(x) - \gamma_{k-1}p_{k-3}(x) \tag{4.4.18}$$

と $p_{k-1}(x)$ との内積を作ると

$$(p_{k-1}, p_{k-1}) = \alpha_{k-1}(xp_{k-2}, p_{k-1}) = \alpha_{k-1}(xp_{k-1}, p_{k-2}) \tag{4.4.19}$$

となる．したがって γ_k はつぎのようにも表わされる．

$$\gamma_k = \frac{\alpha_k}{\lambda_{k-2}}\frac{\lambda_{k-1}}{\alpha_{k-1}} = \frac{\mu_k\mu_{k-2}\lambda_{k-1}}{{\mu_{k-1}}^2\lambda_{k-2}} \tag{4.4.20}$$

β_k を求めるには (4.4.8) と $p_{k-1}(x)$ との内積を作る．

$$0 = \alpha_k(xp_{k-1}, p_{k-1}) + \beta_k(p_{k-1}, p_{k-1})$$

これから

$$\beta_k = -\frac{\alpha_k}{\lambda_{k-1}}(xp_{k-1}, p_{k-1}) \tag{4.4.21}$$

を得る．■

ここで α_k すなわち μ_k の決め方には任意性があることに注意しよう．実際には μ_k はたとえば正規化条件

$$(p_k, p_k) = 1 \tag{4.4.22}$$

あるいは，区間の右端で 1 になるという条件

$$p_k(b) = 1 \tag{4.4.23}$$

などによって定められる．

問題 4.4　ν_k を $p_k(x)$ の x^{k-1} の係数とするとき

$$\beta_k = \frac{\mu_k}{\mu_{k-1}}\left(\frac{\nu_k}{\mu_k} - \frac{\nu_{k-1}}{\mu_{k-1}}\right) \tag{4.4.24}$$

であることを示せ．

スツルム列

定理 4.6　最高次の係数が正 ($\mu_k > 0$) である直交多項式の列

$$p_n(x),\ p_{n-1}(x),\ \ldots,\ p_1(x),\ p_0(x) \tag{4.4.25}$$

は区間 $[a, b]$ においてスツルム列をなす．

証明　第 2 章 2.4 節に示したスツルム列の定義の条件のうち (1), (2) が満足されて

いることは漸化式 (4.4.8) からただちに証明できる．また条件 (3) は $p_0(x)=\mu_0>0$ より明らかである．定義の条件 (4) が満たされることはつぎのようにしてわかる．漸化式 (4.4.8) を微分すると

$$p'_k(x)=\alpha_k p_{k-1}(x)+(\alpha_k x+\beta_k)p'_{k-1}(x)-\gamma_k p'_{k-2}(x) \tag{4.4.26}$$

となるが (4.4.26)$\times p_{k-1}-$ (4.4.8)$\times p'_{k-1}$ を作ると

$$\begin{aligned}&p'_k(x)p_{k-1}(x)-p_k(x)p'_{k-1}(x)\\&=\alpha_k {p_{k-1}}^2(x)+\gamma_k\{p'_{k-1}(x)p_{k-2}(x)-p_{k-1}(x)p'_{k-2}(x)\}\end{aligned} \tag{4.4.27}$$

となる．ここで

$$q_k(x)=\frac{p'_k(x)p_{k-1}(x)-p_k(x)p'_{k-1}(x)}{\alpha_k\lambda_{k-1}} \tag{4.4.28}$$

とおくと，(4.4.20) より $\gamma_k=\alpha_k\lambda_{k-1}/\alpha_{k-1}\lambda_{k-2}$ であるから上の (4.4.27) はつぎのようになる．

$$q_k(x)=\frac{1}{\lambda_{k-1}}p^2_{k-1}(x)+q_{k-1}(x) \tag{4.4.29}$$

ところが

$$q_1(x)=\frac{p'_1(x)p_0(x)}{\alpha_1\lambda_0}=\frac{\mu_1\mu_0}{(\mu_1/\mu_0)\lambda_0}=\frac{{\mu_0}^2}{\lambda_0}>0 \tag{4.4.30}$$

であるから，結局，第 3 章補題 3.2 と同じ論法によって $p_n(x_j)=0$ なる x_j に対して

$$q_n(x_j)=\frac{1}{\alpha_n\lambda_{n-1}}p'_n(x_j)p_{n-1}(x_j)=\frac{\mu_{n-1}}{\mu_n\lambda_{n-1}}p'_n(x_j)p_{n-1}(x_j)>0 \tag{4.4.31}$$

が証明される．■

クリストッフェル・ダルブーの恒等式

定理 4.7　$\{p_k(x)\}$ を直交多項式とするとき $x\neq y$ に対して次式が成立する．

$$\sum_{k=0}^{n-1}\frac{p_k(x)p_k(y)}{\lambda_k}=\frac{\mu_{n-1}}{\mu_n\lambda_{n-1}}\frac{p_n(x)p_{n-1}(y)-p_{n-1}(x)p_n(y)}{x-y} \tag{4.4.32}$$

証明　漸化式 (4.4.8) を利用すると

$$\begin{aligned}&p_k(x)p_{k-1}(y)-p_{k-1}(x)p_k(y)\\&=\{(\alpha_k x+\beta_k)p_{k-1}(x)-\gamma_k p_{k-2}(x)\}p_{k-1}(y)\\&\qquad-p_{k-1}(x)\{(\alpha_k y+\beta_k)p_{k-1}(y)-\gamma_k p_{k-2}(y)\}\\&=\alpha_k(x-y)p_{k-1}(x)p_{k-1}(y)\\&\qquad-\gamma_k\{p_{k-2}(x)p_{k-1}(y)-p_{k-1}(x)p_{k-2}(y)\}\end{aligned} \tag{4.4.33}$$

となるが，(4.4.20) より

$$\gamma_k = \frac{\alpha_k \lambda_{k-1}}{\alpha_{k-1}\lambda_{k-2}} \tag{4.4.34}$$

であるから，いま

$$S_k = \frac{1}{\alpha_k \lambda_{k-1}}\{p_k(x)p_{k-1}(y) - p_{k-1}(x)p_k(y)\} \tag{4.4.35}$$

とおくと (4.4.33) はつぎのように表わすことができる．

$$S_k - S_{k-1} = \frac{1}{\lambda_{k-1}}(x-y)p_{k-1}(x)p_{k-1}(y) \tag{4.4.36}$$

$p_{-1}(x)=0$, すなわち $S_0=0$ に注意して (4.4.36) で順次 $k=1, 2, \ldots, n$ とおいたものを辺々加えると

$$\frac{1}{\alpha_n \lambda_{n-1}}\{p_n(x)p_{n-1}(y) - p_{n-1}(x)p_n(y)\} = (x-y)\sum_{k=0}^{n-1}\frac{p_k(x)p_k(y)}{\lambda_k} \tag{4.4.37}$$

となるが $\alpha_n = \mu_n/\mu_{n-1}$ であるから (4.4.32) を得る． ■

上で証明した関係式 (4.4.32) を**クリストッフェル・ダルブーの恒等式**という．

4.5 ラグランジュ補間公式

区間 $[a, b]$ でえられた連続関数 $f(x)$ の直交多項式系 $\{p_k(x)\}$ による展開は (4.3.29) で与えられるが，実際の数値計算ではその無限和は有限項で打ち切られる．そしてその式がちょうど最小二乗近似式に一致することを 4.3 節で示した．しかしながら実際上の問題においては，展開の係数 c_k が解析的に求められない場合，あるいは求められても複雑で実用的でない場合がかなり多い．そのようなとき，係数を求める積分 (4.3.31) はたとえば離散的な和で近似的に置き換えられる．この近似的な置き換えに最も有効な方法の一つは直交多項式による補間である．その準備のためにまず一般的な補間の問題を論じておこう．

区間 $K=[a, b]$ の内部に与えられた n 個の相異なる点 $x_1, x_2, \ldots, x_n$ における値が $f(x)$ の値に一致するような f の連続な近似式 $f_n(x)$ のことを $f(x)$ の**補間式**，あるいは**補間公式**という．

$$f_n(x_k) = f(x_k), \quad k=1,2,\ldots,n \tag{4.5.1}$$

そしてこれらの点 $x_1, x_2, \ldots, x_n$ を**標本点** あるいは**補間点**という．本節では補間公式 $f_n(x)$ が多項式である場合を考察する．

ラグランジュ補間公式

標本点の個数が n ですべて相異なる点であれば，補間公式 $f_n(x)$ はたかだか $n-1$ 次の多項式であることは明らかである．そこで

$$f_n(x)=\sum_{k=1}^{n}f(x_k)L_k^{(n-1)}(x) \tag{4.5.2}$$

とおいてみよう．$L_k^{(n-1)}(x)$ は x に関してたかだか $n-1$ 次の多項式である．条件 (4.5.1) を満たすためには $L_k^{(n-1)}(x)$ は明らかにつぎの条件を満足していなければならない．

$$L_k^{(n-1)}(x)=\begin{cases}0; & x=x_l, \quad l\neq k\\ 1; & x=x_k\end{cases} \tag{4.5.3}$$

この条件を満足する多項式は一意的に次式で与えられる．

$$\begin{aligned}L_k^{(n-1)}(x)&=\frac{(x-x_1)(x-x_2)\cdots(x-x_{k-1})(x-x_{k+1})\cdots(x-x_n)}{(x_k-x_1)(x_k-x_2)\cdots(x_k-x_{k-1})(x_k-x_{k+1})\cdots(x_k-x_n)}\\&=\frac{F_n(x)}{(x-x_k)F_n'(x_k)}\end{aligned} \tag{4.5.4}$$

ただし

$$F_n(x)=(x-x_1)(x-x_2)\cdots(x-x_n) \tag{4.5.5}$$

これを (4.5.2) に代入して得られる補間公式

$$f_n(x)=\sum_{k=1}^{n}\frac{F_n(x)}{(x-x_k)F_n'(x_k)}f(x_k) \tag{4.5.6}$$

を**ラグランジュ補間公式**という．この式は f に関して**線形**であることに注意しよう．

上の多項式 $L_k^{(n-1)}(x)$ を，(4.5.2) における $f(x_k)$ の係数という意味で**ラグランジュ補間係数**とよぶ．

相異なる n 個の点において指定した値をとるたかだか $n-1$ 次の多項式は一意的に定まるから，標本点が決まっていれば多項式による補間公式はラグランジュ補間公式 (4.5.6) 以外には存在しない．

ニュートンの補間公式

ラグランジュの補間公式は (4.5.6) にみるように標本点におけるデータ $f(x_k)$

に関して展開した形になっているが，同じ補間公式を，標本点を零点にもつ多項式列 $1, x-x_1, (x-x_1)(x-x_2), \ldots$ に関して展開したつぎのような形に表現することができる．

$$f_n(x) = c_0 + c_1(x-x_1) + c_2(x-x_1)(x-x_2) + \cdots + c_{n-1}(x-x_1)\cdots(x-x_{n-1}) \tag{4.5.7}$$

この展開の係数 $c_0, c_1, \ldots, c_{n-1}$ はつぎのようにして決められる．まず (4.5.7) に x_1 を代入すれば

$$f_n(x_1) = c_0$$

が得られる．つぎに (4.5.7) から $f_n(x_1) = c_0$ を引いて $x - x_1$ で割れば

$$\frac{f_n(x) - f_n(x_1)}{x - x_1} = c_1 + c_2(x-x_2) + \cdots + c_{n-1}(x-x_2)\cdots(x-x_{n-1}) \tag{4.5.8}$$

となる．いまここで

$$f_n[x_1, x] = \frac{f_n(x) - f_n(x_1)}{x - x_1}$$

なる量を定義しよう．そして (4.5.8) に x_2 を代入すると

$$f_n[x_1, x_2] = c_1$$

を得る．つぎに (4.5.8) からこの $f_n[x_1, x_2]$ を引いて $x - x_2$ で割ると

$$\frac{f_n[x_1, x] - f_n[x_1, x_2]}{x - x_2} = c_2 + c_3(x-x_3) + \cdots + c_{n-1}(x-x_3)\cdots(x-x_{n-1}) \tag{4.5.9}$$

となる．ここで

$$f_n[x_1, x_2, x] = \frac{f_n[x_1, x] - f_n[x_1, x_2]}{x - x_2}$$

なる量を定義し，(4.5.9) に x_3 を代入すれば

$$f_n[x_1, x_2, x_3] = c_2$$

を得る．この操作をさらに続けて一般に

$$f_n[x_1, x_2, \ldots, x_k, x] = \frac{f_n[x_1, x_2, \ldots, x_{k-1}, x] - f_n[x_1, x_2, \ldots, x_{k-1}, x_k]}{x - x_k} \tag{4.5.10}$$

によって定義すれば

$$f_n[x_1, x_2, \ldots, x_{k-1}, x_k] = c_{k-1} \tag{4.5.11}$$

が成立する．ただし出発においては

$$f_n[x] = f_n(x) \tag{4.5.12}$$

とする．

ところで (4.5.10) の定義は近似関数 $f_n(x)$ を基本にしてなされており，したがってその係数 c_k が近似式自身の値によって表現されている．そのためこれが与えられた関数 $f(x)$ の値で表現されるように変更する必要がある．いま新たに

$$f[x] = f(x) \tag{4.5.13}$$

として，これから順次

$$f[x_1, x_2, \ldots, x_k, x] = \frac{f[x_1, x_2, \ldots, x_{k-1}, x] - f[x_1, x_2, \ldots, x_{k-1}, x_k]}{x - x_k} \tag{4.5.14}$$

なる量を定義する．これを関数 $f(x)$ の k 階の**差分商**という．x_k は標本点であって $f_n(x_k) = f(x_k)$ であるから，(4.5.10) と (4.5.14) を比較すれば標本点において明らかに

$$f[x_1, x_2, \ldots, x_{k-1}, x_k] = f_n[x_1, x_2, \ldots, x_{k-1}, x_k] = c_{k-1} \tag{4.5.15}$$

が成立する．したがって補間公式 (4.5.7) は結局つぎのように表わすことができる．

$$f_n(x) = f[x_1] + f[x_1, x_2](x - x_1) + f[x_1, x_2, x_3](x - x_1)(x - x_2) + \cdots + f[x_1, x_2, \ldots, x_n](x - x_1)(x - x_2)\cdots(x - x_{n-1}) \tag{4.5.16}$$

これを**ニュートンの補間公式**という．n 個の標本点は固定しておいてそれに新たに 1 個の標本点を付加するとき，この補間公式の形式においては単に一つの項が増すだけである．なお，ラグランジュおよびニュートンの補間公式は標本点の並んでいる順序に関係なく成立する．

ラグランジュ補間公式の誤差

ラグランジュ補間公式 (4.5.6) の誤差を $\varepsilon_n(x)$ とする.

$$\varepsilon_n(x) = f(x) - f_n(x) \tag{4.5.17}$$

いまかりに標本点を 1 点増してそれを x_{n+1} とおく. このとき $n+1$ 個の標本点 $x_1, x_2, \ldots, x_n, x_{n+1}$ をもつ補間公式 $f_{n+1}(x)$ において $x = x_{n+1}$ とおくと (4.5.16) よりつぎの関係が得られる.

$$\begin{aligned} &f(x_{n+1}) = f_{n+1}(x_{n+1}) \\ &= f_n(x_{n+1}) + f[x_1, x_2, \cdots, x_n, x_{n+1}](x_{n+1} - x_1)(x_{n+1} - x_2)\cdots(x_{n+1} - x_n) \end{aligned} \tag{4.5.18}$$

ところが x_{n+1} としては $x_1, x_2, \ldots, x_n$ 以外の任意の点が許されるから, これを新たに x と書けば (4.5.17) より結局誤差は次式で与えられる.

$$\varepsilon_n(x) = f[x_1, x_2, \ldots, x_n, x](x - x_1)(x - x_2)\cdots(x - x_n) \tag{4.5.19}$$

これは補間公式 (4.5.6) あるいは (4.5.16) の誤差を正確に表わしており, しかも計算可能な量ではある. しかしそのために点 x における $f(x)$ の値が必要である.

差分商を含まない, 誤差の別の表式を与えておこう. 点 $x, x_1, x_2, \ldots, x_n$ のすべてを含む区間の最小のものを J とする. すなわち

$$x_m = \min\{x, x_1, x_2, \ldots, x_n\}, \quad x_M = \max\{x, x_1, x_2, \ldots, x_n\} \tag{4.5.20}$$

とおくとき

$$J = (x_m, x_M) \tag{4.5.21}$$

とする.

定理 4.8 $f(x)$ は J を含む区間 K で n 回連続微分可能であるとする. このとき $x \in K$ に対して次式が成立する.

$$\varepsilon_n(x) = f(x) - f_n(x) = \frac{1}{n!} F_n(x) f^{(n)}(\xi_x), \quad \xi_x \in J \tag{4.5.22}$$

証明 もし $x = x_k$ であれば $F_n(x_k) = 0$ となるので (4.5.22) が $f^{(n)}(\xi_x)$ の値いかんにかかわらず成立することは明らかであるから $x \neq x_k$ とする．このとき補助的に関数

$$g(t) = f(t) - f_n(t) - \frac{F_n(t)}{F_n(x)}\{f(x) - f_n(x)\} \tag{4.5.23}$$

を考えよう．この関数 $g(t)$ は $g(x_k) = 0;\ k = 1, 2, \ldots, n$ および $g(x) = 0$ を満足するから，区間 K に少なくとも $n+1$ 個の零点をもつ．したがって**ロルの定理**から $g'(t)$ は区間 J に少なくとも n 個の零点をもつ．この論法をくりかえし，n 回ロルの定理を適用すると

$$\begin{aligned} g^{(n)}(t) &= f^{(n)}(t) - {f_n}^{(n)}(t) - \frac{{F_n}^{(n)}(t)}{F_n(x)}\{f(x) - f_n(x)\} \\ &= f^{(n)}(t) - \frac{n!}{F_n(x)}\{f(x) - f_n(x)\} \end{aligned} \tag{4.5.24}$$

は区間 J に少なくとも 1 個の零点をもつ．これを ξ_x とすれば

$$0 = f^{(n)}(\xi_x) - \frac{n!}{F_n(x)}\{f(x) - f_n(x)\} \tag{4.5.25}$$

これから (4.5.22) が得られる．なお (4.5.24) において $f_n(t)$ が $n-1$ 次多項式，$F_n(t)$ が最高次の係数が 1 である n 次多項式であることを用いた． ■

ξ_x は x に依存することに注意しよう．

n 階微係数 $f^{(n)}(\xi_x)$ を含む誤差の表式 (4.5.22) から誤差のふるまいを定性的にある程度知ることができる．しかし，n 階の微係数 $f^{(n)}(x)$ の計算は一般にめんどうであることと，ξ_x の値が未知であることによって，この表式を誤差の推定に使うことは実際的でない．これに対して，$f(x)$ が区間 K で解析的である場合には別の方法によって実際の誤差評価を比較的容易に行なうことができる．これについては 4.10 節に述べる．

4.6 直交多項式補間

次数 n の直交多項式 $p_n(x)$ の零点を標本点とするラグランジュ補間公式では，直交性によってその公式を決める操作が容易になる．これらの標本点を補間公式の零点としてとることができることは定理 4.4 によって保証されている．そこで本節では直交多項式による補間公式について述べる．

直交多項式による補間

$p_n(x)$ の零点を $x_1, x_2, \ldots, x_n$ とする．クリストッフェル・ダルブーの恒等式 (4.4.32) において $x = x_j$, $y = x_l$ とおくと

$$\sum_{k=0}^{n-1} \frac{p_k(x_j)p_k(x_l)}{\lambda_k} = 0, \quad j \neq l \tag{4.6.1}$$

なる関係が得られる．さらに $x = y = x_j$ のときの (4.4.32) の左辺の値を

$$\frac{1}{w_j} \equiv \sum_{k=0}^{n-1} \frac{\{p_k(x_j)\}^2}{\lambda_k} \tag{4.6.2}$$

とおく．このとき (4.4.32) において $x = x_j$ とおいてから $y \to x_j$ の極限をとればただちにつぎの関係が得られる．

$$\frac{1}{w_j} = \frac{\mu_{n-1}}{\mu_n \lambda_{n-1}} p_{n-1}(x_j) p_n'(x_j) \tag{4.6.3}$$

これと不等式 (4.4.31)，あるいは直接 (4.6.2) よりつねに

$$w_j > 0 \tag{4.6.4}$$

であることがわかる．ここで (4.6.1) と (4.6.2) の関係をまとめるとつぎのようになる．

$$w_j \sum_{k=0}^{n-1} \frac{p_k(x_j)p_k(x_l)}{\lambda_k} = \delta_{jl} \tag{4.6.5}$$

これと (4.5.3) とを比較することによりつぎの補題を得る．

補題 4.2

$$P_j^{(n-1)}(x) \equiv w_j \sum_{k=0}^{n-1} \frac{p_k(x_j)p_k(x)}{\lambda_k} \tag{4.6.6}$$

は $p_n(x)$ の零点を標本点とする補間公式のラグランジュ補間係数である．

この補題および (4.5.2) から，与えられた関数 $f(x)$ に対する，$p_n(x)$ の零点

を標本点とするラグランジュ補間に対応する補間公式 $f_n(x)$ が得られる．

$$f_n(x) = \sum_{j=1}^{n} f(x_j) P_j^{(n-1)}(x) = \sum_{j=1}^{n} f(x_j) \left\{ w_j \sum_{k=0}^{n-1} \frac{p_k(x_j) p_k(x)}{\lambda_k} \right\}$$
$$= \sum_{k=0}^{n-1} c_k p_k(x) \tag{4.6.7}$$
$$c_k = \frac{1}{\lambda_k} \sum_{j=1}^{n} w_j p_k(x_j) f(x_j) \tag{4.6.8}$$

直交多項式に基づく補間は (4.6.7) および (4.6.8) によって実際に実行することができる．これを**直交多項式補間**という．

補間公式 (4.6.7) は $n-1$ 次以下の直交多項式で展開した形で表わされているが，これをラグランジュ補間公式 (4.5.6) に対応する形に表わすこともできる．それは，(4.4.32) で $y = x_j$ とおいた式と (4.6.6) から導かれる関係

$$P_j^{(n-1)}(x) = \frac{\mu_{n-1}}{\mu_n \lambda_{n-1}} \frac{p_n(x) p_{n-1}(x_j)}{x - x_j} w_j \tag{4.6.9}$$

および (4.6.3) から，ただちにつぎのように得られる．

$$f_n(x) = \sum_{j=1}^{n} \frac{p_n(x)}{(x - x_j) p_n'(x_j)} f(x_j) \tag{4.6.10}$$

直交多項式の選点直交性

l 次の直交多項式 $p_l(x)$, $l < n$ に対する補間公式を考えるとそれは $p_l(x)$ 自身にほかならない．したがって (4.6.7) において $f(x) = p_l(x)$ とおくとこの場合の係数は

$$c_k = \begin{cases} 1; & k = l \\ 0; & k \neq l \end{cases} \tag{4.6.11}$$

である．この関係を (4.6.8) においてみれば結局

$$\sum_{j=1}^{n} w_j p_k(x_j) p_l(x_j) = \lambda_k \delta_{kl} \tag{4.6.12}$$

なる関係が成立していることがわかる．これは n 次直交多項式 $p_n(x)$ の零点

$x_1, x_2, \ldots, x_n$ に関して，$n-1$ 次以下の直交多項式 $p_0(x), p_1(x), \ldots, p_{n-1}(x)$ の間に離散的な直交関係が成立していることを示している．これを直交多項式の**選点直交性**という．

はじめからこの選点直交性を知っていれば，(4.6.7) の展開係数はただちに (4.6.8) で与えられる．すなわち直交多項式の零点を標本点とするラグランジュ補間公式の係数は直交関数系による展開の係数が内積で計算される (4.3.31) と同じ原理で計算することができるのである．

離散的な最小二乗近似

離散的な最小二乗近似の問題を考察しておこう．$x_1, x_2, \ldots, x_n$ を $p_n(x)$ の零点とするとき，これらの標本点において与えられたデータを m 次多項式で最小二乗近似するには

$$S_m = \sum_{j=1}^{n} \left\{ f(x_j) - \sum_{k=0}^{m} c_k^{(m)} p_k(x_j) \right\}^2 w_j \tag{4.6.13}$$

を最小にする係数 $c_k^{(m)}$ を定めればよい．ただし一般には k は $n-1$ まで全部をとらず途中の $m \le n-1$ で留めておくものとする．$c_k^{(m)}$ は

$$\frac{\partial S_m}{\partial c_k^{(m)}} = 0 \tag{4.6.14}$$

からただちにつぎのように求められる．

$$c_k^{(m)} = \frac{1}{\lambda_k} \sum_{j=1}^{n} w_j p_k(x_j) f(x_j) = c_k \tag{4.6.15}$$

このように，n 次の直交多項式の零点を標本点としてとる離散的な最小二乗近似式 の係数は m に依存せず，近似の項を増してもそれまでに得られている係数は不変である．これはすでに 4.3 節で連続的な最小二乗法においてみた結果と同じである．とくに $m = n-1$ のとき最小二乗近似式は補間公式 (4.6.7) とまったく一致する．

4.7 三角多項式による補間

連続な周期関数の近似

周期 2π をもつ連続な周期関数，すなわち

$$u(\theta + 2\pi) = u(\theta) \tag{4.7.1}$$

を満足する連続関数に対してつぎのような内積およびノルムを定義する.

$$(u, v) = \int_0^{2\pi} u(\theta)v(\theta)d\theta \tag{4.7.2}$$

$$\|u\|_2 = \sqrt{(u, u)} \tag{4.7.3}$$

このような内積の定義されている周期的連続関数を元とするヒルベルト空間を H_P とする. このとき H_P で

$$\frac{1}{\sqrt{2\pi}},\ \frac{1}{\sqrt{\pi}}\cos\theta,\ \frac{1}{\sqrt{\pi}}\sin\theta,\ \frac{1}{\sqrt{\pi}}\cos 2\theta,\ \frac{1}{\sqrt{\pi}}\sin 2\theta,\ \ldots \tag{4.7.4}$$

は完備な正規直交系をなす（練習問題 4.8 参照）.

したがっていま

$$f_n(\theta) = \frac{1}{2}\widetilde{a}_0 + \sum_{k=1}^{n}(\widetilde{a}_k \cos k\theta + \widetilde{b}_k \sin k\theta) \tag{4.7.5}$$

によって $f(\theta) \in H_P$ を近似すれば, その誤差

$$\varepsilon_n(\theta) = f(\theta) - f_n(\theta) \tag{4.7.6}$$

に対して

$$\lim_{n\to\infty} \|\varepsilon_n(\theta)\|_2{}^2 = \lim_{n\to\infty}\int_0^{2\pi}\{f(\theta) - f_n(\theta)\}^2 d\theta = 0 \tag{4.7.7}$$

が成立する. この意味で $f(\theta)$ を (4.7.4) で展開したものを形式的に

$$f(\theta) \sim \frac{1}{2}\widetilde{a}_0 + \sum_{k=1}^{\infty}(\widetilde{a}_k \cos k\theta + \widetilde{b}_k \sin k\theta) \tag{4.7.8}$$

と書くことにする. これを $f(\theta)$ の**フーリエ展開**という. このとき $\widetilde{a}_k, \widetilde{b}_k$ を**フーリエ係数**といい, これらは (4.1.16) の関係とまったく同様に次式で与えられる.

$$\begin{cases} \widetilde{a}_k = \dfrac{1}{\pi}\displaystyle\int_0^{2\pi} f(\theta)\cos k\theta d\theta = \dfrac{(f, \cos k\theta)}{\|\cos k\theta\|_2{}^2} & (4.7.9) \\[2ex] \widetilde{b}_k = \dfrac{1}{\pi}\displaystyle\int_0^{2\pi} f(\theta)\sin k\theta d\theta = \dfrac{(f, \sin k\theta)}{\|\sin k\theta\|_2{}^2} & (4.7.10) \end{cases}$$

三角関数の選点直交性

上でみるようにフーリエ係数の計算には積分という連続操作を含み実用上は必ずしも適当でない．そこで，本来のフーリエ係数とはわずかながら異なった係数をもつものにはなるが，(4.7.8) のかわりに有限項から成る三角多項式で表わされる補間式でこれを近似することを考えよう．

区間 $[0, 2\pi]$ を $2n$ 等分し，各等分点を補間の標本点として採用する．

$$\theta_j = \frac{j\pi}{n}; \quad j = 0, 1, 2, \ldots, 2n \tag{4.7.11}$$

このように選んだ標本点に関して，正規直交系 (4.7.4) のはじめの $2n+1$ 個の関数の間につぎの選点直交性 が成立する．

$$\begin{cases} \displaystyle\sum_{k=0}^{2n}{}' \cos\frac{jk\pi}{n}\sin\frac{mk\pi}{n} = 0 \\ \displaystyle\sum_{k=0}^{2n}{}' \cos\frac{jk\pi}{n}\cos\frac{mk\pi}{n} = \begin{cases} 0; & j \neq m \\ n; & j = m \neq 0, \neq n, \neq 2n \\ 2n; & j = m = 0,\ n,\ 2n \end{cases} \\ \displaystyle\sum_{k=0}^{2n}{}' \sin\frac{jk\pi}{n}\sin\frac{mk\pi}{n} = \begin{cases} 0; & j \neq m,\ j = 0,\ n,\ 2n \\ n; & j = m \neq 0,\ n,\ 2n \end{cases} \end{cases} \tag{4.7.12}$$

ただし $\sum'$ はつぎの和を意味する．

$$\sum_{k=0}^{N}{}' A_k = \frac{1}{2}A_0 + \sum_{k=1}^{N-1} A_k + \frac{1}{2}A_N \tag{4.7.13}$$

問題 4.5 選点直交性 (4.7.12) を証明せよ．

標本点 $\theta_j = j\pi/n;\ j = 0, 1, \ldots, 2n$ は $\sin 2n\theta$ の零点になっている．したがって上の関係 (4.7.12) は直交多項式 $p_n(x)$ の零点を標本点とする選点直交性 (4.6.12) に対応するものである．

有限フーリエ変換

$f(\theta)$ に対する**補間三角多項式**を

$$f_n(\theta) = \sum_{k=0}^{n}{}' a_k \cos k\theta + \sum_{k=0}^{n}{}' b_k \sin k\theta \tag{4.7.14}$$

とおこう．補間三角多項式ということは，標本点 $\theta_j = j\pi/n$ において

$$f_n(\theta_j) = f(\theta_j) \tag{4.7.15}$$

が成立することを意味するから，

$$f\left(\frac{j\pi}{n}\right) = \sum_{k=0}^{n}{}' a_k \cos\frac{jk\pi}{n} + \sum_{k=0}^{n}{}' b_k \sin\frac{jk\pi}{n} \tag{4.7.16}$$

となるが，ここで両辺に $\cos(mj\pi/n)$, あるいは $\sin(mj\pi/n)$ を乗じて和をとれば選点直交性 (4.7.12) からただちに a_k, b_k がつぎのように得られる．

$$\left\{\begin{aligned} a_k &= \frac{1}{n}\sum_{j=0}^{2n}{}' f\left(\frac{j\pi}{n}\right)\cos\frac{jk\pi}{n} \\ b_k &= \frac{1}{n}\sum_{j=0}^{2n}{}' f\left(\frac{j\pi}{n}\right)\sin\frac{jk\pi}{n} \end{aligned}\right. \quad ; \quad k = 0, 1, 2, \ldots, n \tag{4.7.17}$$

これはフーリエ係数の積分 (4.7.9), (4.7.10) を単純な**台形公式**で離散的に近似したものになっている．この近似の誤差が小さいことが次章 5.3 節で明らかになるであろう．上の操作 (4.7.17) を**有限フーリエ変換**ということがある．

三角多項式による最小二乗近似

有限フーリエ変換と最小二乗法との関連にふれておく．

$$f_m(\theta) = \sum_{k=0}^{m}{}' a_k^{(m)} \cos k\theta + \sum_{k=0}^{m}{}' b_k^{(m)} \sin k\theta, \quad m \leq n \tag{4.7.18}$$

とおいて，この係数 $a_k^{(m)}$, $b_k^{(m)}$ を，標本点 (4.7.11) に関して

$$S_m = \sum_{j=0}^{2n}{}' \{f(\theta_j) - f_m(\theta_j)\}^2 \tag{4.7.19}$$

を最小にする最小二乗近似によって定めると，これらはそれぞれ (4.7.17) で与えられる a_k, b_k と一致することがわかる．

$$a_k^{(m)} = a_k, \qquad b_k^{(m)} = b_k \tag{4.7.20}$$

ここで $a_k^{(m)}$, $b_k^{(m)}$ が m に依存しないことは直交多項式の場合と同様である．

$m = n$ のとき最小二乗近似式 (4.7.18) は補間公式 (4.7.14) とまったく一致する．

4.8　チェビシェフ多項式

関数近似において重要な役割を果たすチェビシェフ多項式について，これまで述べてきた結果を具体的に調べてみよう．

チェビシェフ多項式と三角関数

チェビシェフ多項式 $T_k(x)$ はつぎの直交関係によって定義される直交多項式である．ただし，最高次の係数が正になるように符号を選ぶ．

$$\int_{-1}^{1} T_k(x)T_l(x)\frac{1}{\sqrt{1-x^2}}dx = \begin{cases} 0; & k \neq l \\ \dfrac{\pi}{2}; & k = l \neq 0 \\ \pi; & k = l = 0 \end{cases} \tag{4.8.1}$$

$T_k(x)$ は三角関数とつぎの関係にある．

$$T_k(\cos\theta) = \cos k\theta \tag{4.8.2}$$

なぜなら $\cos k\theta$ は

$$x = \cos\theta$$

に関して k 次多項式であり，また (4.8.1) において変数変換 $x = \cos\theta$ を行なうと

$$\int_{-1}^{1} T_k(x)T_l(x)\frac{1}{\sqrt{1-x^2}}dx = \int_{0}^{\pi} \cos k\theta \cos l\theta d\theta \tag{4.8.3}$$

となり，この右辺は明らかに (4.8.1) と同じ関係を満足するからである．したがって

$$T_k(x) = \cos(k \arccos x) \tag{4.8.4}$$

である．また (4.8.2) より明らかに

$$\max_{-1 \leq x \leq 1} |T_n(x)| \leq 1 \tag{4.8.5}$$

である．

$T_n(x)$ の零点は $\cos n\theta = 0$ より

$$x_j = \cos\frac{(2j-1)\pi}{2n}, \quad j = 1, 2, \ldots, n \tag{4.8.6}$$

で与えられる．また，$dT_n(x)/dx = n \sin n\theta / \sin\theta = 0$ より，$T_n(x)$ は

$$x'_j = \cos\frac{j\pi}{n}, \quad j = 0, 1, 2, \ldots, n \quad (j = 0, n \text{ は広義の極値}) \tag{4.8.7}$$

において極値をとり，その極値の符号は j の順に正負交代しかつその絶対値はすべて 1 である（図 4.1）．チェビシェフ多項式が数値計算において多用される理由はこの最後の性質によるものであることが次節で明らかにされる．

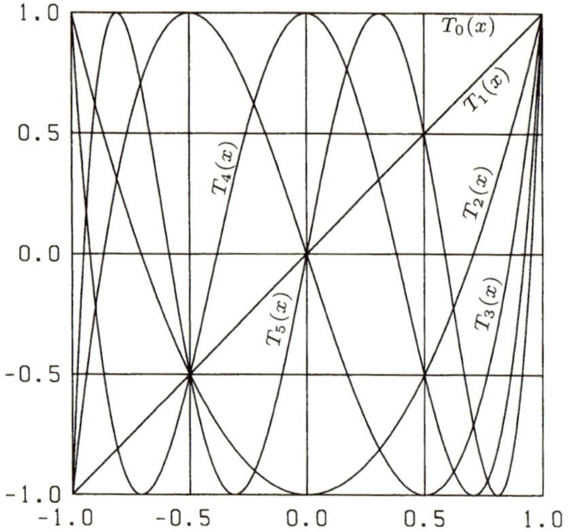

図 4.1 チェビシェフ多項式

チェビシェフ多項式の漸化式

チェビシェフ多項式の満足する漸化式 は次式で与えられる．

$$\begin{cases} T_0(x) = 1, \qquad T_1(x) = x \\ T_k(x) = 2xT_{k-1}(x) - T_{k-2}(x) \end{cases} \tag{4.8.8}$$

これまで述べてきた定義からは $T_{-1}(x) = 0$, $T_0(x) = 1/2$, $T_1(x) = x$ とすべ

きであるが，三角関数との関連からこのようにとるほうが都合がよい．漸化式 (4.8.8) は三角関数との関係 (4.8.2) を利用することによって容易に導くことができる．すなわち加法定理から恒等的に

$$\cos\{(k-1)\theta+\theta\}+\cos\{(k-1)\theta-\theta\}=2\cos\theta\cos(k-1)\theta$$

が成立するが，これから

$$\cos k\theta = 2\cos\theta\cos(k-1)\theta-\cos(k-2)\theta \tag{4.8.9}$$

が得られ，$\cos k\theta = T_k(x)$ とおくことにより (4.8.8) が導かれる．また $T_k(x)$ の最高次の係数は，$\mu_1 = 1$ および漸化式から得られる関係 $\alpha_k = 2 = \mu_k/\mu_{k-1}$ より

$$\mu_k = 2^{k-1}, \quad k \geq 1 \tag{4.8.10}$$

である．ただし $\mu_0 = 1$ である．

問題 4.6　チェビシェフ多項式の選点直交性

$$\sum_{j=1}^{n} T_k(x_j)T_l(x_j) = \begin{cases} 0; & k \neq l \\ \dfrac{n}{2}; & k = l \neq 0 \\ n; & k = l = 0 \end{cases} \tag{4.8.11}$$

を証明せよ．ただし $T_n(x_j) = 0$ である．

チェビシェフ展開

チェビシェフ多項式とフーリエ展開の関係を考えよう．$[-1,1]$ で連続な関数 $f(x)$ の $T_k(x)$ による展開

$$f(x) \sim \widetilde{c}_0 + \sum_{k=1}^{\infty} \widetilde{c}_k T_k(x) \tag{4.8.12}$$

$$\widetilde{c}_k = \frac{2}{\pi}\int_{-1}^{1} \frac{f(x)T_k(x)}{\sqrt{1-x^2}}dx \tag{4.8.13}$$

を $f(x)$ の**チェビシェフ展開**という．展開係数 (4.8.13) において $x = \cos\theta$ と

変数変換すると

$$\widetilde{c}_k = \frac{2}{\pi}\int_0^{\pi} f(\cos\theta)\cos k\theta d\theta = \frac{1}{\pi}\int_0^{2\pi} g(\theta)\cos k\theta d\theta \tag{4.8.14}$$

$$g(\theta) = f(\cos\theta) \tag{4.8.15}$$

となる．$g(\theta)$ は明らかに 2π を周期とする連続的な偶関数である．したがって (4.7.9) と比較すればわかるように $\widetilde{c}_k$ は $g(\theta)$ の cos フーリエ係数にほかならない．

チェビシェフ補間

チェビシェフ多項式 $T_n(x)$ の零点 $x_1, x_2, \ldots, x_n$ を標本点とする $T_k(x)$, $k = 0, 1, \ldots, n-1$ による $f(x)$ のラグランジュ補間公式は (4.6.7) より

$$f_n(x) = \sum_{k=0}^{n-1} c_k T_k(x) \tag{4.8.16}$$

$$c_k = \frac{1}{\lambda_k}\sum_{j=1}^{n} w_j T_k(x_j) f(x_j) \tag{4.8.17}$$

で与えられる．この補間を**チェビシェフ補間**という．ここで

$$\lambda_k = \int_{-1}^{1} \frac{\{T_k(x)\}^2}{\sqrt{1-x^2}} dx = \begin{cases} \dfrac{\pi}{2}; & k \neq 0 \\ \pi; & k = 0 \end{cases} \tag{4.8.18}$$

であり，また $T_n'(x) = n\sin n\theta/\sin\theta$, $x = \cos\theta$ および (4.6.3) より

$$\frac{1}{w_j} = \frac{\mu_{n-1}}{\mu_n \lambda_{n-1}} T_{n-1}(x_j) T_n'(x_j) = \frac{n\sin n\theta_j \cos(n-1)\theta_j}{\pi \sin\theta_j} = \frac{n}{\pi} \tag{4.8.19}$$

である．したがって (4.8.17) はつぎのようになる．

$$\begin{cases} c_0 = \dfrac{1}{n}\displaystyle\sum_{j=1}^{n} f(x_j) \\ c_k = \dfrac{2}{n}\displaystyle\sum_{j=1}^{n} T_k(x_j) f(x_j), \quad x_j = \cos\dfrac{(2j-1)\pi}{2n} \end{cases} \tag{4.8.20}$$

問題 4.7 チェビシェフ補間の係数 c_k は，$\cos n\theta$ の零点 $\theta_j = ((2j-1)/2n)\pi$; $j = 1, 2, \ldots, 2n$ を標本点とする三角多項式による補間公式の $\cos k\theta$ の係数に等しいことを示せ．

4.9 ミニマックス近似

これまで主として最小二乗近似，すなわちノルム $\|u\|_2$ あるいは $\|u\|_w$ による誤差を小さくする近似を扱ってきた．その理由はヒルベルト空間に定義されている内積の利用によって具体的に近似を行なうアルゴリズムが単純なものになっているからであった．しかし実際にはノルム $\|u\|_2$ あるいは $\|u\|_w$ に基づいて得られた近似式の各点における誤差の大きさをはかるのに，しばしば区間内での誤差の絶対値の最大値，すなわち一様ノルム $\|u\|_\infty$ が用いられる．これからもわかるように，本来の関数近似においては，はじめから $\|u\|_\infty$ に基づく近似を行なうことが望ましいことが多い．しかし前述したようにそれは $\|u\|_2$ あるいは $\|u\|_w$ に基づく近似に比較してかなり複雑なものになる．そこで本節では一様ノルム $\|u\|_\infty$ に基づく近似のうちとくに比較的扱いの簡単な，多項式による近似に限って議論することにしよう．

ミニマックス近似多項式の存在

ワイヤシュトラスの定理によると，有限区間では近似多項式 $f_n(x)$ の次数 n を上げれば $f_n(x)$ をいくらでも与えられた連続関数 $f(x)$ に近づけることができる．これに対してここで考えるのは，近似多項式 $f_n(x)$ の次数 n を有限一定に固定したとき

$$\|f - f_n\|_\infty = \max_{a \le x \le b} |f(x) - f_n(x)| \tag{4.9.1}$$

を最小にするようなたかだか n 次の多項式 $f_n(x)$ を求める問題，すなわち**ノルム $\|u\|_\infty$ による最良近似多項式**の決定の問題である．このような多項式 $f_n(x)$ を，区間 $[a,b]$ における $f(x)$ の n 次の**ミニマックス近似多項式**という．ミニマックス近似多項式のことをとくに**最良近似多項式**とよぶことがある．

定理 4.9 有限区間 $[a,b]$ で連続な与えられた関数 $f(x)$ に対する n 次のミニマックス近似多項式が存在する．

証明 ノルム $\|u\|_\infty$ が 4.2 節に述べた条件 (i)，(ii) を満足することが示されれば定理 4.1 からミニマックス近似多項式の存在がいえる．条件 (i) は $[a,b]$ が有限区間であるから明らかである．条件 (ii) が成立することはつぎのようにしてわかる．いま

$$d(a_0, a_1, \ldots, a_n) = \|a_0 + a_1 x + \cdots + a_n x^n\|_\infty \tag{4.9.2}$$

を a_0, a_1, …, a_n の関数と考えると，$\|u\|_\infty$ が条件 (i) を満足するから補題 4.1 にお

いて $f(x) \equiv 0$ とおくことにより $d(a_0, a_1, \ldots, a_n)$ が a_0, a_1, …, a_n の連続関数であることがわかる．そこでとくに有界な閉集合

$$S = \left\{(a_0, a_1, \cdots, a_n) \,\middle|\, \sum_{k=0}^{n} {a_k}^2 = 1\right\} \tag{4.9.3}$$

を考えれば，この S のある点 $(\widetilde{a}_0, \widetilde{a}_1, \ldots, \widetilde{a}_n)$ において $d(a_0, a_1, \ldots, a_n)$ は最小値をとる．それを m_n とする．

$$m_n = \|\widetilde{a}_0 + \widetilde{a}_1 x + \cdots + \widetilde{a}_n x^n\|_\infty = \min_S \|a_0 + a_1 x + \cdots + a_n x^n\|_\infty \tag{4.9.4}$$

この最小値 m_n は 0 ではない．

$$m_n > 0 \tag{4.9.5}$$

なぜなら，もし $\|\widetilde{a}_0 + \widetilde{a}_1 x + \cdots + \widetilde{a}_n x^n\|_\infty = 0$ ならばそれは $[a, b]$ において恒等的に $\widetilde{a}_0 + \widetilde{a}_1 x + \cdots + \widetilde{a}_n x^n \equiv 0$, すなわち $\widetilde{a}_0 = \widetilde{a}_1 = \cdots = \widetilde{a}_n = 0$ が成立することを意味し，これは $\sum_{k=0}^{n} \widetilde{a}_n^2 = 1$ の条件と矛盾するからである． ■

ミニマックス近似多項式の性質

ミニマックス近似多項式は興味ある性質をもっている．その性質によってミニマックス近似多項式の一意性が証明され，さらにそれを利用して具体的にミニマックス近似多項式を求めるためのアルゴリズムを得ることができる．以下それを示そう．

補題 4.3 $f(x)$ を区間 $[a, b]$ において与えられた連続関数とする．この $f(x)$ に対してつぎのような性質をもつ n 次多項式 $f_n(x)$ が存在したとする．

$f(x)$ と $f_n(x)$ との差

$$\varepsilon_1(x) = f(x) - f_n(x) \tag{4.9.6}$$

は $[a, b]$ の $n+2$ 個の点 $x_0 < x_1 < x_2 < \cdots < x_{n+1}$ において正負交互の値

$$\mu_0, -\mu_1, \mu_2, \ldots, (-1)^{n+1}\mu_{n+1} \quad (\mu_k \text{ はすべて正かまたはすべて負}) \tag{4.9.7}$$

をとっている．

このとき，$f_n(x)$ 以外のすべてのたかだか n 次多項式 $p_n(x)$ に関しては，$f(x)$ との差

$$\varepsilon_2(x) = f(x) - p_n(x) \tag{4.9.8}$$

の絶対値の最大値は $|\mu_k|$ の最小値より小さくはならない．

証明 $p_n(x)$ と $f_n(x)$ との差

$$r_n(x) = p_n(x) - f_n(x) \tag{4.9.9}$$

はたかだか n 次多項式である．いま $|\varepsilon_2(x)|$ の最大値が $|\mu_k|$ の最小値より小さいと仮定する．すると，少なくとも点 $x_0, x_1, \ldots, x_{n+1}$ においては $|\varepsilon_1(x_k)| = |\mu_k| > |\varepsilon_2(x_k)|$ が成立するから，これらの点においては $r_n(x_k) = \varepsilon_1(x_k) - \varepsilon_2(x_k)$ の符号は $\varepsilon_1(x_k)$ の符号と一致する．すなわち $r_n(x)$ は区間 $[a, b]$ 内で $n+1$ 個の点において 0 になる．しかしこれは $r_n(x)$ がたかだか n 次多項式であることと矛盾する．したがって $|\varepsilon_2(x)|$ の最大値は $|\mu_k|$ の最小値より小さくはならない． ■

この補題は $\varepsilon_1(x)$ が $n+2$ 個以上の点で正負交互の値をとっている場合にも成立することは証明の過程から明らかであろう．この補題に示した性質からつぎの重要な定理が導かれる．

定理 4.10 $f(x)$ は区間 $[a, b]$ で与えられた連続関数であるとする．たかだか n 次の多項式 $f_n(x)$ が $[a, b]$ における $f(x)$ の n 次のミニマックス近似多項式であるための必要十分条件は

$$\varepsilon(x) = f(x) - f_n(x) \tag{4.9.10}$$

$$\max_{a \le x \le b} |\varepsilon(x)| = |\mu| \tag{4.9.11}$$

とするとき，$|\varepsilon(x)|$ が $[a, b]$ 内の少なくとも $n+2$ 点において等しい最大値 $|\mu|$ をとり，しかもその最大値における $\varepsilon(x)$ の符号が正負交互に並んでいることである．

証明 まず上に述べた性質がミニマックス近似の十分条件であることを示そう．これは補題からただちにいえる．なぜなら，$\varepsilon(x)$ が上のように振動しているとして $|\varepsilon(x)|$ が最大値 $|\mu|$ をとる $n+2$ 個の点を補題 4.3 の $x_0, x_1, \ldots, x_{n+1}$ に選ぶ．するとこの補題から，$f_n(x)$ 以外のすべてのたかだか n 次の多項式 $p_n(x)$ に対して

$$\max_{a \le x \le b} |f(x) - p_n(x)| \ge |\mu| \tag{4.9.12}$$

が成立する．したがって $f_n(x)$ が n 次のミニマックス近似多項式である．

つぎに必要条件を証明しよう．そのために $f_n(x)$ がミニマックス近似多項式のときか

りに $\varepsilon(x)$ が区間 $[a,b]$ 内で $n+1$ 個以下の点だけで正負交互に $\pm\mu$ なる値をとっているものとして矛盾を導く．いま $\varepsilon(x)$ は $k \leq n+1$ 個の点 $a \leq x_1 < x_2 < \cdots < x_k \leq b$ においてのみ左から順に $\mu, -\mu, \mu, -\mu, \ldots$ なる値をとっているものとする．$\mu < 0$ のときもまったく同様に議論することができるからここで $\mu > 0$ としておこう．$\mu > 0$ のとき区間 $[a,b]$ を k 個の小区間 $I_1, I_2, \ldots, I_k$ に分割し，各区間 I_j は点 x_j を含み，かつ奇数番目の区間 $I_1, I_3, \ldots$ においては $-\mu < \varepsilon(x) \leq \mu$, 偶数番目の区間 $I_2, I_4, \ldots$ においては $-\mu \leq \varepsilon(x) < \mu$ が満足されているようにする．そのためには，たとえば d を小さな正の数として，はじめて値 $-\mu$ をとる点を ξ_1 とするとき $I_1 = [a, \xi_1 - d]$, ξ_1 のつぎにはじめて値 μ をとる点を ξ_2 とするとき $I_2 = [\xi_1 - d, \xi_2 - d]$, というようにとればよい．(多くの場合 ξ_j と x_{j+1} とは一致するであろう (図 4.2))．このとき多項式

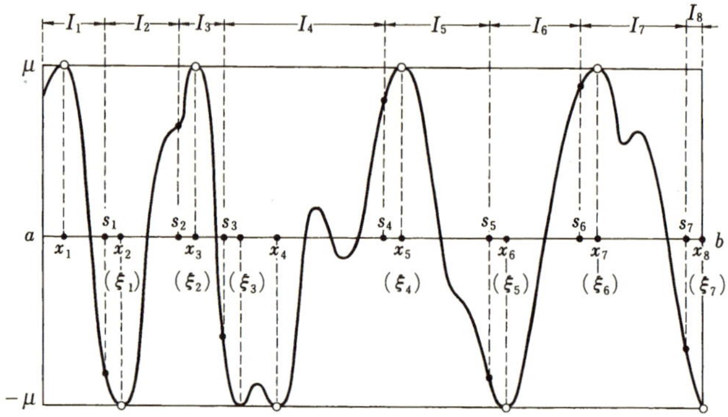

図 4.2

$$q(x) = (-1)^{k-1}(x - s_1)(x - s_2)\cdots(x - s_{k-1}), \quad s_j = \xi_j - d \tag{4.9.13}$$

を考えると，これの符号は各小区間 I_j において $\varepsilon(x_j)$ の符号と一致している．したがって十分小さい正の数 δ をとると

$$\|\varepsilon - \delta q\|_\infty < \|\varepsilon\|_\infty \tag{4.9.14}$$

とすることができる．ところがこれは

$$\|f - (f_n + \delta q)\|_\infty < \|f - f_n\|_\infty \tag{4.9.15}$$

を意味しており，$f_n + \delta q$ がより良い近似ということになって $f_n(x)$ がミニマックス近似であるという仮定に反する．したがってミニマックス近似多項式は少なくとも $n+2$ 個の点で正負交互に $\pm\mu$ の値をとっていなければならない． ■

ミニマックス近似多項式の一意性

4.3 節問題 4.3 にみたように，一様ノルム $\|u\|_\infty$ は条件 (4.3.26) を満足しないので一意性に関して定理 4.2 と同じ証明法を使うことはできない．しかし，ミニマックス近似多項式の上述の性質を直接使ってこれを証明することができる．

定理 4.11 ミニマックス近似多項式は一意的に定まる．

証明 いま二つのミニマックス近似多項式 $f_n(x)$, $g_n(x)$ が存在したとする．

$$\|f - f_n\|_\infty = \|f - g_n\|_\infty = |\mu| \tag{4.9.16}$$

このとき区間 $[a,b]$ において

$$\begin{aligned}\left|f(x) - \frac{1}{2}f_n(x) - \frac{1}{2}g_n(x)\right| &\leq \frac{1}{2}|f(x) - f_n(x)| + \frac{1}{2}|f(x) - g_n(x)| \\ &\leq |\mu| \end{aligned}\tag{4.9.17}$$

となるから $\{f_n(x) + g_n(x)\}/2$ もまたミニマックス近似多項式である．したがって区間 $[a,b]$ 内の相異なる $n+2$ 個の点 x_j において

$$\left|f(x_j) - \frac{1}{2}\{f_n(x_j) + g_n(x_j)\}\right| = |\mu| \tag{4.9.18}$$

となっており，これらの点においては (4.9.17) で等号が成立している．このときこれらの点で $|f(x_j) - f_n(x_j)|/2$ と $|f(x_j) - g_n(x_j)|/2$ はともに $|\mu|/2$ に等しくなければならない．なぜなら一方が $|\mu|/2$ より小であると他方が $|\mu|/2$ より大になってしまうからである．すなわち

$$f(x_j) - f_n(x_j) = f(x_j) - g_n(x_j) = \pm\mu \tag{4.9.19}$$

でなければならない．これは相異なる $n+2$ 個の点で

$$f_n(x_j) = g_n(x_j) \tag{4.9.20}$$

が成立していることを意味する．ところが $f_n(x)$, $g_n(x)$ はともにたかだか n 次の多項式であるから，実は $f_n(x)$ と $g_n(x)$ は恒等的に等しい． ■

問題 4.8 ミニマックス近似多項式は $f(x)$ の補間公式であることを示せ．

ミニマックス近似多項式を求めるアルゴリズム

近似すべき関数 $f(x)$ が微分可能な関数であるとき，定理 4.10 は方程式で表

現することができる．すなわち

$$f_n(x) = a_0 + a_1 x + \cdots + a_n x^n \tag{4.9.21}$$

が n 次のミニマックス近似多項式であって，区間の端点 a, b が $|\varepsilon(x)|$ の最大点でなければ

$$\begin{cases} \varepsilon'(x_k) = f'(x_k) - f_n'(x_k) = 0, \quad k = 0, 1, 2, \ldots, n+1 & (4.9.22) \\ \varepsilon(x_k) = (-1)^k \mu, \quad k = 0, 1, 2, \ldots, n+1 & (4.9.23) \end{cases}$$

が成立する．これは $f_n(x)$ の $n+1$ 個の係数 a_j および $n+2$ 個の x_k, そして μ の合計 $2n+4$ 個の未知数に対する $2n+4$ 元の非線形連立方程式である．これは，それぞれの未知数に対して適当な初期値を設定しニュートン法を適用することによって解くことができる場合がある．

問題 4.9 区間 $[-1, 1]$ において $f(x) = e^x$ をミニマックス近似する 1 次式 $f_1(x) = ax + b$ を求めよ．

チェビシェフ多項式のミニマックス性

近似すべき $f(x)$ が多項式，したがって $\varepsilon(x)$ 自身が多項式である場合を考えると，4.8 節に示したチェビシェフ多項式 $T_n(x)$ の極値に関する性質 (4.8.7) からただちにつぎの結果を得る．

定理 4.12 x^n の係数が 1 に等しい n 次多項式 $p_n(x)$ のうちで

$$\max_{-1 \le x \le 1} |p_n(x)| \tag{4.9.24}$$

を最小にするのは

$$f_n(x) = \frac{T_n(x)}{2^{n-1}} \tag{4.9.25}$$

である．

チェビシェフ多項式 $T_n(x)$ においては，区間の両端 $x = \pm 1$ が $T_n(x)$ が極値をとる位置と一致していることに注意しよう．

いま n 次多項式

$$f(x) = a_n x^n + a_{n-1} x^{n-1} + \cdots + a_0 \tag{4.9.26}$$

が与えられたとする．この多項式を，1 次低い $n-1$ 次多項式 $q_{n-1}(x)$ によっ

てミニマックス近似してみよう．このときの誤差は n 次多項式

$$\varepsilon_n(x) = f(x) - q_{n-1}(x) = a_n x^n + \cdots \tag{4.9.27}$$

で与えられる．ところが上の定理から，ミニマックス近似は $\varepsilon_n(x)$ が n 次チェビシェフ多項式に比例するときに実現される．したがって，$T_n(x)$ の x^n の係数は 2^{n-1} であることに注意すれば

$$\varepsilon_n(x) = \frac{a_n}{2^{n-1}} T_n(x) \tag{4.9.28}$$

である．すなわち，n 次多項式 $f(x)$ を近似する $n-1$ 次ミニマックス近似多項式は

$$q_{n-1}(x) = f(x) - \frac{a_n}{2^{n-1}} T_n(x) \tag{4.9.29}$$

で与えられる．このとき誤差の程度は $|T_n(x)| \leq 1$ より

$$\max_{-1 \leq x \leq 1} |\varepsilon_n(x)| \leq \frac{|a_n|}{2^{n-1}} \tag{4.9.30}$$

である．$|a_n|/2^{n-1}$ が十分小さいかぎり，このようにして多項式の次数を 1 だけ節約することができる．テーラー展開から出発してこの操作を適当回くりかえし次数を下げていく方法をテーラー展開の**テレスコーピング**という．

近似すべき関数 $f(x)$ が多項式でなく一般の関数であるときには，もはやチェビシェフ多項式の有限和でミニマックス近似を実現させることはできない．しかしその場合でも，$f(x)$ に対する項数 n のチェビシェフ展開あるいはチェビシェフ補間は一般に

$$f_n(x) = c_0 T_0(x) + c_1 T_1(x) + \cdots + c_{n-1} T_{n-1}(x) \tag{4.9.31}$$

と表わされるから，これを近似的に基本系 $\{T_k(x)\}$ による展開

$$f(x) \sim \widetilde{c}_0 T_0(x) + \widetilde{c}_1 T_1(x) + \cdots + \widetilde{c}_{n-1} T_{n-1}(x) + \widetilde{c}_n T_n(x) + \cdots \tag{4.9.32}$$

を第 n 項で打ち切ったものとみなすならば，この展開の収束が良ければ $f_n(x)$ の誤差はやはり

$$\varepsilon_n(x) \simeq \widetilde{c}_n T_n(x) \tag{4.9.33}$$

であると考えることができる．すなわち，誤差 $\varepsilon_n(x)$ はほぼ $T_n(x)$ の定数倍程

度であろう．また，$f^{(n)}(x)$ が x によって大きく変動しなければ，(4.5.22) より，チェビシェフ補間の誤差も近似的に $T_n(x)$ に比例すると考えられる．したがって，チェビシェフ展開を有限項で打ち切ったもの，あるいはチェビシェフ補間においては，近似的にミニマックス近似が成立していると考えることができる．これが関数近似においてチェビシェフ多項式が多用される理由である．また同じ理由から，ミニマックス近似多項式を求めるための方程式 (4.9.22), (4.9.23) をニュートン法で解くとき，その初期値としては $n+1$ 次チェビシェフ多項式 $T_{n+1}(x)$ の零点を標本点とするチェビシェフ補間を採用することが多い．

4.10 解析関数の多項式補間と誤差解析

近似の対象の関数 $f(x)$ が解析関数であれば，その近似の誤差の具体的評価が容易になる場合がある．本節以下ではとくにラグランジュ補間公式の誤差評価の問題を複素関数論の立場から考察する．ここでの扱いは次章の数値積分においてさらに有用性を発揮するであろう．

ラグランジュ補間公式の複素積分表示

$f(x)$ は実軸上の閉区間 $K=[a,b]$ で**解析的**な関数であるとする．すなわち f は K を含む複素平面内のある開領域 D で**正則**であると仮定する．このとき $f(x)$ は**コーシーの積分表示**[3]より

$$f(x)=\frac{1}{2\pi i}\oint_C \frac{1}{z-x}f(z)dz \tag{4.10.1}$$

と表わすことができる．積分路 C は点 x を反時計まわりに囲む D 内の任意の閉曲線であるが，あとの都合上 K を囲む閉曲線にとっておく（図 4.5）．

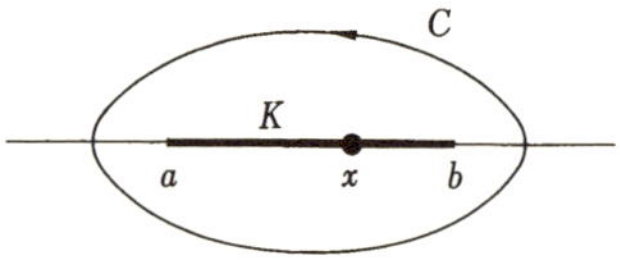

図 4.3

一方，(4.5.6) のラグランジュ補間公式

$$f_n(x)=\sum_{k=1}^{n}\frac{F_n(x)}{(x-x_k)F_n'(x_k)}f(x_k) \tag{4.10.2}$$

3) [24] 参照．

に対してはつぎの複素積分による表示が成立する．

$$f_n(x) = \frac{1}{2\pi i}\oint_C \frac{F_n(z)-F_n(x)}{(z-x)F_n(z)} f(z)dz \tag{4.10.3}$$

なぜなら，関数 $\{F_n(z)-F_n(x)\}/(z-x)$ は z に関して $n-1$ 次の多項式で，積分路 C の内部に存在する被積分関数の特異点は

$$F_n(z) = (z-x_1)(z-x_2)\cdots(z-x_n) \tag{4.10.4}$$

の零点 $x_1, x_2, \ldots, x_n$ のみである．これらはすべて単純な極であるから上式 (4.10.3) に留数定理を適用すればただちに (4.10.2) が得られる．

解析関数の補間公式の誤差

このような複素積分表示を使うと，補間公式の誤差は次式で与えられる．

$$\varepsilon_n(x) = f(x) - f_n(x) \tag{4.10.5}$$

$$= \frac{1}{2\pi i}\oint_C \Phi_{n,x}(z) f(z)dz \tag{4.10.6}$$

ここで $\Phi_{n,x}(z)$ は (4.10.1)，(4.10.3) を (4.10.5) に代入すればわかるように

$$\Phi_{n,x}(z) = \frac{1}{z-x} - \frac{F_n(z)-F_n(x)}{(z-x)F_n(z)} = \frac{F_n(x)}{(z-x)F_n(z)} \tag{4.10.7}$$

で定義される関数で，これをラグランジュ補間公式の**誤差の特性関数**とよぶことにする．

この誤差の特性関数 $\Phi_{n,x}(z)$ は標本点のみに依存し，近似しようとしている解析関数には依存しない．また $(z-x)F_n(z)$ の絶対値は区間 $K=[a,b]$ から離れると急激に大きくなるから，標本点数 n が大のとき (4.10.7) からわかるように一般に $|\Phi_{n,x}(z)|$ の値は z が区間 $K=[a,b]$ から離れるにつれて急速に小さくなる．このように，(4.10.3) のラグランジュ補間公式 $f_n(x)$ に対応する複素関数

$$\Psi_{n,x}(z) = \frac{F_n(z)-F_n(x)}{(z-x)F_n(z)} \tag{4.10.8}$$

は，(4.10.1) の**コーシー核**

$$\Psi_x(z) = \frac{1}{z-x} \tag{4.10.9}$$

の近似有理関数であって，その近似の程度は (4.10.7) より

$$|z| \to \infty \quad \text{のとき} \quad \Phi_{n,x}(z) = O(z^{-n-1}) \tag{4.10.10}$$

で与えられる．換言すれば，ラグランジュ補間公式は，$|z|$ が大なるところで，$\Psi_x(z) = 1/(z-x)$ を，定められた極 $x_1, x_2, \ldots, x_n$ をもつ有理関数 $\Psi_{n,x}(z)$ によって (4.10.10) のように近似することによって得ることができる．

4.11 鞍点法による誤差評価法

複素積分

$$\varepsilon_n(x) = \frac{1}{2\pi i}\oint_C \Phi_{n,x}(z)f(z)dz \tag{4.11.1}$$

を実行して誤差を評価するには**鞍点法**が適当である．鞍点法は積分の近似計算法であるが，誤差評価にはこの近似計算で十分である．そこで鞍点法による誤差評価式を導いておこう．この方法は次章の数値積分の誤差評価でも有効である．

鞍点法による誤差の近似計算

まず (4.11.1) の被積分関数をつぎのようにおく．

$$g(z) = \Phi_{n,x}(z)f(z) = \exp\{\phi(z)\} \tag{4.11.2}$$

$$\phi(z) = \log\{\Phi_{n,x}(z)f(z)\} \tag{4.11.3}$$

関数 $g(z)$ が正則な範囲において $g'(z) = 0$ かつ $g''(z) \neq 0$ を満足する点が存在すればそれは $g(z)$ の鞍点である．いま $g(z)$ が鞍点 η をもつとしてその鞍点を通る路にそって絶対値 $|g(z)|$ を考えると，これはある方向で鋭い極大を示し，その極大点ではその方向とちょうど直角な方向で鋭い極小を示す（図 4.4）．一方 $\Phi_{n,x}(z)f(z)$ が正則な範囲では積分路 C を移動させても積分値 $\varepsilon_n(x)$ は不変であるから，ここでとくにこの積分路 C を鞍点を通過するようにとり，しかもその方向を $|g(z)|$ が鋭い極大を示す方

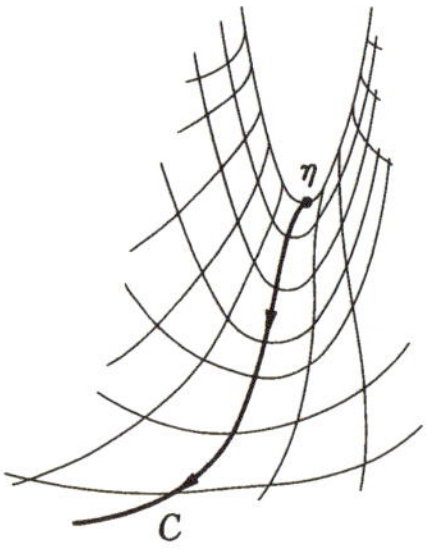

図 4.4 $|g(z)|$ と鞍点 η

向にとることにしよう．このようにすると，ふつうの場合積分値 $\varepsilon_n(x)$ に対しては，K を囲む 1 周の積分路のうちこの極大になっている峠（鞍点）を上がって下がる部分からの寄与が大きく，鞍点から遠ざかった部分からの寄与は無視することができる．そこで，まず鞍点の位置と上の条件を満足する方向を定めよう．

$g(z)$ の**鞍点** η は

$$g'(\eta) = \phi'(\eta)\exp\{\phi(\eta)\} = 0, \quad g''(\eta) \neq 0 \tag{4.11.4}$$

すなわち

$$\phi'(\eta) = 0, \quad \phi''(\eta) \neq 0 \tag{4.11.5}$$

を満足する．このような鞍点は一般には複数個存在するが，$\varepsilon_n(x)$ はそのおのおのの鞍点における近似的な積分値の単純な和で与えられる．そこで各 η における積分値の寄与を求めよう．鞍点 η のまわりで $\phi(z)$ をテーラー展開する．$\phi'(\eta) = 0$ であるから 1 次の項は消えて

$$\phi(z) = \phi(\eta) + \frac{1}{2!}\phi''(\eta)(z-\eta)^2 + \cdots \tag{4.11.6}$$

となる．ここで鞍点 η の近くで次式を仮定しよう．

$$\frac{1}{2!}|\phi''(\eta)||z-\eta|^2 \gg \frac{1}{k!}|\phi^{(k)}(\eta)||z-\eta|^k, \quad k \geq 3 \tag{4.11.7}$$

この仮定によって (4.11.6) の右辺第 3 項以下を無視すると，鞍点の近傍で

$$g(z) \simeq \exp\{\phi(\eta)\}\exp\left\{\frac{1}{2}\phi''(\eta)(z-\eta)^2\right\} \tag{4.11.8}$$

が成立する．上で述べたように，問題は η の近くで z を動かしたとき

$$|g(z)| \simeq |\exp\{\phi(\eta)\}|\exp\left[\mathrm{Re}\left\{\frac{1}{2}\phi''(\eta)(z-\eta)^2\right\}\right] \tag{4.11.9}$$

が最も鋭い極大を示す方向に積分路 C をとることである．いま極形式を使って

$$\frac{1}{2}\phi''(\eta)(z-\eta)^2 = \frac{1}{2}|\phi''(\eta)||z-\eta|^2 e^{i\theta} \tag{4.11.10}$$

とおくと

$$\mathrm{Re}\left\{\frac{1}{2}\phi''(\eta)(z-\eta)^2\right\} = \frac{1}{2}|\phi''(\eta)||z-\eta|^2\cos\theta$$

となり，この極大を示す方向は明らかに $\theta=\pi$ の方向であって，その方向において関数値はつぎのようになっている．

$$\begin{aligned} g(z) &\simeq \exp\{\phi(\eta)\}\exp\left\{-\frac{1}{2}|\phi''(\eta)||z-\eta|^2\right\} \\ &= \Phi_{n,x}(\eta)f(\eta)\exp\left\{-\frac{1}{2}|\phi''(\eta)|r^2\right\}, \quad r=|z-\eta| \end{aligned} \tag{4.11.11}$$

したがって，複素積分 (4.11.1) の絶対値は近似的につぎのように与えられる．

$$\begin{aligned} |\varepsilon_n(x)| &\simeq \sum_{\eta}|\Phi_{n,x}(\eta)f(\eta)|\left|\frac{1}{2\pi i}\int_{-\infty}^{\infty}\exp\left\{-\frac{1}{2}|\phi''(\eta)|r^2\right\}dr\right| \\ &= \sum_{\eta}\frac{|\Phi_{n,x}(\eta)f(\eta)|}{\sqrt{2\pi|\phi''(\eta)|}} \end{aligned} \tag{4.11.12}$$

実際の場合には (4.11.12) における和は最も寄与の大きい唯一個，あるいは複素共役な唯一対の鞍点についての和で十分であることが多い．なお，鞍点において，$\theta=0$ の方向で $|g(z)|$ は極小になっている．

問題 4.10 誤差式 (4.11.12) の変化は，η の値がわずかにずれたときごく小さいことを示せ．したがって鞍点の位置はそれほど厳密に定めなくてもよい．

例題 4.2 区間 $[-1,1]$ において，n 次のチェビシェフ多項式 $T_n(x)$ の零点を標本点とする $f(x)=e^x$ のチェビシェフ補間の誤差を求めよ．ただし n は十分大であるとする．

解 n 次チェビシェフ補間の誤差の特性関数は (4.10.7) より

$$\Phi_{n,x}(z)=\frac{T_n(x)}{(z-x)T_n(z)} \tag{4.11.13}$$

で与えられるが，ここで鞍点の存在する場所は原点から十分離れていて分母において z の最高次の項のみをとることが許されると仮定すると

$$\Phi_{n,x}(z)\simeq\frac{T_n(x)}{2^{n-1}z^{n+1}}=\frac{T_n(x)}{2^{n-1}}\exp\{-(n+1)\log z\} \tag{4.11.14}$$

となる．$g(z)\simeq\Phi_{n,x}(z)e^z$ より

$$g(z)\simeq\frac{T_n(x)}{2^{n-1}}\exp\{-(n+1)\log z+z\} \tag{4.11.15}$$

あるいは

$$\phi(z)\simeq\log\frac{T_n(x)}{2^{n-1}}-(n+1)\log z+z \tag{4.11.16}$$

である．したがって $g'(z)=0$ すなわち $\phi'(z)=0$ よりただちに近似的な鞍点の位置

$$\eta \simeq n+1 \tag{4.11.17}$$

を得る．標本点数 n が十分大であればたしかに近似 (4.11.14) は成立する．また

$$\phi''(z) \simeq \frac{n+1}{z^2} \tag{4.11.18}$$

であるから，結局誤差は (4.11.12) よりつぎのように求められる．

$$|\varepsilon_n(x)| \simeq \frac{|T_n(x)|e^{n+1}/\{2^{n-1}(n+1)^{n+1}\}}{\sqrt{2\pi/(n+1)}} \tag{4.11.19}$$

なお

$$\frac{1}{k!}\phi^{(k)}(\eta) \simeq \frac{n+1}{k\eta^k} \tag{4.11.20}$$

であるから，η が (4.11.17) のように大であれば仮定 (4.11.7) は満足される．さらに $|T_n(x)| \le 1$ より

$$\max_{-1\le x\le 1}|\varepsilon_n(x)| \simeq \frac{e^{n+1}}{\sqrt{2\pi}2^{n-1}(n+1)^{n+1/2}} \tag{4.11.21}$$

を得る．上の評価式 (4.11.19) は (4.5.22) における ξ_x のような未知の量を含まないことに注意しよう．また，一般に鞍点法では n が大であるほど近似は良くなる． ■

留数定理による誤差の計算

近似すべき関数 $f(x)$ が

$$\lim_{z\to\infty} z\Phi_{n,x}(z)f(z) = 0 \tag{4.11.22}$$

を満たす有理関数であるとする．そしてその極を $\zeta_j,\ j=1, 2, \ldots, m$ として ζ_j におけ留数を R_j とする．このとき積分路 C を無限に広げると，広げた積分路に沿う積分は (4.11.22) より 0 になるが，極 ζ_j における留数からの寄与が残り，その値は留数定理からつぎのようになる（図 4.5）．

$$\varepsilon_n(x) = -\sum_j \Phi_{n,x}(\zeta_j)R_j \tag{4.11.23}$$

このように $f(x)$ の極とそこにおける留数の値がわかる場合は補間公式の誤差を正確に知ることができる．

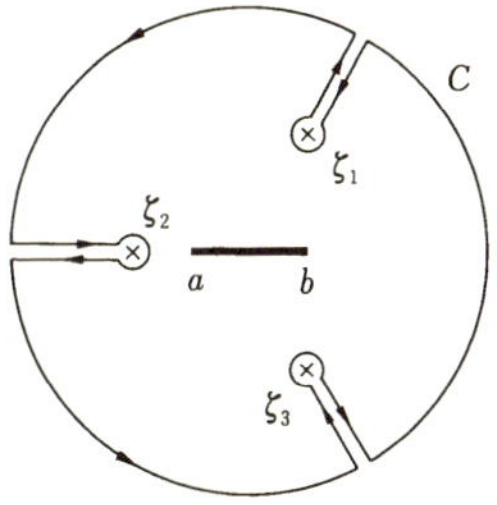

図 4.5

4.12 ラグランジュ補間公式の標本点の分布

等間隔な標本点の分布

ラグランジュ補間公式において標本点を等間隔にとると，標本点の数を増すにつれて補間公式 $f_n(x)$ がもとの関数 $f(x)$ とまったく異なるものになってしまうことがある．$f(x)$ が解析関数であってもこのような現象がみられるが，これは誤差の特性関数 $\Phi_{n,x}(z)$ が $n \to \infty$ のとき $z \notin [-1,1]$ であっても必ずしも 0 に収束しないことに原因がある．

区間 $[-1,1]$ を $2N$ 等分して両端点を含む各等分点

$$x_k = \frac{k}{N}, \quad k = -N, -N+1, \ldots, N \tag{4.12.1}$$

を標本点とするラグランジュ補間公式を考えよう．この補間公式の誤差の特性関数を $\Phi_{2N+1,x}(z)$ とする．

補題 4.4 標本点の分布が (4.12.1) であるとき，$-1 \le x \le 1$ なるすべての x に対して

$$\lim_{N\to\infty} |\Phi_{2N+1,x}(z)| = 0 \tag{4.12.2}$$

となるための必要条件は，z がつぎの不等式を満足することである．

$$1 \le \frac{1}{4}\left|\frac{(z+1)^{z+1}}{(z-1)^{z-1}}\right| \tag{4.12.3}$$

また十分条件は上式で等号を除いた不等号が成立することである．

証明 まず必要条件を証明する．誤差の特性関数は次式で与えられる．

$$\Phi_{2N+1,x}(z) = \frac{F_{2N+1}(x)}{(z-x)F_{2N+1}(z)} \tag{4.12.4}$$

$$F_{2N+1}(z) = \prod_{k=-N}^{N}\left(z - \frac{k}{N}\right) \tag{4.12.5}$$

特性関数において極限操作 $N \to \infty$ で問題になる部分を

$$g_{N,x}(z) = \frac{\displaystyle\prod_{k=-N}^{N}\left(x - \frac{k}{N}\right)}{\displaystyle\prod_{k=-N}^{N}\left(z - \frac{k}{N}\right)} \tag{4.12.6}$$

とおいて，その対数を考える．

$$\begin{cases} L_N = \dfrac{1}{N}\log g_{N,x}(z) = L_N^{(1)} - L_N^{(2)} & (4.12.7) \\ L_N^{(1)} = \dfrac{1}{N}\displaystyle\sum_{k=-N}^{N}\log\left(x - \frac{k}{N}\right) & (4.12.8) \\ L_N^{(2)} = \dfrac{1}{N}\displaystyle\sum_{k=-N}^{N}\log\left(z - \frac{k}{N}\right) & (4.12.9) \end{cases}$$

x がいずれかの k/N と一致するときは誤差が 0 になるので，$x \neq k/N$ と仮定する．x は区間 $[-1,1]$ の内部の点ではあるが，この仮定によって x と k/N はけっして等しくはならないから $N \to \infty$ のとき $L_N^{(1)}$ は積分

$$I_N^{(1)} = \lim_{\varepsilon\to 0}\left\{\int_{-1}^{x-\varepsilon}\log(x-\xi)d\xi + \int_{x+\varepsilon}^{1}\log(x-\xi)d\xi\right\} \tag{4.12.10}$$

によって近似することができる．

$$\begin{aligned} I_N^{(1)} &= -\lim_{\varepsilon\to 0}\left[(x-\xi)\{\log(x-\xi)-1\}\Big|_{-1}^{x-\varepsilon} + (x-\xi)\{\log(x-\xi)-1\}\Big|_{x+\varepsilon}^{1}\right] \\ &= \log\frac{(x+1)^{x+1}}{(x-1)^{x-1}} - 2 - \lim_{\varepsilon\to 0}\varepsilon\{\log\varepsilon + \log(-\varepsilon) - 2\} \\ &= \log\frac{(x+1)^{x+1}}{(x-1)^{x-1}} - 2 \end{aligned} \tag{4.12.11}$$

一方，$L_N^{(2)}$ は上と同様積分によって近似できるが，z が区間 $[-1,1]$ 上の点ではないからその近似積分 $I_N^{(2)}$ はただちに

$$I_N^{(2)} = \log\frac{(z+1)^{z+1}}{(z-1)^{z-1}} - 2 \tag{4.12.12}$$

で与えられる．以上から

$$\lim_{N\to\infty}[g_{N,x}(z)]^{1/N} = \frac{(z-1)^{z-1}(x+1)^{x+1}}{(z+1)^{z+1}(x-1)^{x-1}} \tag{4.12.13}$$

となる．いま (4.12.13) の右辺の絶対値を

$$A = \left|\frac{(z-1)^{z-1}(x+1)^{x+1}}{(z+1)^{z+1}(x-1)^{x-1}}\right| = (1-x)^{1-x}(1+x)^{1+x}\left|\frac{(z-1)^{z-1}}{(z+1)^{z+1}}\right| \tag{4.12.14}$$

とおくと，(4.12.13) は任意の $\delta > 0$ に対して N を十分大きくとれば

$$\left||g_{N,x}(z)|^{1/N} - A\right| < \delta \tag{4.12.15}$$

すなわち

$$(A-\delta)^N < |g_{N,x}(z)| < (A+\delta)^N \tag{4.12.16}$$

が成立することを意味している．したがって $\lim_{N\to\infty} |g_{N,x}(z)| = 0$ となるためには $A \leq 1$ すなわち

$$(1-x)^{1-x}(1+x)^{1+x} \leq \left|\frac{(z+1)^{z+1}}{(z-1)^{z-1}}\right| \tag{4.12.17}$$

が成立しなければならない．

一方，区間 $[-1,1]$ において関数 $(1-x)^{1-x}(1+x)^{1+x}$ は $x \to \pm 1$ の極限において最大の値 4 に近づく．したがってすべての $-1 \leq x \leq 1$ なる x に対して (4.12.17) が成立するためには結局

$$1 \leq \frac{1}{4}\left|\frac{(z+1)^{z+1}}{(z-1)^{z-1}}\right| \tag{4.12.18}$$

が満足されなければならない．

つぎに十分条件を証明しよう．もし (4.12.18) で不等号 $<$ が成立すれば，$[-1,1]$ 内の任意の x に対して (4.12.17) が成立し，そのとき $A+\delta<1$ なる δ が存在する．そのような δ に対して $N \to \infty$ のとき $(A+\delta)^N \to 0$ となり，したがって (4.12.16) より $\lim_{N\to\infty} |g_{N,x}(z)| = 0$, すなわち $\lim_{N\to\infty} |\Phi_{2N+1,x}(z)| = 0$ が成立する． ■

図 4.6 に (4.12.3) を満足しない z-平面内の領域

$$\mathcal{S} = \left\{ z \;\middle|\; 1 > \frac{1}{4}\left|\frac{(z+1)^{z+1}}{(z-1)^{z-1}}\right| \right\} \tag{4.12.19}$$

を示した．

いま $f(z)$ は (4.11.22) を満足する有理関数で，$z=\zeta_j$, $j=1, 2, \ldots$ に単純な極をもつとしよう．おのおのの極における留数を R_j とする．このときこの関数に対して，標本点を (4.12.1) とするラグランジュ補間公式 $f_{2N+1}(x)$ を考えると，その誤差は (4.11.23) より

$$\varepsilon_{2N+1}(x) = -\sum_j \Phi_{2N+1,x}(\zeta_j) R_j = -\sum_j \frac{g_{N,x}(\zeta_j)}{\zeta_j - x} R_j \tag{4.12.20}$$

で与えられる．したがってもし関数 $f(z)$ の極 ζ_j が一つでも領域 $\mathcal{S}$ の内部に存在すると，上の補題 4.4 から，誤差 $\varepsilon_{2N+1}(x)$ は $N \to \infty$ のときいくらでも大きくなる．

たとえば関数

$$f(x) = \frac{1}{1+25x^2} \tag{4.12.21}$$

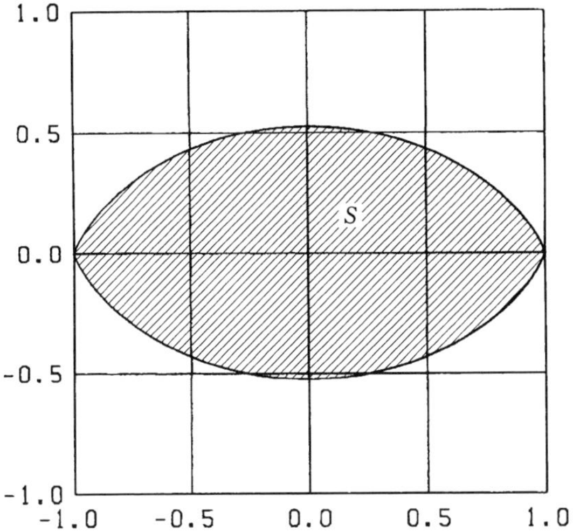

図 4.6 $\mathcal{S}=\left\{z\ \middle|\ 1>\frac{1}{4}\left|\frac{(z+1)^{z+1}}{(z-1)^{z-1}}\right|\right\}$

は $\zeta_{\pm}=\pm i/5$ に単純な極をもつが，これらはいずれも $\mathcal{S}$ の内部に存在する．したがってこの関数に対する等間隔な標本点をとったラグランジュ補間公式 $f_{2N+1}(x)$ は N の増大とともに $f(x)$ とはまったく異なるものになる．これを**ルンゲの現象**という．

図 4.7 に (4.12.21) の $f(x)$ とそのラグランジュ補間公式を示した．後者は $x=\pm 1$ の近くで著しく大きな値になってしまう．

チェビシェフ多項式の零点の分布

これに対して，直交多項式の零点を標本点とする多項式補間においては N の増大とともに上で見たような誤差の増大は起こらない．これをチェビシェフ多項式の零点を標本点とする場合について示そう．

チェビシェフ補間の誤差の特性関数は

$$\Phi_{n,x}(z)=\frac{T_n(x)}{(z-x)T_n(z)} \tag{4.12.22}$$

で与えられるが，

$$z=\cos\theta \tag{4.12.23}$$

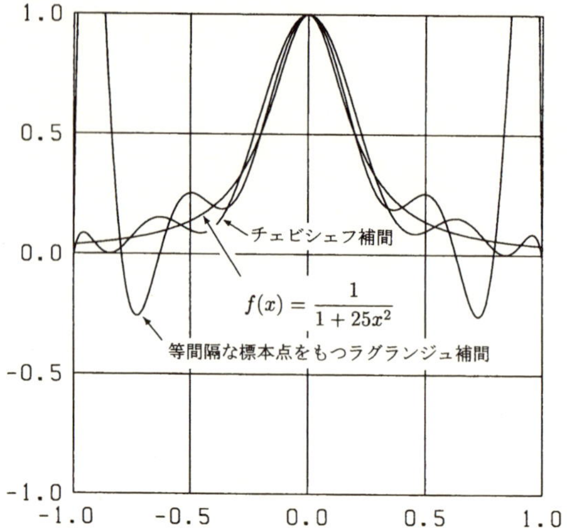

図 4.7 $f(x) = \dfrac{1}{1+25x^2}$ とその補間公式（標本点数 11）

とおくと $|T_n(x)| \le 1$ より

$$|\Phi_{n,x}(z)| \le \frac{1}{\left(\min_{-1\le x\le 1}|z-x|\right)|\cos n\theta|} \tag{4.12.24}$$

となる．いま z が区間 $[-1,1]$ から少しでもはずれると (4.12.23) より θ は

$$\theta = \phi + i\psi, \quad \psi \ne 0 \tag{4.12.25}$$

なる複素数になり

$$\cos n\theta = \frac{e^{in\theta}+e^{-in\theta}}{2} = \frac{e^{in\phi}e^{-n\psi}+e^{-in\phi}e^{+n\psi}}{2} \tag{4.12.26}$$

であるから，$\mathrm{Im}\,\theta = \psi > 0$ あるいは $\psi < 0$ いずれの場合も $n \to \infty$ のとき

$$\lim_{n\to\infty}|\cos n\theta| = \lim_{n\to\infty}|T_n(z)| = \infty \tag{4.12.27}$$

となる．したがって $z \notin [-1,1]$ のとき

$$\lim_{n\to\infty}|\Phi_{n,x}(z)| = 0 \tag{4.12.28}$$

が成立し，$\Phi_{n,x}(z)$ は実軸上の区間 $[-1,1]$ を除く全平面で 0 に近づく．これから，チェビシェフ補間によって，$[-1,1]$ で解析的な任意の関数をいくらでも良く近似することができることがわかった．図 4.7 に (4.12.21) の関数のチェビシェフ補間をあわせて示してある．

練 習 問 題

4.1　ベルンシュタインの多項式

$$p_n(x) = \sum_{k=0}^{n} \binom{n}{k} f\left(\frac{k}{n}\right) x^k (1-x)^{n-k}$$

を利用してワイヤシュトラスの定理を証明せよ．ただし $f(x)$ は区間 $[0,1]$ で連続であるとする．

4.2　ノルム空間 X_α の 1 次独立な系を $\psi_1,\ \psi_2,\ \ldots,\ \psi_n$ とする．ある $f \in X_\alpha$ が与えられたとき $\|f-(a_1\psi_1+a_2\psi_2+\cdots+a_n\psi_n)\|$ を最小にする $a_1\psi_1+a_2\psi_2+\cdots+a_n\psi_n$ が存在することを示せ．

4.3　ルジャンドル多項式 $P_n(x)$ は区間 $[-1,1]$ における, $w(x)=1,\ \lambda_n = 2/(2n+1)$ をみたす直交多項式である．$1,\ x,\ x^2,\ x^3$ からグラム・シュミットの直交化 (4.1.18) によって $P_0(x),\ P_1(x),\ P_2(x),\ P_3(x)$ を構成せよ．

4.4　標本点 $x_1,\ x_2,\ \ldots,\ x_n$ において，$f(x)$ のみでなく $f'(x)$ の値も一致する補間公式は

$$f_{2n-1}(x) = \sum_{k=1}^{n} \{1-2\{L_k{}^{(n-1)}(x_k)\}'(x-x_k)\}\{L_k^{(n-1)}(x)\}^2 f(x_k)$$
$$+\sum_{k=1}^{n} (x-x_k)\{L_k^{(n-1)}(x)\}^2 f'(x_k)$$

で与えられることを示せ．この $2n-1$ 次多項式である補間公式を**エルミート補間公式**という．

4.5　正規直交多項式 $p_n(x)$ の零点 x_j はある $n\times n$ 行列 A の固有値になっている．漸化式 (4.4.8) を適当に変形することによって A の形を求めよ．そのとき固有ベクトルはどのようなものか．

4.6　ノルム $\|\boldsymbol{u}\|_W = \sqrt{(\boldsymbol{u},\boldsymbol{u})_W} = \left(\sum_{j=1}^{n}\{u(x_j)\}^2 w_j\right)^{1/2}$ が 4.2 節の性質 (4.2.1), (4.2.2) を満足することを示すことによってこのノルムによる最小二乗近似多項式の存在を証明せよ．またそれが一意的であることを示せ．

4.7 直交多項式補間において, $p_k(x_j)$ を j 行 $k+1$ 列成分とする行列を P, $w_j > 0$ をその対角成分とする対角行列を W, λ_k を対角成分とする対角行列を Λ, ラグランジュ補間公式の係数 c_k を成分とするベクトルを $\boldsymbol{c}$, $f(x_k)$ を成分とするベクトルを $\boldsymbol{f}$ とする.

$$P = \begin{pmatrix} p_0(x_1) & p_1(x_1) & \cdots & p_{n-1}(x_1) \\ p_0(x_2) & p_1(x_2) & \cdots & p_{n-1}(x_2) \\ \vdots & \vdots & & \vdots \\ p_0(x_n) & p_1(x_n) & \cdots & p_{n-1}(x_n) \end{pmatrix},$$

$$W = \begin{pmatrix} w_1 & & & 0 \\ & w_2 & & \\ & & \ddots & \\ 0 & & & w_n \end{pmatrix}, \quad \Lambda = \begin{pmatrix} \lambda_0 & & & 0 \\ & \lambda_1 & & \\ & & \ddots & \\ 0 & & & \lambda_{n-1} \end{pmatrix}$$

$$\boldsymbol{c} = \begin{pmatrix} c_0 \\ c_1 \\ \vdots \\ c_{n-1} \end{pmatrix}, \quad \boldsymbol{f} = \begin{pmatrix} f(x_1) \\ f(x_2) \\ \vdots \\ f(x_n) \end{pmatrix}$$

このとき選点直交性 (4.6.12) は

$$P^{\mathrm{T}} W P = \Lambda$$

直交性 (4.6.5) は

$$P \Lambda^{-1} P^{\mathrm{T}} = W^{-1}$$

そして (4.6.8) は

$$\boldsymbol{c} = P^{-1} \boldsymbol{f}$$

と表わすことができることを示せ.

4.8

$$\frac{1}{\sqrt{2\pi}},\ \frac{1}{\sqrt{\pi}}\cos\theta,\ \frac{1}{\sqrt{\pi}}\sin\theta,\ \frac{1}{\sqrt{\pi}}\cos 2\theta,\ \frac{1}{\sqrt{\pi}}\sin 2\theta,\ \ldots$$

は H_P (4.7 節) において完備な正規直交系であることを示せ.

4.9

$$c_n = \phi_N^{(n)} = \sum_{m=0}^{N-1} f\left(\frac{2m\pi}{N}\right) \exp\left(-\frac{2\pi mn}{N} i\right), \ n = 0, 1, \ldots, N-1$$

を f の**複素有限フーリエ変換**という. 必要な $\exp(-2\pi inm/N)$ の値はすでに計算されているものとする. すべての c_n を上式によって計算すると $N \times N$ 回の掛算が必要で

ある．いま $N=2^p$ とする．m に関する和を偶数項と奇数項に分けることにより次式の成立することを証明せよ．

$$\phi_N^{(n)} = \begin{cases} \phi_{N/2}^{(n)} + \widetilde{\phi}_{N/2}^{(n)} \exp\left(-\dfrac{2\pi n}{N} i\right); & n = 0, 1, \ldots, \dfrac{N}{2} - 1 \\ \phi_{N/2}^{(n)} - \widetilde{\phi}_{N/2}^{(n)} \exp\left(-\dfrac{2\pi n}{N} i\right); & n = \dfrac{N}{2}, \dfrac{N}{2} + 1, \ldots, N - 1 \end{cases} \tag{1}$$

ただし

$$\begin{cases} \phi_{N/2}^{(n)} = \displaystyle\sum_{m=0}^{N/2-1} f\left(\frac{4m\pi}{N}\right) \exp\left(-\frac{4\pi mn}{N} i\right) \\ \widetilde{\phi}_{N/2}^{(n)} = \displaystyle\sum_{m=0}^{N/2-1} f\left(\frac{2(2m+1)\pi}{N}\right) \exp\left(-\frac{4\pi mn}{N} i\right) \end{cases} \tag{2}$$

N が大きいときこのように分解することによりすべての c_n の計算に必要な掛算の回数はどの程度になるか．さらに $\phi_{N/2}^{(n)}$, $\widetilde{\phi}_{N/2}^{(n)}$ に対して同様の操作を行ない，これをくりかえすと，結局どの程度の回数の掛算ですべての c_n が計算されるか．この操作を一般化したものを，**FFT** という．

第5章　数値積分

前章では連続関数自身の離散化の問題を扱った．本章では，関数に対する連続的な演算の代表である積分をいかに離散的に近似するかを論ずる．

5.1　補間型数値積分公式とニュートン・コーツ公式

近似の対象は積分

$$I = \int_a^b f(x)w(x)dx \tag{5.1.1}$$

である．$w(x)$ は与えられた**密度関数** で，第 4 章 4.1 節の最後に示した $w(x)$ と同じつぎの条件を満足しているものとする．

(i)　$w(x)$ は $[a,b]$ で連続で有限個の点で 0 になることを除いて $w(x) > 0$.

(ii)　$\int_a^b x^k w(x)dx$ は $k = 0, 1, 2, \ldots$ に対して有界.

この積分を計算するための近似公式は，ふつうつぎのような関数値の重み付き有限和の形で与えられる．

$$I_n = \sum_{k=1}^{n} A_k f(a_k) \tag{5.1.2}$$

a_k を**標本点**，A_k を**重み** という．本節では補間に基づく近似公式について述べる．

補間型公式

点 $a_1, a_2, \ldots, a_n$ を標本点とする，被積分関数 $f(x)$ のラグランジュ補間公式を $f_n(x)$ とする．これは第 4 章 (4.5.6) によって与えられる．

$$f_n(x) = \sum_{k=1}^{n} \frac{F_n(x)}{(x-a_k)F_n'(a_k)} f(a_k) \tag{5.1.3}$$

$$F_n(x) = (x-a_1)(x-a_2)\cdots(x-a_n) \tag{5.1.4}$$

与えられた積分 (5.1.1) において $f(x)$ を $f_n(x)$ で置き換えることによって一つの積分公式が得られる.

$$I_n = \int_a^b f_n(x)w(x)dx = \sum_{k=1}^{n} A_k f(a_k) \tag{5.1.5}$$

ここで, 重み A_k は次式で与えられる.

$$A_k = \frac{1}{F_n'(a_k)} \int_a^b \frac{F_n(x)}{x-a_k} w(x)dx \tag{5.1.6}$$

このような近似積分公式を**補間型積分公式**という. しばしば使用される補間型積分公式は, ニュートン・コーツ公式と次節に述べるガウス型公式である.

ニュートン・コーツ公式

区間 $[a,b]$ を N 等分して各等分点を $a=a_0, a_1, \ldots, a_n = b$ とする. これらの点 a_k を標本点とする $f(x)$ のラグランジュ補間公式 $f_{N+1}(x)$ は (5.1.3) で与えられるが, このとき $F_{N+1}(x)$ は

$$F_{N+1}(x) = \prod_{k=0}^{N}(x-a-kh), \quad h = \frac{b-a}{N} \tag{5.1.7}$$

である. 密度関数 $w(x)$ が恒等的に 1 である積分

$$I = \int_a^b f(x)dx \tag{5.1.8}$$

に対して, $f(x)$ を $f_{N+1}(x)$ で近似して得られる公式

$$I_{N+1} = \sum_{k=0}^{N} A_k f(a_k) \tag{5.1.9}$$

$$A_k = \frac{1}{F_{N+1}'(a_k)} \int_a^b \frac{F_{N+1}(x)}{x-a_k} dx, \quad a_k = a+kh \tag{5.1.10}$$

を N 次の**ニュートン・コーツ公式**という. $N=1$ の場合が**台形公式**

$$I_2 = \frac{h}{2}\{f(a)+f(b)\}, \quad h = b-a, \tag{5.1.11}$$

$N=2$ の場合が**シンプソンの公式**

$$I_3 = \frac{h}{3}\left\{f(a) + 4f\left(\frac{a+b}{2}\right) + f(b)\right\}, \quad h = \frac{b-a}{2} \tag{5.1.12}$$

である．

実際にこれらの公式を使用するときには，ほとんどの場合全体の積分区間 $[a,b]$ を M 等分して，等分された各小区間をさらに N 等分しその小区間ごとに N 次の公式を適用する．これを**ニュートン・コーツの複合公式**という．

N 次のニュートン・コーツ公式の誤差は，第 4 章の定理 4.8 の (4.5.22) よりつぎのように与えられる．

$$\begin{aligned}\Delta I_{N+1} = I - I_{N+1} &= \int_a^b \varepsilon_{N+1}(x)dx \\ &= \frac{1}{(N+1)!}\int_a^b F_{N+1}(x)f^{(N+1)}(\xi_x)dx, \quad a < \xi_x < b \end{aligned}\tag{5.1.13}$$

この誤差式から，被積分関数 $f(x)$ が N 次までの多項式のときには N 次のニュートン・コーツ公式は正確な積分値を与えることがわかる．

5.2 ガウス型積分公式

ガウス型積分公式

区間 $[a,b]$ における，密度関数 $w(x)$ をもつ積分

$$I = \int_a^b f(x)w(x)dx \tag{5.2.1}$$

を考える．$w(x)$ は 5.1 節の最初に示した条件をみたしているものとする．いまこの積分と同じ区間および同じ密度関数 $w(x)$ に関して定義される直交多項式を $p_n(x)$ としよう．そして $p_n(x)$ の零点 a_1, a_2, …, a_n を標本点とする $f(x)$ のラグランジュ補間公式を $f_n(x)$ とする．これは第 4 章 (4.6.7) からつぎのように与えられる．

$$f_n(x) = \sum_{j=0}^{n-1}\frac{1}{\lambda_j}\left\{\sum_{k=1}^{n} w_k p_j(a_k) f(a_k)\right\} p_j(x) \tag{5.2.2}$$

積分 I に対する近似公式を求めるために，(5.2.1) の被積分関数 $f(x)$ をこの公

式 $f_n(x)$ で置き換えよう.

$$I_n = \int_a^b f_n(x)w(x)dx$$
$$= \sum_{j=0}^{n-1} \frac{1}{\lambda_j} \left\{ \sum_{k=1}^{n} w_k p_j(a_k) f(a_k) \right\} \int_a^b p_j(x)w(x)dx \tag{5.2.3}$$

ここで $p_0(x) = \mu_0$ および直交性

$$\int_a^b p_j(x)w(x)dx = \frac{1}{\mu_0}(p_j,\, p_0) = \frac{\lambda_0}{\mu_0}\delta_{j0} \tag{5.2.4}$$

に注意すると, I_n の右辺の j に関する和において $j=0$ 以外の項は 0 になる. したがって公式

$$I_n = \sum_{k=1}^{n} w_k f(a_k) \tag{5.2.5}$$

が得られる. これを n 次**ガウス型公式**という.

ここにみるように, ガウス型積分公式の重みは第 4 章 (4.6.2) で定義した w_k にほかならない. すなわちこの公式の重みは

$$A_k = w_k = \left\{ \sum_{j=0}^{n-1} \frac{\{p_j(a_k)\}^2}{\lambda_j} \right\}^{-1} = \frac{\mu_n \lambda_{n-1}}{\mu_{n-1} p_{n-1}(a_k) p_n'(a_k)} \tag{5.2.6}$$

で与えられる.

直交多項式の種類に対応して, **ルジャンドル・ガウス公式**, **ラゲール・ガウス公式**, **エルミート・ガウス公式**などが実際に使われる公式として知られている.

n 次ガウス型公式は, 一般に $2n-1$ 次までの多項式に対して正確な積分値を与えることを示そう. 一般の $2n-1$ 次多項式 $s_{2n-1}(x)$ を n 次の直交多項式 $p_n(x)$ で割ると

$$s_{2n-1}(x) = q_{n-1}(x)p_n(x) + r_{n-1}(x) \tag{5.2.7}$$

と書くことができる. $q_{n-1}(x)$ と $r_{n-1}(x)$ はともに $n-1$ 次の多項式である. そこで, (5.2.7) の両辺に $w(x)$ を乗じて $[a, b]$ で積分すると

$$\int_a^b s_{2n-1}(x)w(x)dx = \int_a^b q_{n-1}(x)p_n(x)w(x)dx + \int_a^b r_{n-1}(x)w(x)dx \tag{5.2.8}$$

となるが，$p_n(x)$ の直交性から右辺第 1 項は 0 になる．ところが，ガウス型公式は $p_n(x)$ の零点を標本点とする補間型公式であることおよび (5.2.7) において $s_{2n-1}(a_k) = r_{n-1}(a_k)$ が成り立つことに注意すると

$$\int_a^b s_{2n-1}(x)w(x)dx = \int_a^b r_{n-1}(x)w(x)dx$$
$$= \sum_{k=1}^{n} A_k r_{n-1}(a_k) = \sum_{k=1}^{n} A_k s_{2n-1}(a_k) \tag{5.2.9}$$

となる．したがって，n 次のガウス型公式によって $2n-1$ までの多項式が正確に積分できることが示された．

数値積分公式を一般に (5.1.2) のように書くとき，$2n$ 個の未知数 $\{a_k\}$ および $\{A_k\}$ を定めることによって一つの公式が決まる．なるべく高い次数の多項式までこの公式が正確な積分値を与えるという基準を採用すると，$2n$ 個の未知数に対してはその最高次数は $2n-1$ である．したがって，ガウス型公式は，この最高次数を達成しているという意味で**最適公式**である．実際，ルジャンドル・ガウス公式とニュートン・コーツ公式を比較すると，通常の場合標本点数が同じ公式では前者の方が後者よりもずっと精度の高い結果を与える．

直交多項式展開と直交多項式補間の間の関係

関数 $f(x)$ を直交多項式系 $\{p_k(x)\}$ で展開したときの展開係数は，第 4 章 (4.3.31) より次式で与えられる．

$$\widetilde{c}_k = \frac{\displaystyle\int_a^b p_k(x)f(x)w(x)dx}{\displaystyle\int_a^b p_k(x)p_k(x)w(x)dx} \tag{5.2.10}$$

いまこの右辺の分子，分母の積分を対応するガウス型公式で近似的に積分したとしてそれを $\widehat{c}_k$ とおこう．

$$\widehat{c}_k = \frac{\displaystyle\sum_{j=1}^{n} w_j p_k(a_j) f(a_j)}{\displaystyle\sum_{j=1}^{n} w_j p_k(a_j) p_k(a_j)} \tag{5.2.11}$$

ところが，$p_k(x)$ のもつ第 4 章 (4.6.12) の選点直交性によって分母は簡単に

なって，これは結局

$$\widehat{c}_k = \frac{1}{\lambda_k}\sum_{j=1}^{n} w_j p_k(a_j) f(a_j) \tag{5.2.12}$$

となる．これを第 4 章 (4.6.8) の補間公式の係数 c_k と比較すれば

$$c_k = \widehat{c}_k \tag{5.2.13}$$

であることがわかる．これから，直交多項式展開と直交多項式補間との間に成立する一つの興味ある関係が明らかになった．

定理 5.1 関数 $f(x)$ の直交多項式による展開の $p_k(x)$ の項の展開係数を n 次ガウス型公式で近似積分したものは，$p_n(x)$ の零点を標本点とする $f(x)$ のラグランジュ補間公式の $p_k(x)$ の係数と一致する．

5.3 オイラー・マクローリン展開

次節で導入する数値積分に対する補外法の準備のために，関数 $f(x)$ の積分と和の関係を表わすオイラー・マクローリン展開を導いておこう．

ダルブーの公式

補題 5.1 関数 $u(x)$ は点 a, z を結ぶ線分上で正則な関数，$p_n(t)$ は n 次多項式とする．このとき次式が成立する．

$$\begin{aligned} &p_n^{(n)}(0)\{u(z)-u(a)\} \\ &= \sum_{r=1}^{n}(-1)^{r-1}(z-a)^r\{p_n^{(n-r)}(1)u^{(r)}(z) - p_n^{(n-r)}(0)u^{(r)}(a)\} \\ &\quad + (-1)^n(z-a)^{n+1}\int_0^1 p_n(t)u^{(n+1)}(a+t(z-a))dt \end{aligned} \tag{5.3.1}$$

証明 $0 \le t \le 1$ において恒等式

$$\begin{aligned} &\frac{d}{dt}p_n^{(n-r)}(t)u^{(r)}(a+t(z-a)) \\ &= p_n^{(n-r+1)}(t)u^{(r)}(a+t(z-a)) + (z-a)p_n^{(n-r)}(t)u^{(r+1)}(a+t(z-a)) \end{aligned}$$

の両辺に $(-1)^r(z-a)^r$ を乗じて辺々加えれば次式を得る.

$$\begin{aligned}\frac{d}{dt}\sum_{r=1}^{n}&(-1)^r(z-a)^r p_n^{(n-r)}(t)u^{(r)}(a+t(z-a))\\ &=-(z-a)p_n^{(n)}(t)u'(a+t(z-a))\\ &\quad+(-1)^n(z-a)^{n+1}p_n(t)u^{(n+1)}(a+t(z-a))\end{aligned} \tag{5.3.2}$$

$p_n^{(n)}(t)=$ 定数 $=p_n^{(n)}(0)$ に注意して (5.3.2) を 0 から 1 まで積分すれば (5.3.1) を得る. ■

上の公式 (5.3.1) を**ダルブーの公式**という.

問題 5.1 $p_n(t)=(t-1)^n$ とおけば (5.3.1) は $u(z)$ のテーラー展開になることを示せ.

ベルヌイ多項式

目的の展開を導くために必要なベルヌイ多項式を定義しておく. いま関数 $se^{ts}/(e^s-1)$ を考えると, これは $|s|<2\pi$ においてテーラー級数に展開できる.

$$\frac{se^{ts}}{e^s-1}=\sum_{n=0}^{\infty}\frac{B_n(t)}{n!}s^n, \quad |s|<2\pi \tag{5.3.3}$$

このとき展開の各項 $s^n/n!$ の係数 $B_n(t)$ を n 次の**ベルヌイ多項式**という. そして

$$B_n=B_n(0), \quad n=0,1,2,\ldots \tag{5.3.4}$$

を**ベルヌイ数**[1]という. 初めの数個を記すと

$$B_0=1,\ B_1=-\frac{1}{2},\ B_2=\frac{1}{6},\ B_3=0,\ B_4=-\frac{1}{30},\ \ldots \tag{5.3.5}$$

であり, 一般に

$$B_{2l+1}=0, \quad l\geq 1 \tag{5.3.6}$$

である.

1) $(-1)^{k-1}B_{2k}$; $k=1,2,\ldots$ を B_k と定義する書物もあるから注意を要する. 詳細な数値に関しては M.Abramowitz 他編, Handbook of Mathematical Functions, N.B.S., 1964. p.810 を参照のこと.

ベルヌイ多項式の具体形を求めておこう．展開 (5.3.3) において $t=0$ とおくと

$$\frac{s}{e^s-1}=\sum_{n=0}^{\infty}\frac{B_n}{n!}s^n \tag{5.3.7}$$

となる．ベルヌイ数はこの式によって定義されると考えてもよい．これと e^{ts} の展開とを実際に掛け合わせると (5.3.3) より

$$\left\{B_0+B_1s+\frac{1}{2!}B_2s^2+\frac{1}{3!}B_3s^3+\cdots\right\}\left\{1+ts+\frac{1}{2!}(ts)^2+\cdots\right\}$$
$$=B_0(t)+B_1(t)s+\frac{1}{2!}B_2(t)s^2+\cdots \tag{5.3.8}$$

が得られるが，両辺の s^n の係数を等置することによって結局つぎの形が導かれる．

$$B_n(t)=\binom{n}{0}B_0t^n+\binom{n}{1}B_1t^{n-1}+\binom{n}{2}B_2t^{n-2}$$
$$+\cdots+\binom{n}{n-1}B_{n-1}t+\binom{n}{n}B_n \tag{5.3.9}$$

ただし $\binom{n}{l}$ は二項係数 $n!/\{l!(n-l)!\}$ である．

補題 5.2

$$\text{(i)}\quad nt^{n-1}=B_n(t+1)-B_n(t) \tag{5.3.10}$$

$$\text{(ii)}\quad B_n(t)=(-1)^nB_n(1-t) \tag{5.3.11}$$

証明 (i) 展開 (5.3.3) で t のかわりに $t+1$ とおいたものから (5.3.3) を引いた式

$$se^{ts}=\sum_{n=0}^{\infty}\{B_n(t+1)-B_n(t)\}\frac{s^n}{n!} \tag{5.3.12}$$

において両辺の s^n の係数を等置すれば (5.3.10) を得る．
(ii) 展開 (5.3.3) において t のかわりに $1-t$ とおけば

$$\sum_{n=0}^{\infty}\frac{B_n(1-t)}{n!}s^n=\frac{se^{(1-t)s}}{e^s-1}=\frac{se^{-ts}}{1-e^{-s}}$$
$$=\frac{(-s)e^{t(-s)}}{e^{(-s)}-1}=\sum_{n=0}^{\infty}\frac{(-1)^nB_n(t)}{n!}s^n \tag{5.3.13}$$

となるが，これよりただちに (5.3.11) を得る． ■

この補題を使って，$t=0$ および $t=1$ におけるベルヌイ多項式とその微分の値を求めておこう．まず (5.3.9) を $(n-r)$ 回微分することにより次式が得られる．

$$B_n{}^{(n-r)}(0)=(n-r)!\binom{n}{r}B_r=\frac{n!}{r!}B_r,\quad r\geq 0 \tag{5.3.14}$$

また (5.3.11) において $t=0$ とおくと

$$B_n(0)=(-1)^nB_n(1) \tag{5.3.15}$$

一方，微係数に関しては (5.3.10) を $(n-r)$ 回微分すると

$$B_n^{(n-r)}(t+1)-B_n^{(n-r)}(t)=n(n-1)\cdots rt^{r-1},\quad r\geq 1 \tag{5.3.16}$$

となるが，ここで $t=0$ とおけば

$$B_n^{(n-r)}(1)=\begin{cases} B_n^{(n-r)}(0)=\dfrac{n!}{r!}B_r, & r\geq 2 \\ B_n^{(n-1)}(0)+n!=n!(B_1+1), & r=1 \end{cases} \tag{5.3.17}$$

が得られる．

オイラー・マクローリン展開

ダルブーの公式 (5.3.1) において

$$p_n(t)=B_n(t) \tag{5.3.18}$$

とおく．さらに $n=2m$ とおいて $B_{2l+1}=0,\ l\geq 1$ に注意しながら上に得た諸関係を用いると，(5.3.1) はつぎのようになる．

$$\begin{aligned}(2m)!\{u(z)-u(a)\}=&(z-a)(2m)!\{(B_1+1)u^{(1)}(z)-B_1u^{(1)}(a)\}\\&-\sum_{r=1}^{m}(z-a)^{2r}\frac{(2m)!}{(2r)!}B_{2r}\{u^{(2r)}(z)-u^{(2r)}(a)\}\\&+(z-a)^{2m+1}\int_0^1B_{2m}(t)u^{(2m+1)}(a+t(z-a))dt\end{aligned}$$

したがって

$$u(z)-u(a)=\frac{1}{2}(z-a)\{u^{(1)}(z)+u^{(1)}(a)\}$$
$$-\sum_{r=1}^{m}\frac{B_{2r}(z-a)^{2r}}{(2r)!}\{u^{(2r)}(z)-u^{(2r)}(a)\}$$
$$+\frac{(z-a)^{2m+1}}{(2m)!}\int_0^1 B_{2m}(t)u^{(2m+1)}(a+(z-a)t)dt \qquad (5.3.19)$$

ここであらためて

$$\begin{cases} h=z-a \\ f(z)=u^{(1)}(z) \end{cases} \qquad (5.3.20)$$

とおくと，(5.3.19) は

$$\int_a^{a+h} f(x)dx=\frac{h}{2}\{f(a+h)+f(a)\}$$
$$-\sum_{r=1}^{m}\frac{B_{2r}h^{2r}}{(2r)!}\left\{f^{(2r-1)}(a+h)-f^{(2r-1)}(a)\right\}$$
$$+\frac{h^{2m+1}}{(2m)!}\int_0^1 B_{2m}(t)f^{(2m)}(a+ht)dt \qquad (5.3.21)$$

となる．

いま実軸上の区間 $K=[a,b]$ を n 等分して

$$h=\frac{b-a}{n} \qquad (5.3.22)$$

ととることにする．さらに各等分点を

$$x_k=a+kh, \quad k=0,1,2,\ldots,n \qquad (5.3.23)$$

とおく．このとき (5.3.21) において a のかわりに順に $a=x_0,\ x_1,\ x_2,\ \ldots,\ x_{n-1}$ とおいたものを作りそれらを辺々加えると最終的につぎの関係式が得られる．

$$\int_a^b f(x)dx=h\left\{\frac{1}{2}f(a)+\sum_{k=1}^{n-1}f(a+kh)+\frac{1}{2}f(b)\right\}$$
$$-\sum_{r=1}^{m}\frac{h^{2r}B_{2r}}{(2r)!}\left\{f^{(2r-1)}(b)-f^{(2r-1)}(a)\right\}+R_m \qquad (5.3.24)$$

$$R_m = \frac{h^{2m+1}}{(2m)!} \int_0^1 B_{2m}(t) \left\{ \sum_{k=0}^{n-1} f^{(2m)}(a + kh + ht) \right\} dt \tag{5.3.25}$$

これを $f(x)$ の**オイラー・マクローリン展開**という．この展開は $f(x)$ が区間 $K = [a, b]$ において $2m$ 回微分可能であれば成立する．

周期関数と台形公式

上の公式 (5.3.24) は右辺のはじめにある関数項の有限和を，左辺にある積分と右辺にある端点の微係数によって計算する目的で使用されることが多い．

問題 5.2 オイラー・マクローリン展開を利用して和 $1^2 + 2^2 + 3^2 + \cdots + n^2$ を求めよ．

それに対して数値積分の立場からは (5.3.24) は積分 $\displaystyle\int_a^b f(x)dx$ に対する台形公式とその誤差の関係を表わすものとみることができる．

被積分関数 $f(x)$ が，高階の微係数まで含めて $b-a$ を周期とする周期関数であるとすると，端点 a, b において

$$f^{(2r-1)}(b) = f^{(2r-1)}(a), \quad r = 1,\ 2,\ \ldots \tag{5.3.26}$$

が成立する．したがってこのような関数を台形公式で積分すると，(5.3.24) より著しく精度が高い結果が得られることがわかる．第 4 章 4.7 節で述べた有限フーリエ変換 (4.7.17) は単純な台形公式による近似ではあるが，この理由によって $f(\theta)$ が解析的周期関数などの場合にはひじように良い近似になっている．

漸 近 展 開

オイラー・マクローリン展開の右辺の和の意味をもう少していねいに調べておこう．一般に複素数の関数 $S(z)$ に対して形式的に展開

$$S(z) = c_0 + \frac{c_1}{z} + \frac{c_2}{z^2} + \cdots + \frac{c_N}{z^N} + \cdots \tag{5.3.27}$$

を考え，z^{-N} の項までの和を $S_N(z)$ とおく．

$$S_N(z) = c_0 + \frac{c_1}{z} + \frac{c_2}{z^2} + \cdots + \frac{c_N}{z^N} \tag{5.3.28}$$

このとき $S_N(z)$ が $N \to \infty$ のとき収束するしないにかかわらず，N を固定し

たとき z のある偏角の方向で

$$\lim_{|z|\to\infty} z^N\{S(z)-S_N(z)\}=0 \tag{5.3.29}$$

が成立するならば，(5.3.27) を $S(z)$ の**漸近展開**という．あるいは展開 (5.3.27) は漸近的に成立するという．そして右辺の級数を**漸近級数**という．

問題 5.3 積分指数関数に対する展開

$$\begin{aligned} e^z &\int_z^\infty \frac{e^{-t}}{t}dt \\ &= \frac{1}{z}-\frac{1}{z^2}+\frac{2!}{z^3}-\frac{3!}{z^4}+\cdots+(-1)^{n-1}\frac{(n-1)!}{z^n}+\cdots \end{aligned} \tag{5.3.30}$$

は $\arg z \neq \pi$ で漸近展開であることを示せ．

ところでオイラー・マクローリン展開 (5.3.24) の右辺の和は $m\to\infty$ のとき一般には収束することは保証されていない．すなわち (5.3.26) が成立するからといって $R_m\to 0$ となるわけではない．しかしこれを有限な $r=m-1$ の項で止めたうえで $h\to 0$ とすると

$$\lim_{h\to 0}\frac{R_m}{h^{2m}}=0 \tag{5.3.31}$$

となる．したがって，(5.3.29) によってこの展開は h^{-2} に関する漸近展開である．

5.4 補外法とロンバーグ積分法

数値微分に対する補外法

関数 $f(x)$ は十分なめらかで，点 x のまわりでつぎのテーラー展開ができるものとする．

$$f(x+h)=f(x)+\frac{1}{1!}hf'(x)+\frac{1}{2!}h^2f''(x)+\frac{1}{3!}h^3f^{(3)}(x)+\cdots \tag{5.4.1}$$

いま，x における微分 $f'(x)$ を**差分**

$$S(h)\equiv\frac{f(x+h)-f(x)}{h} \tag{5.4.2}$$

によって近似するものとしよう．このとき，(5.4.1) から直ちにつぎの関係が導

かれる．

$$S(h) = f'(x) + \frac{1}{2!}hf''(x) + \frac{1}{3!}h^2 f^{(3)}(x) + \cdots$$
$$= f'(x) + a_1 h + a_2 h^2 + \cdots + a_m h^m + \cdots, \qquad (5.4.3)$$

$$a_m = \frac{1}{(m+1)!} f^{(m+1)}(x) \qquad (5.4.4)$$

ここで，(5.4.3) の右辺第 2 項以下の和が差分 (5.4.2) の誤差を表わしていると考えられる．係数 a_m は，(5.4.4) より h に依存しないことに注意しよう．

実際に (5.4.2) によって数値微分を実行するとき，きざみ幅 h を小さくすると右辺の計算で**桁落ち**が生じ，良い結果を得ることができない．しかし，つぎに述べるような技巧を用いると，この桁落ちによる問題点をある程度解消することができる．

h はある程度小さく選ぶ必要があるが，一方以下に述べる手順を実行する間 (5.4.2) の右辺の計算で桁落ちが生じない程度に小さすぎないように選ぶものとする．まず $S(h)$ を計算する．つぎに，(5.4.2) で h の代わりに $h/2$ として $S(h/2)$ の値を計算する．$h/2$ としても桁落ちが生じないとすれば，このときつぎの関係が成立していると考えられる．

$$S\left(\frac{h}{2}\right) = f'(x) + \frac{1}{2}a_1 h + \frac{1}{4}a_2 h^2 + \frac{1}{8}a_3 h^3 + \cdots \qquad (5.4.5)$$

ところで，一般に h が小さいとき，(5.4.3) のような形の展開の右辺がなるべく速く $f'(x)$ に近づくためには，その展開は h のべきのなるべく高い項からはじまっていることが望ましい．そこで $S(h)$ と $S(h/2)$ からつぎのようにして h のべきの 1 次の項を消去してみる．

$$S\left(\frac{h}{2}\right) - \frac{1}{2}S(h) = \left(1 - \frac{1}{2}\right)f'(x) - \frac{1}{4}a_2 h^2 - \frac{3}{8}a_3 h^3 - \cdots$$

このようにして h の 1 次の項を消去すると

$$S_1(h) \equiv 2\left\{S\left(\frac{h}{2}\right) - \frac{1}{2}S(h)\right\} = f'(x) - \frac{1}{2}a_2 h^2 - \frac{3}{4}a_3 h^3 - \cdots \qquad (5.4.6)$$

が成立する．これからわかるように，$S(h)$ あるいは $S(h/2)$ よりもこれらから簡単に計算できる $S_1(h)$ のほうがより真の値 $f'(x)$ に近いことが期待される．

同様にして，h を $h/4$ としても桁落ちは生じないとして $S(h/4)$ を計算すれば，(5.4.3) で h の代わりに $h/4$ とおいた式

$$S\left(\frac{h}{4}\right) = f'(x) + \frac{1}{4}a_1 h + \frac{1}{16}a_2 h^2 + \frac{1}{64}a_3 h^3 + \cdots \tag{5.4.7}$$

が成立し，これから

$$S_1\left(\frac{h}{2}\right) \equiv 2\left\{S\left(\frac{h}{4}\right) - \frac{1}{2}S\left(\frac{h}{2}\right)\right\} = f'(x) - \frac{1}{8}a_2 h^2 - \frac{3}{32}a_3 h^3 - \cdots \tag{5.4.8}$$

が得られる．そこで，さらに $S_1(h)$ と $S_1(h/2)$ とから

$$S_2(h) \equiv \frac{4}{3}\left\{S_1\left(\frac{h}{2}\right) - \frac{1}{4}S_1(h)\right\} = f'(x) + \frac{1}{8}a_3 h^3 + \cdots \tag{5.4.9}$$

を計算すれば h^2 の項も消去することができる．すなわち，$S(h)$, $S(h/2)$ あるいは $S(h/4)$ よりも，これらから簡単な四則演算で計算できる $S_1(h)$ あるいは $S_1(h/2)$ のほうが，さらには $S_2(h)$ のほうが，適度に小さな h に対してずっと精度の高い結果を与えることがわかる．

上の解析で，$a_1, a_2, a_3, \ldots$ 自体の値は既知である必要はないことに注意しよう．

補外法のアルゴリズム

この考え方を一般化することによって，誤差の漸近挙動がわかっているような量の近似値を効率的に求めるための系統的なアルゴリズムを得ることができる．

計算で求めようとしているある量の真の値を F_0 とする．そして F_0 の近似値 $F(\mu)$ はパラメータ μ を固定したとき実際に計算可能であり，しかも漸近的に

$$F(\mu) = F_0 + a_1\mu + a_2\mu^2 + a_3\mu^3 + \cdots \tag{5.4.10}$$

が成立することがわかっているものとする．ここで $F_0, a_1, a_2, \ldots$ は μ に依存しない量とする．ただし，$a_1, a_2, a_3, \ldots$ は具体的に値が既知でなくてよい．

まずパラメータ μ は与えられているとして，これを細分していく比率 $q < 1$ を定める．上の例では $\mu = h, q = 1/2$ であった．そして $k = 0, 1, 2, \ldots$ およ

び $m=1,2,\ldots$ に対してつぎの量を計算する．

$$S_0^{(k)}=F(\mu q^k) \tag{5.4.11}$$

$$S_m^{(k)}=\frac{S_{m-1}^{(k+1)}-q^m S_{m-1}^{(k)}}{1-q^m} \tag{5.4.12}$$

$S_m^{(k)}$ が計算される手順は下の表のように表わされる．

$$\begin{array}{cccccc}
S_0^{(0)} & S_0^{(1)} & & S_0^{(2)} & S_0^{(3)} & \cdots \\
\\
S_1^{(0)} & S_1^{(1)} & & S_1^{(2)} & & \\
 & \downarrow & \swarrow & & & \\
S_2^{(0)} & S_2^{(1)} & & & & \\
\\
S_3^{(0)} & & & & & \\
\vdots & & & & &
\end{array}$$

このときつぎの定理が成立する．

定理 5.2 $S_m^{(k)}$ は漸近的につぎのように表わされる．

$$S_m^{(k)}=F_0+(-1)^m q^{-m(m+1)/2}(\mu q^{k+m})^{m+1}a_{m+1}+\cdots \tag{5.4.13}$$

証明[2] はじめにつぎの関係を帰納法で証明しておく．

$$\begin{aligned}S_m^{(k)}&=F_0+\gamma_m^{(m+1)}(\mu q^{k+m})^{m+1}a_{m+1}+\gamma_m^{(m+2)}(\mu q^{k+m})^{m+2}a_{m+2}+\cdots\\&\quad+\gamma_m^{(j)}(\mu q^{k+m})^j a_j+\cdots\end{aligned} \tag{5.4.14}$$

ただし

$$\left\{\begin{array}{l}\gamma_0^{(j)}=1\\[4pt] \gamma_m^{(j)}=\dfrac{(1-q^{1-j})(1-q^{2-j})\cdots(1-q^{m-j})}{(1-q)(1-q^2)\cdots(1-q^m)}, \quad m\geq 1\end{array}\right. \tag{5.4.15}$$

$m=0$ のとき (5.4.14) は (5.4.10) にほかならない．$m=l-1$ のとき成立したとすると，$\{S_{l-1}^{(k+1)}-q^l S_{l-1}^{(k)}\}/(1-q^l)$ における $(\mu q^{k+l})^j a_j$ の係数は

$$\frac{\gamma_{l-1}^{(j)}-q^{l-j}\gamma_{l-1}^{(j)}}{1-q^l}=\gamma_{l-1}^{(j)}\frac{1-q^{l-j}}{1-q^l}=\gamma_l^{(j)} \tag{5.4.16}$$

2) P. Henrici [4] による．

となる．したがって

$$\frac{S_{l-1}^{(k+1)} - q^l S_{l-1}^{(k)}}{1-q^l} = S_l^{(k)} \tag{5.4.17}$$

となり (5.4.14) が証明された．

つぎに (5.4.15) において $j=m+1$ とおけば

$$\begin{aligned}\gamma_m^{(m+1)} &= \frac{(1-q^{-m})(1-q^{-m+1})\cdots(1-q^{-1})}{(1-q)(1-q^2)\cdots(1-q^m)} \\ &= (-1)^m q^{-(1+2+\cdots+m)} = (-1)^m q^{-m(m+1)/2}\end{aligned} \tag{5.4.18}$$

となるが，これを (5.4.14) に代入すれば (5.4.13) が得られる． ■

アルゴリズム (5.4.11)，(5.4.12) は，$\mu, \mu q, \ldots, \mu q^m$ を標本点とする $m+1$ 次補間多項式を作り，補外によってその $\mu=0$ の極限値を F_0 の近似値として採用している．その意味でこのアルゴリズムに基づく方法を**補外法**という．

ロンバーグ積分法

有限区間 $K=[a,b]$ における積分

$$I = \int_a^b f(x)dx \tag{5.4.19}$$

に補外法を応用しよう．区間 $[a,b]$ を $n=2^k$ 等分して積分 I を近似的に台形公式で計算したものを $T_0^{(k)}$ とおく．

$$T_0^{(k)} = h\Big\{\frac{1}{2}f(a) + \sum_{j=1}^{n-1} f(a+jh) + \frac{1}{2}f(b)\Big\}, \tag{5.4.20}$$

$$h = \frac{b-a}{n} = \frac{b-a}{2^k} \tag{5.4.21}$$

このときオイラー・マクローリン展開 (5.3.24) より漸近的に

$$T_0^{(k)} = I + \frac{B_2}{2!}\{f'(b)-f'(a)\}h^2 + \frac{B_4}{4!}\{f^{(3)}(b)-f^{(3)}(a)\}h^4 + \cdots \tag{5.4.22}$$

が成立する．したがって，ここで

$$\mu = (b-a)^2, \quad q = \frac{1}{4} \tag{5.4.23}$$

ととれば

$$\mu q^k = \frac{(b-a)^2}{2^{2k}} \tag{5.4.24}$$

となり，補外法のアルゴリズム (5.4.11)，(5.4.12) を適用することができる．

すなわち (5.4.20) の台形公式 $T_0^{(k)}$ からはじめて順次

$$T_m^{(k)} = \frac{4^m T_{m-1}^{(k+1)} - T_{m-1}^{(k)}}{4^m - 1} \tag{5.4.25}$$

を計算すれば，(5.4.19) に対する良い近似値が得られることが期待される．このとき $T_m^{(k)}$ の誤差は (5.4.13) によって与えられる．

$$\begin{aligned}\Delta I_m^{(k)} &= I - T_m^{(k)} \\ &= (-1)^{m-1} 2^{-m(m+1)} \left(\frac{b-a}{2^k}\right)^{2(m+1)} \frac{B_{2m+2}}{(2m+2)!} \\ &\quad \times \{f^{(2m+1)}(b) - f^{(2m+1)}(b)\} + \cdots \end{aligned} \tag{5.4.26}$$

アルゴリズムをまとめるとつぎのようになる．

$$\begin{cases} T_0^{(k)} = h\Big\{\dfrac{1}{2}f(a) + \displaystyle\sum_{j=1}^{n-1} f(a+jh) + \dfrac{1}{2}f(b)\Big\}; \quad h = \dfrac{b-a}{2^k}, \\ \qquad\qquad k = 0, 1, 2, \ldots \qquad (5.4.27) \\ T_m^{(k)} = \dfrac{4^m T_{m-1}^{(k+1)} - T_{m-1}^{(k)}}{4^m - 1}, \quad m = 1, 2, 3, \ldots \qquad (5.4.28) \end{cases}$$

このように補外法に基づいて積分値を計算する方法を**ロンバーグ積分法**という．ロンバーグ積分法によって計算される結果は，台形公式による値 $T_0^{(0)}$, $T_0^{(1)}$, $T_0^{(2)}$, ... の1次結合であることに注意しよう．

5.5 解析関数の数値積分と誤差解析

前章の終りに解析関数の補間の問題を複素関数論の立場から論じた．本節では同様の問題を数値積分に対して考察する[3]．

解析関数の数値積分

実軸上の閉区間 $K = [a, b]$ で解析的な関数 $f(x)$ を被積分関数にもつ積分

$$I = \int_a^b f(x)w(x)dx \tag{5.5.1}$$

を考える．密度関数 $w(x)$ は 5.1 節のはじめに示した条件を満足しているもの

3) H. Takahasi and M. Mori, Error Estimation in the Numerical Integration of Analytic Functions, Report of the Computer Centre, Univ. of Tokyo, 3 (1970) 41–108.

とする．$f(x)$ が K で解析的であればこれは K を含む複素平面内のある開領域 $\mathcal{D}$ で正則であるから，このとき積分 I は複素平面内の周回積分によって表現することができる．

補題 5.3 $f(z)$ が $\mathcal{D}$ で正則のとき次式が成立する．

$$I = \frac{1}{2\pi i}\oint_C \Psi(z)f(z)dz \tag{5.5.2}$$

ただし

$$\Psi(z) = \int_a^b \frac{w(x)}{z-x}dx \tag{5.5.3}$$

であり，積分路 C は K を反時計まわりに囲む $\mathcal{D}$ 内の閉曲線である（図 5.1）．

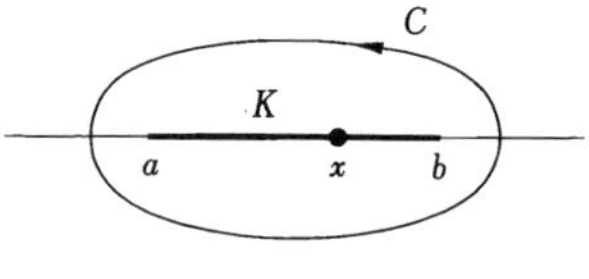

図 5.1

証明 $f(z)$ は $\mathcal{D}$ で正則だから $x \in K = [a,b]$ に対してコーシーの積分表示

$$f(x) = \frac{1}{2\pi i}\oint_C \frac{1}{z-x}f(z)dz \tag{5.5.4}$$

が成立する．これを (5.5.1) に代入して積分の順序を交換すればただちに (5.5.2) が得られるが，この交換が許されることはつぎのようにして確かめられる．右辺の積分は ζ_k を C 上の点としてリーマン和

$$f_N(x) = \frac{1}{2\pi i}\sum_{k=1}^{N}\frac{1}{\zeta_k - x}f(\zeta_k)\Delta\zeta_k, \quad \Delta\zeta_k = \zeta_k - \zeta_{k-1} \tag{5.5.5}$$

によって $x \in K$ で一様に近似することができる[4]．すなわち

$$\lim_{n\to\infty}|f(x) - f_N(x)| = 0, \quad x \in K \tag{5.5.6}$$

ζ_k および $\Delta\zeta_k$ が x によらないことに注意すれば

$$I_N \equiv \int_a^b f_N(x)w(x)dx = \frac{1}{2\pi i}\sum_{k=1}^{N}\left\{\int_a^b \frac{1}{\zeta_k - x}w(x)dx\right\}f(\zeta_k)\Delta\zeta_k \tag{5.5.7}$$

となる．一方 (5.5.6) より明らかに

$$\lim_{n\to\infty}|I_N - I| \le \lim_{N\to\infty}\int_a^b |f(x) - f_N(x)|w(x)dx = 0 \tag{5.5.8}$$

が成立している．したがって

$$\lim_{N\to\infty} I_N = I \tag{5.5.9}$$

4) [24] 参照．

であり，(5.5.7) において $N \to \infty$ の極限をとれば (5.5.2) が成立する． ■

密度関数 $w(x)$ が端点 a, b において

$$w(x) = \frac{1}{(x-a)^\alpha (b-x)^\beta}; \quad \alpha,\ \beta < 1 \tag{5.5.10}$$

のような特異性をもっている場合でも (5.5.2) は成立する．なぜなら，$\zeta \notin [a,b]$ であれば $|\zeta - x| > \rho$ なる正数 ρ が存在し，$w(x)$ は区間 $[a,b]$ で可積分であるから

$$\left|\int_a^b \frac{w(x)}{\zeta_k - x}dx\right| < \frac{1}{\rho}\left|\int_a^b w(x)dx\right| \tag{5.5.11}$$

となる．したがって (5.5.7) の右辺の

$$\int_a^b \frac{1}{\zeta_k - x}w(x)dx \tag{5.5.12}$$

は意味をもち，その極限 (5.5.3) も存在するからである．

$\Psi(z)$ を密度関数 $w(x)$ の**ヒルベルト変換**という．たとえば積分

$$I = \int_{-1}^1 f(x)dx \tag{5.5.13}$$

に対しては

$$\Psi(z) = \int_{-1}^1 \frac{1}{z-x}dx = \log \frac{1}{z-x}\bigg|_{-1}^1 = \log\frac{z+1}{z-1} \tag{5.5.14}$$

となる．最後の対数関数は $[-1,1]$ にカットの入った複素平面で 1 価正則な複素対数関数で，$z=\infty$ で 0 になる分岐をとるものとする．

問題 5.4

$$\frac{1}{2\pi i}\oint_C \left\{\log\frac{z+1}{z-1}\right\} f(z)dz$$

の積分路 C を変形させてこれが $\displaystyle\int_{-1}^1 f(x)dx$ に等しくなることを導け．

つぎに，積分 I に対する近似公式を

$$I_n = \sum_{k=1}^n A_k f(a_k) \tag{5.5.15}$$

とする．標本点 a_k はすべて積分区間 $K = [a,b]$ に含まれているものとする．

このとき和 I_n も積分 I と同様複素平面内の周回積分によって表現できる.

補題 5.4 $f(z)$ が K を含む $\mathcal{D}$ で正則のとき

$$I_n = \frac{1}{2\pi i}\oint_C \Psi_n(z)f(z)dz \tag{5.5.16}$$

ただし $\Psi_n(z)$ はつぎのような有理関数である.

$$\Psi_n(z) = \sum_{k=1}^{n} \frac{A_k}{z-a_k} \tag{5.5.17}$$

証明 積分路 C (図 5.2) の内部に存在する $\Psi_n(z)f(z)$ の特異点は $\Psi_n(z)$ の単純な極 a_k; $k=1, 2, \ldots, n$ のみであって, かつ極 a_k における $\Psi_n(z)f(z)$ の留数は $A_kf(a_k)$ である. したがって留数定理によって

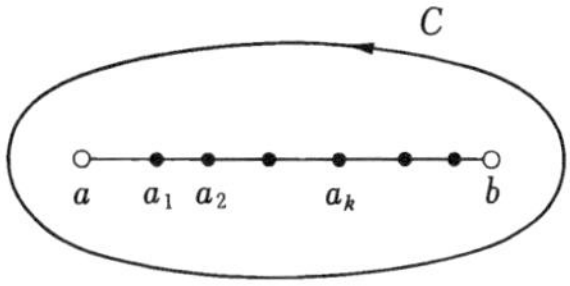

図 5.2

$$\begin{aligned}\frac{1}{2\pi i}\oint_C \left\{\sum_{k=1}^{n}\frac{A_k}{z-a_k}\right\} f(z)dz &= \sum_{k=1}^{n}\frac{1}{2\pi i}\oint_C \frac{A_k}{z-a_k}f(z)dz \\ &= \sum_{k=1}^{n} A_kf(a_k) \end{aligned}\tag{5.5.18}$$

■

有理関数 (5.5.17) の右辺を通分すると

$$\Psi_n(z) = \frac{G_n(z)}{F_n(z)} \tag{5.5.19}$$

と書くことができる. ここで $F_n(z)$ は n 次多項式

$$F_n(z) = (z-a_1)(z-a_2)\cdots(z-a_n) \tag{5.5.20}$$

であり, $G_n(z)$ はたかだか $n-1$ 次の多項式である. $\Psi(z)$ および $\Psi_n(z)$ が被積分関数 $f(z)$ に依存しないことに注意しよう.

誤差の特性関数

補題 5.3 および 5.4 からただちに数値積分の誤差

$$\Delta I_n = I - I_n \tag{5.5.21}$$

の複素積分による表示が得られる.

定理 5.3 $f(z)$ が K を含む開集合 $\mathcal{D}$ で正則のとき

$$\Delta I_n = \frac{1}{2\pi i}\oint_C \Phi_n(z)f(z)dz \tag{5.5.22}$$

ただし

$$\Phi_n(z) = \Psi(z) - \Psi_n(z) \tag{5.5.23}$$

複素関数 $\Phi_n(z)$ は積分 I とそれに対する近似公式 I_n だけから定まり，被積分関数 $f(z)$ に依存しない．補間公式の場合と同様に，$\Phi_n(z)$ を数値積分公式の**誤差の特性関数** という．

周回積分 (5.5.22) の近似計算によって具体的に誤差評価を行なうには，第 4 章 4.11 節に示したように**鞍点法**が有効である．また被積分関数 $f(z)$ が有理関数であれば**留数定理**を適用することができる．

近似公式の構成の原理

一般に $\Psi(z)$ および $\Psi_n(z)$ は，$|z|$ が大なるところでそれぞれ形式的につぎのように展開することができる．

$$\Psi(z) = \frac{1}{z}\sum_{j=0}^{\infty}\frac{1}{z^j}\int_a^b x^j w(x)dx \tag{5.5.24}$$

$$\Psi_n(z) = \frac{1}{z}\sum_{j=0}^{\infty}\frac{1}{z^j}\left\{\sum_{k=1}^{n} A_k {a_k}^j\right\} \tag{5.5.25}$$

したがって誤差の特性関数に対してつぎの漸近展開が成立する．

$$\Phi_n(z) = \sum_{j=0}^{\infty}\frac{c_j}{z^{j+1}} \tag{5.5.26}$$

ただし

$$c_j = \int_a^b x^j w(x)dx - \sum_{k=1}^{n} A_k {a_k}^j; \quad j = 0, 1, 2, \ldots \tag{5.5.27}$$

補間型数値積分公式がそうであるように，通常使用される数値積分公式は被積分関数 $f(x)$ がある次数までの多項式であれば正確な積分値を与えるように作られている．いま，ある数値積分公式の誤差の特性関数 $\Phi_n(z)$ の漸近展開が z^{-M-2} の項からはじまっているとしよう．

$$\Phi_n(z) = \frac{c_{M+1}}{z^{M+2}} + \frac{c_{M+2}}{z^{M+3}} + \cdots \tag{5.5.28}$$

このとき，被積分関数がたかだか M 次の多項式

$$f(z) = a_M z^M + a_{M-1} z^{M-1} + \cdots + a_1 z + a_0 \tag{5.5.29}$$

であれば

$$\Phi_n(z) f(z) = \frac{c'}{z^2} + \frac{c''}{z^3} + \cdots \tag{5.5.30}$$

となる．ところが一般に閉曲線 C に沿って

$$\frac{1}{2\pi i} \oint_C \frac{1}{z^k} dz = 0, \quad k \geq 2 \tag{5.5.31}$$

が成立するので，結局

$$\Delta I_n = \frac{1}{2\pi i} \oint_C \Phi_n(z) f(z) dz = 0 \tag{5.5.32}$$

となる．したがって，特性関数の漸近展開が (5.5.28) の形をしている公式 I_n は被積分関数が M 次までの多項式のとき正確な積分値を与える．

以上から，M 次の公式は (5.5.27) の c_j を $j = 0$ から M まで 0 とおくことによって得られることが結論される．

$$\sum_{k=1}^{n} A_k a_k{}^j = \int_a^b x^j w(x) dx, \quad j = 0, 1, 2, \cdots, M \tag{5.5.33}$$

これは A_k, a_k に関する非線型連立方程式であって，これを解くことによって公式を構成することができる．ニュートン・コーツ公式のようにあらかじめ a_k が定められている場合は，これは A_k に関する単なる連立 1 次方程式である．

問題 5.5 シンプソンの公式を (5.5.33) から導け．

このように，一般に数値積分公式 I_n は，与えられた積分 I の密度関数に対応するヒルベルト変換 $\Psi(z)$ を $|z|$ が大なるところで良く近似する近似有理関数 $\Psi_n(z)$ を定めることによって得られることがわかった．次節において，とくにガウス型公式の場合この**有理関数近似**が具体的にいかなるアルゴリズムによってなされるかを明らかにする．

補間型公式の誤差の特性関数

補間型数値積分公式の誤差の特性関数は，もとになるラグランジュ補間公式の誤差の特性関数から直接導くことができる．第 4 章 (4.10.6) より

$$\Delta I_n = \int_a^b \varepsilon_n(x)w(x)dx = \int_a^b \left\{ \frac{1}{2\pi i} \oint_C \Phi_{n,x}(z)f(z)dz \right\} w(x)dx \qquad (5.5.34)$$

であるが，補題 5.3 の証明と同様に積分の順序を交換することにより結局つぎの関係が得られる．

$$\Phi_n(z) = \int_a^b \Phi_{n,x}(z)w(x)dx = \frac{1}{F_n(z)} \int_a^b \frac{F_n(x)}{z-x} w(x)dx \qquad (5.5.35)$$

これが補間型公式の誤差の特性関数である．

$\Phi_n(z)$ は $|z|$ が大のとき漸近的に

$$\Phi_n(z) = \frac{1}{F_n(z)} \sum_{j=0}^{\infty} \frac{1}{z^{j+1}} \int_a^b F_n(x)x^j w(x)dx \qquad (5.5.36)$$

$$= \frac{1}{z^{n+1}} \int_a^b F_n(x)w(x)dx + \cdots \qquad (5.5.37)$$

となる．したがって，一般に標本点数が n である補間型公式は，$n-1$ 次までの多項式に対して正しい値を与える．

ガウス型公式の場合事情はやや異なる．区間 $[a,b]$ において定義される密度関数 $w(x)$ に関する直交多項式を $p_n(x)$ とすると，対応するガウス型公式の誤差の特性関数は

$$\Phi_n(z) = \frac{1}{p_n(z)} \int_a^b \frac{p_n(x)}{z-x} w(x)dx \qquad (5.5.38)$$

となるが，直交性から

$$\int_a^b p_n(x)x^j w(x)dx = 0, \quad j = 0, 1, 2, \ldots, n-1 \qquad (5.5.39)$$

が成立し漸近展開 (5.5.37) はさらに高次の項まで消えて，結局つぎのようになる．

$$\Phi_n(z) = \frac{1}{p_n(z)} \sum_{j=n}^{\infty} \frac{1}{z^{j+1}} \int_a^b p_n(x)x^j w(x)dx$$

$$= \frac{1}{z^{2n+1}} \frac{1}{\mu_n} \int_a^b p_n(x) x^n w(x) dx + \cdots$$

$$= \frac{\lambda_n}{{\mu_n}^2} \frac{1}{z^{2n+1}} + \cdots \tag{5.5.40}$$

したがって，n 次ガウス型公式は被積分関数が $2n-1$ 次までの多項式のとき正しい積分値を与えることがわかる．

誤差の特性関数の例

積分

$$I = \int_{-1}^{1} f(x) dx \tag{5.5.41}$$

に対して，区間 $[-1, 1]$ を 20 等分した 21 点複合シンプソンの公式を適用したときの $|\Phi_n(z)|$ の等高線図を図 5.3 に，また 8 次ルジャンドル・ガウス公式を適用したときの $|\Phi_n(z)|$ の等高線図を図 5.4 に示した．これらの図からも，積分区間 $[-1, 1]$ から離れるにつれて，$|\Phi_n(z)|$ が急速に小さくなっていることがみてとれる．ルジャンドル・ガウス公式の $|\Phi_n(z)|$ が複素平面全体で一様な様相を示すのに対し，シンプソンの公式のほうは特異である．とくにこの公式の $\Phi_n(z)$ は $z = \pm i$ の近くに零点をもつ．またこの図を比較すると，5.2 節にも見たとおり，標本点数がかなり少なくても，シンプソンの公式よりもルジャンドル・ガウス公式のほうが精度の高い公式であることがわかる．

例題 5.1

$$I = \int_{-1}^{1} \frac{dx}{(x-2)(x^2+1)} = -\frac{1}{5}(\log_e 3 + \pi) = -0.84804\cdots \tag{5.5.42}$$

を 21 点複合シンプソンの公式および 8 次ルジャンドル・ガウス公式で計算したときの誤差を評価せよ．

解

$$f(z) = \frac{1}{(z-2)(z^2+1)} \tag{5.5.43}$$

は $z = 2, \pm i$ に単純な極をもち，そこにおける $f(z)$ の留数の絶対値はそれぞれ $1/5$, $\sqrt{5}/10$, $\sqrt{5}/10$ である．

(i) 21 点シンプソンの公式 ： 第 4 章 (4.11.23) と同様の関係より，誤差は

$$|\Delta I_n| \leq \frac{1}{5}|\Phi_n(2)| + \frac{\sqrt{5}}{10}\{|\Phi_n(i)| + |\Phi_n(-i)|\} \tag{5.5.44}$$

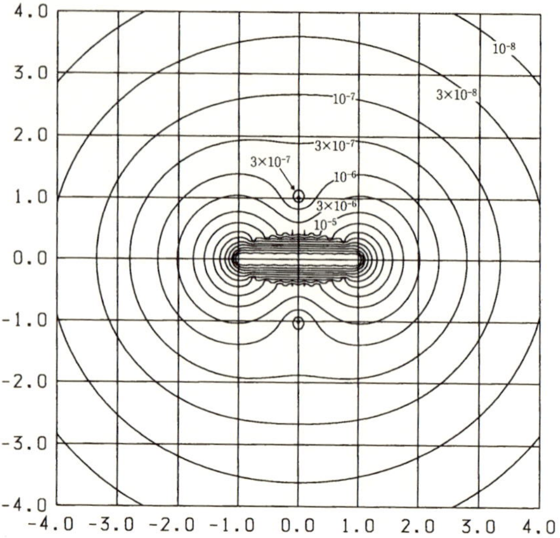

図 5.3 21 点複合シンプソンの公式の誤差の特性関数 $|\Phi_n(z)|$, $n = 21$

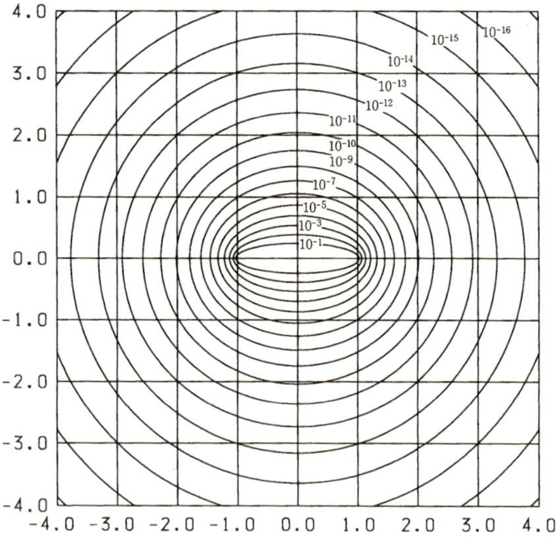

図 5.4 8 次ルジャンドル・ガウス公式の誤差の特性関数 $|\Phi_n(z)|$, $n = 8$

と評価される．図 5.3 より $|\Phi_n(\pm i)| < 3\times 10^{-7} \ll |\Phi_n(2)| \simeq 3\times 10^{-6}$ であるから，$z=\pm i$ の極の影響は無視できて，数値的な評価はつぎのようになる．

$$|\Delta I_n| \simeq \frac{1}{5}|\Phi_n(2)| \simeq \frac{1}{5}\times 3\times 10^{-6} = 6\times 10^{-7} \tag{5.5.45}$$

(ii) 8 次ルジャンドル・ガウス公式 ： 誤差評価は (5.5.44) で与えられるが，今度はシンプソンの公式と逆に図 5.4 より $|\Phi_n(2)| \simeq 10^{-9} \ll |\Phi_n(\pm i)| \simeq 2\times 10^{-6}$ であるから，数値的にはつぎの評価を得る．

$$|\Delta I_n| \simeq 2\times \frac{\sqrt{5}}{10}\times |\Phi_n(i)| \simeq 2\times 0.22\times (2\times 10^{-6}) \simeq 9\times 10^{-7} \tag{5.5.46}$$

これらの評価が適切なものであることは，実際数値積分を行なって確かめることができる． ■

5.6 ガウス型公式の誤差の特性関数

ガウス型公式の $\Psi_n(z)$ と $\Phi_n(z)$

区間 $[a,b]$ において密度関数 $w(x)$ に関して定義されている直交多項式 $p_k(x)$ と対応するガウス型積分公式を考えよう．よく知られている直交多項式は概してそうなっているので

$$p_0(x) = 1 \tag{5.6.1}$$

としておく．補間型公式 I_n は第 4 章 (4.10.3) を積分して得られるものであるから，そこで $F_n(x) = p_n(x)/\mu_n$ とおけばいまの場合には

$$\Psi_n(z) = \int_a^b \frac{p_n(z)-p_n(x)}{(z-x)p_n(z)} w(x)dx \tag{5.6.2}$$

$$= \frac{g_n(z)}{p_n(z)} \tag{5.6.3}$$

が成立する．ここで $g_n(z)$ は

$$g_n(z) = \int_a^b \frac{p_n(z)-p_n(x)}{z-x} w(x)dx \tag{5.6.4}$$

で与えられる関数であるが，その積分の中に現われる関数

$$\frac{p_n(z)-p_n(x)}{z-x} \tag{5.6.5}$$

は明らかに z に関する $n-1$ 次多項式であり，おのおののべき z^k の係数は x

のたかだか $n-1$ 次の多項式である．したがって (5.6.2) の積分を z の各べきごとに実行すれば $g_n(z)$ もまた z の $n-1$ 次多項式であることがわかる．実はこれはすでに (5.5.19) において見た関係である．

このとき誤差の特性関数は (5.5.38) より

$$\Phi_n(z) = \frac{q_n(z)}{p_n(z)} \tag{5.6.6}$$

となる．ここで $q_n(z)$ は

$$q_n(z) = \int_a^b \frac{p_n(x)}{z-x} w(x)dx \tag{5.6.7}$$

で定義される関数で，$p_n(z)$ に対する**第 2 種の関数**という．$p_k(z)$, $g_k(z)$, $q_k(z)$ の間に成立している関係

$$\frac{q_n(z)}{p_n(z)} = \int_a^b \frac{w(x)}{z-x}dx - \frac{g_n(z)}{p_n(z)} \tag{5.6.8}$$

は，ルジャンドル多項式 $P_n(z)$ の場合第 2 種の関数 $Q_n(z)$ の定義式

$$2Q_n(z) = P_n(z)\log\frac{z+1}{z-1} - 2W_{n-1}(z) \tag{5.6.9}$$

としてよく知られている[5]．$W_{n-1}(z)$ は z の $n-1$ 次多項式である．

直交多項式 $p_k(z)$ は第 4 章 4.4 節でみたように 3 項から成る漸化式を満足しているが，$g_k(z)$ に対してもまったく同じ関係が成立する．

補題 5.5 $g_k(z)$ は $p_k(z)$ と同じ漸化式

$$g_k(z) = (\alpha_k z + \beta_k)g_{k-1}(z) - \gamma_k g_{k-2}(z), \quad k \geq 2 \tag{5.6.10}$$

を満足する．ただし α_k, β_k, γ_k は第 4 章 (4.4.10) で定義されるもので，

$$g_0(z) = 0, \quad g_1(z) = \gamma_1 = \mu_1\lambda_0 \tag{5.6.11}$$

とする．

5) たとえば数学公式 III (岩波全書) p.107.

証明　$p_k(z)$, $p_k(x)$ に対して第 4 章 (4.4.8) を代入すると

$$\begin{aligned} g_k(z) &= \int_a^b \frac{1}{z-x} \left[\{(\alpha_k z + \beta_k) p_{k-1}(z) - \gamma_k p_{k-2}(z)\} \right. \\ &\quad \left. - \{(\alpha_k x + \beta_k) p_{k-1}(x) - \gamma_k p_{k-2}(x)\} \right] w(x) dx \\ &= \int_a^b \frac{1}{z-x} \alpha_k \{ z p_{k-1}(z) - x p_{k-1}(x) \} w(x) dx \\ &\quad + \beta g_{k-1}(z) - \gamma_k g_{k-2}(z) \end{aligned}$$

となるが，最後の式の中括弧の中の第 2 項の積分は

$$\begin{aligned} \int_a^b \frac{x}{z-x} p_{k-1}(x) w(x) dx &= \int_a^b \left(-1 + \frac{z}{z-x} \right) p_{k-1}(x) w(x) dx \\ &= -\int_a^b p_{k-1}(x) w(x) dx + \int_a^b \frac{z}{z-x} p_{k-1}(x) w(x) dx \\ &= z \int_a^b \frac{1}{z-x} p_{k-1}(x) w(x) dx \end{aligned} \tag{5.6.12}$$

となる．ここで直交性

$$\int_a^b p_{k-1}(x) w(x) dx = (p_{k-1},\, p_0) = 0, \quad k \geq 2 \tag{5.6.13}$$

を用いた．したがって

$$\begin{aligned} g_k(z) &= \alpha_k z \int_a^b \frac{p_{k-1}(z) - p_{k-1}(x)}{z-x} w(x) dx + \beta_k g_{k-1}(z) - \gamma_k g_{k-2}(z) \\ &= (\alpha_k z + \beta_k) g_{k-1}(z) - \gamma_k g_{k-2}(z) \end{aligned} \tag{5.6.14}$$

が成立する．

初期値は $p_k(z)$ と矛盾の生じないように $k=0$ のとき $g_0(z)=0$ ととり，$k=1$ のときには

$$g_1(z) = \int_a^b \frac{p_1(z) - p_1(x)}{z-x} w(x) dx = \mu_1 \int_a^b w(x) dx = \mu_1 \lambda_0 \equiv \gamma_1 \tag{5.6.15}$$

ととればよい． ■

$\Psi(z)$ の連分数展開

同一の漸化式を満足する二つの列 $\{p_k(z)\}$, $\{g_k(z)\}$ の同じ番号の成分の商は

連分数で表わすことができる．

補題 5.6 $\{F_k\}$, $\{G_k\}$ は初期条件

$$F_0 = 1, \quad F_1 = a_1, \quad G_0 = 0, \quad G_1 = b_1 \tag{5.6.16}$$

のもとで漸化式

$$\begin{cases} F_k = a_k F_{k-1} - b_k F_{k-2} \\ G_k = a_k G_{k-1} - b_k G_{k-2} \end{cases} \tag{5.6.17}$$

を満足するものとする．このとき商 G_k/F_k はつぎのように連分数で表現することができる．ただし $a_k \neq 0$ とする．

$$\frac{G_k}{F_k} = \cfrac{b_1}{a_1 - \cfrac{b_2}{a_2 - \cfrac{b_3}{a_3 - \cfrac{b_4}{\ddots \, - \cfrac{b_k}{a_k}}}}} \tag{5.6.18}$$

証明 帰納法による．$k = 1$ のとき成立していることは明らかである．$k = j$ のとき成立したと仮定する．このとき

$$\begin{aligned} \frac{G_{j+1}}{F_{j+1}} &= \frac{a_{j+1}G_j - b_{j+1}G_{j-1}}{a_{j+1}F_j - b_{j+1}F_{j-1}} = \frac{a_{j+1}(a_jG_{j-1} - b_jG_{j-2}) - b_{j+1}G_{j-1}}{a_{j+1}(a_jF_{j-1} - b_jF_{j-2}) - b_{j+1}F_{j-1}} \\ &= \frac{(a_j - b_{j+1}/a_{j+1})G_{j-1} - b_jG_{j-2}}{(a_j - b_{j+1}/a_{j+1})F_{j-1} - b_jF_{j-2}} \end{aligned} \tag{5.6.19}$$

すなわち，G_{j+1}/F_{j+1} は G_j/F_j において a_j を形式的に $a_j - b_{j+1}/a_{j+1}$ で置き換えたものに等しい．したがって

$$\frac{G_{j+1}}{F_{j+1}} = \cfrac{b_1}{a_1 - \cfrac{b_2}{a_2 - \cfrac{b_3}{\ddots \, - \cfrac{b_j}{\left(a_j - \cfrac{b_{j+1}}{a_{j+1}}\right)}}}} \tag{5.6.20}$$

となり，$k = j + 1$ のときも成立する． ■

この補題を列 $\{p_k(z)\}$, $\{g_k(z)\}$ に適用すればただちにつぎの結果を得る．

定理 5.4

$$\Psi_n(z) = \frac{g_n(z)}{p_n(z)} = \cfrac{\gamma_1}{\alpha_1 z + \beta_1 - \cfrac{\gamma_2}{\alpha_2 z + \beta_2 - \cfrac{\gamma_3}{\ddots \, - \cfrac{\gamma_n}{\alpha_n z + \beta_n}}}} \tag{5.6.21}$$

連分数 (5.6.21) を第 n 項で打ち切らずに無限に続けたらどうなるであろうか．ごく自然に予想されるように，この結果は実は $\Psi(z)$ に収束する．証明のためにはかなりの準備が必要であるのでここでは結論のみを証明なしで示しておく[6)]．

定理 5.5 $z \notin K$ のとき

$$\lim_{n\to\infty} \left| \frac{g_n(z)}{p_n(z)} - \int_a^b \frac{w(x)}{z-x} dx \right| = 0 \tag{5.6.22}$$

この定理は，ヒルベルト変換 (5.5.3) が**無限連分数**に展開できることを示している．

$$\Psi(z) = \cfrac{\gamma_1}{\alpha_1 z + \beta_1 - \cfrac{\gamma_2}{\alpha_2 z + \beta_2 - \cfrac{\gamma_3}{\alpha_3 z + \beta_3 - \ddots}}} \tag{5.6.23}$$

したがって，n 次ガウス型公式はヒルベルト変換 (5.5.3) の連分数展開をその第 n 項で打ち切った有理関数で近似することによって得られるものである．また定理 5.5 は，z が積分区間 $[a, b]$ 内の点でなければ

$$\lim_{n\to\infty} |\Phi_n(z)| = \lim_{n\to\infty} \left| \frac{q_n(z)}{p_n(z)} \right| = 0 \tag{5.6.24}$$

となることを意味しており，これから任意の可積分な解析関数に対してガウス

6) たとえば [23] を参照．

型公式は標本点数 n を増せばいくらでも真の積分値に近い値を与えることがわかる．

定理 5.5 あるいは収束 (5.6.24) は，チェビシェフ・ガウス公式の場合には簡単に証明することができる．なぜなら，このとき

$$\Phi_n(z) = \frac{1}{T_n(z)} \int_{-1}^{1} \frac{T_n(x)}{(z-x)\sqrt{1-x^2}} dx \tag{5.6.25}$$

であるが，$|T_n(x)| \le 1$ より

$$\begin{aligned} |\Phi_n(z)| &\le \frac{1}{\left(\min\limits_{-1\le x\le 1} |z-x|\right)|T_n(z)|} \int_{-1}^{1} \frac{dx}{\sqrt{1-x^2}} \\ &= \frac{\pi}{\left(\min\limits_{-1\le x\le 1} |z-x|\right)|T_n(z)|} \end{aligned} \tag{5.6.26}$$

となる．ところが $z \notin [-1,1]$ のとき第4章 (4.12.27) より

$$\lim_{n\to\infty} |\Phi_n(z)| = 0 \tag{5.6.27}$$

となるからである．

5.7 二重指数関数型数値積分公式

無限区間 $(-\infty, \infty)$ における等間隔きざみ幅の台形公式は，解析関数の数値積分できわめて高精度の結果を与える．これを 5.5 節の考え方に従って考察し，その性質を利用して変数変換に基づく数値積分公式を導いてみよう．

無限区間における台形公式

定理 5.6 $f(x)$ は実軸を含むある領域 $\mathcal{D}$ で正則で $(-\infty, \infty)$ で可積分な関数であるとする．このとき積分

$$I = \int_{-\infty}^{\infty} f(x)dx \tag{5.7.1}$$

を等間隔な標本点分布をもつ台形公式

$$I_h = h \sum_{n=-\infty}^{\infty} f(nh) \tag{5.7.2}$$

で近似したときの誤差は

$$\Delta I_h = I - I_h = \frac{1}{2\pi i}\int_C \Phi_h(z) f(z) dz \tag{5.7.3}$$

で与えられる．ここで誤差の特性関数は

$$\Phi_h(z) = \begin{cases} -\pi i - \pi \cot \dfrac{\pi}{h} z = \dfrac{-2\pi i}{1-\exp(-2\pi i z/h)}; & \mathrm{Im}\, z > 0 \\ +\pi i - \pi \cot \dfrac{\pi}{h} z = \dfrac{+2\pi i}{1-\exp(+2\pi i z/h)}; & \mathrm{Im}\, z < 0 \end{cases} \tag{5.7.4}$$

であり，積分路 C は図 5.5 のように $\mathcal{D}$ 内で実軸の上下に逆向きにとる．

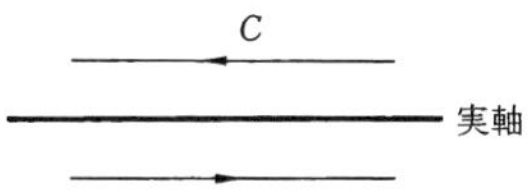

図 5.5

証明　cotangent の部分分数分解[7]によって

$$\pi \cot \frac{\pi}{h} z = h\left\{\frac{1}{z} + \sum_{n=1}^{\infty}\left(\frac{1}{z-nh} + \frac{1}{z+nh}\right)\right\} \tag{5.7.5}$$

となるが，これを (5.7.3) の右辺に代入し積分路 C を限りなく実軸に近づけて留数定理を利用すればただちにつぎの結論を得る．

$$\begin{aligned} \Delta I_h &= \frac{1}{2\pi i}\left\{\int_{\infty}^{-\infty}(-\pi i) f(z) dz + \int_{-\infty}^{\infty}(\pi i) f(z) dz\right\} \\ &\quad - \frac{h}{2\pi i}\int_C \left\{\frac{1}{z} + \sum_{n=1}^{\infty}\left(\frac{1}{z-nh} + \frac{1}{z+nh}\right)\right\} f(z) dz \\ &= \int_{-\infty}^{\infty} f(x) dx - h \sum_{n=-\infty}^{\infty} f(nh) \end{aligned} \tag{5.7.6}$$

■

例題 5.2

$$I = \int_{-\infty}^{\infty} e^{-x^2} dx = \sqrt{\pi} \tag{5.7.7}$$

に対してきざみ幅 h の台形公式を適用したときの誤差を評価せよ．

解　上半平面 $\mathrm{Im}\, z > 0$ を考える．もし

$$\mathrm{Im}\, z \gg h \tag{5.7.8}$$

7) [24] 参照

であれば (5.7.4) は

$$\Phi_h(z) \simeq 2\pi i \exp\left(\frac{2\pi i z}{h}\right) \tag{5.7.9}$$

となる．ここで第 4 章 (4.11.12) の鞍点法の公式を利用しよう．

$$\Phi_h(z)f(z) \simeq 2\pi i \exp\left(\frac{2\pi i z}{h} - z^2\right) \tag{5.7.10}$$

$$\phi(z) = \log\{\Phi_h(z)f(z)\} \simeq \log 2\pi i + \frac{2\pi i z}{h} - z^2 \tag{5.7.11}$$

であるから，鞍点は

$$\phi'(z) \simeq \frac{2\pi i}{h} - 2z = 0 \tag{5.7.12}$$

より

$$\eta \simeq \frac{\pi}{h} i \tag{5.7.13}$$

であることがわかる．h が小であれば (5.7.8) は確かに満足される．

$$\phi''(z) \simeq -2 \tag{5.7.14}$$

であるから，これらを第 4 章 (4.11.12) に代入し，さらに下半平面において (5.7.13) と対称に現われる鞍点を考慮に入れれば，結局

$$|\Delta I_h| \simeq 2\frac{|2\pi \exp(-2\pi^2/h^2)\exp(\pi^2/h^2)|}{\sqrt{4\pi}} = 2\sqrt{\pi}\exp\left(-\frac{\pi^2}{h^2}\right) \tag{5.7.15}$$

となる．これは h が小さいときわめて小さな値である．たとえば $h = 0.5$ のとき $|\Delta I_h| \simeq 2.5 \times 10^{-17}$ 程度である． ■

二重指数関数型数値積分公式

ここでは証明はしないが，$(-\infty, \infty)$ における積分に対して，等間隔きざみ幅の台形公式は，解析性についてのある条件の下で，最も少ない標本点数で最も精度の高い結果を与えるという意味で**最適公式**であることがわかっている[23]．上の例題 5.2 にその一端を見ることができる．

台形公式のこの著しい特徴を利用して，効率の良い数値積分公式を導いてみよう．いま，つぎの積分を数値計算することを考える．

$$I = \int_a^b f(x)dx \tag{5.7.16}$$

積分区間 (a, b) は有限区間でも，半無限区間でも，また全無限区間でもよい．ただし，被積分関数 $f(x)$ は区間 (a, b) でつねに解析的でなければならないが，端点 $x = a$ または $x = b$ において特異性をもっていてもよい．

この積分 (5.7.16) に対して解析関数 $\phi(t)$ による変数変換

$$x = \phi(t), \quad a = \phi(-\infty),\ b = \phi(\infty) \tag{5.7.17}$$

を行なうと,

$$I = \int_{-\infty}^{\infty} f(\phi(t))\phi'(t)dt \tag{5.7.18}$$

となる．これに等間隔きざみ幅の台形公式を適用すると,

$$I_h = h \sum_{k=-\infty}^{\infty} f(\phi(kh))\phi'(kh) \tag{5.7.19}$$

を得る．この無限和の上下限を $n = -N_-$, $n = N_+$ で打ち切ると，つぎのような数値積分公式が導かれる．

$$I_h^{(N)} = h \sum_{k=-N_-}^{N_+} f(\phi(kh))\phi'(kh), \quad N = N_+ + N_- + 1 \tag{5.7.20}$$

N は積分値を計算するに要した被積分関数の計算回数である．この打切りの場所 N_+と N_- は，**離散化誤差**

$$\Delta I_h = I - I_h \tag{5.7.21}$$

と**項の打切り誤差**

$$\varepsilon_t = I_h - I_h^{(N)} \tag{5.7.22}$$

がほぼ等しくなるようにきめる．

ここで，変換の関数 $\phi(t)$ としてはいろいろな選び方が考えられる．実は，数値積分の効率には，$t = \pm\infty$ における変換後の被積分関数の減衰の仕方が大きく関わっていて，変換後に被積分関数が二重指数関数的に，すなわち

$$|f(\phi(t))\phi'(t)| \approx \exp(-c\exp|t|), \quad |t| \to \infty \tag{5.7.23}$$

のように減衰するとき，最適の公式が得られることがわかっている[8)]．このような二重指数関数型変換を適用して得られた数値積分公式を，**二重指数関数型数値積分公式**（double exponential formula，略して **DE 公式**）とよぶ [23].

8) H.Takahasi and M.Mori, Double exponential formulas for numerical integration, Publ. RIMS Kyoto Univ. **9** (1974) 721-741, M.Sugihara, Optimality of the double exponential formula — functional analysis approach —, Numer.Math. **75** (1997) 379-395.

区間 $(-1, 1)$ における積分

$$I = \int_{-1}^{1} f(x)dx \tag{5.7.24}$$

の場合，変換

$$x = \phi(t) = \tanh\left(\frac{\pi}{2}\sinh t\right) \tag{5.7.25}$$

が二重指数関数型公式

$$I_h^{(N)} = h \sum_{k=-N_-}^{N_+} f\left(\tanh\left(\frac{\pi}{2}\sinh kh\right)\right) \frac{\dfrac{\pi}{2}\cosh kh}{\cosh^2\left(\dfrac{\pi}{2}\sinh kh\right)} \tag{5.7.26}$$

を与える．

公式 (5.7.26) は，とくに

$$I = \int_{-1}^{1} f(x)dx, \quad f(x) = \frac{1}{(2-x)(1+x)^{3/4}(1-x)^{1/4}} \tag{5.7.27}$$

のように端点に特異性をもつ関数を積分するときに有効である．この例について変換前の被積分関数 $f(x)$ と変換後の被積分関数 $f(\phi(t))\phi'(t)$ のグラフを，図 5.6 に示した．被積分関数は，変換前には特異性により端点の近くで ∞ へ発散していたが，変換により $|t|$ が大きくなるとき二重指数関数的に減衰してしまうのである．きざみ幅 $h = 0.2$ として，$f(\phi(t))\phi'(t)$ を適切な t で打ち切って計算を行なうと，$N = 40$ 程度で有効桁数が約 13 の結果が得られる．

つぎに (5.7.24) 以外のいろいろな型の積分と，それに対応する二重指数関数型変換を示しておく．

$$I = \int_{0}^{\infty} f(x)dx \quad \Rightarrow \quad x = \exp\left(\frac{\pi}{2}\sinh t\right) \tag{5.7.28}$$

$$I = \int_{0}^{\infty} f_1(x)\exp(-x)dx \quad \Rightarrow \quad x = \exp(t - \exp(-t)) \tag{5.7.29}$$

$$I = \int_{-\infty}^{\infty} f(x)dx \quad \Rightarrow \quad x = \sinh\left(\frac{\pi}{2}\sinh t\right) \tag{5.7.30}$$

一般に，無限和 (5.7.19) の誤差 $I - I_h$ を台形公式の刻み幅 h の関数として表すと，

$$|\Delta I_h| = |I - I_h| \approx \exp\left(-\frac{c_1}{h}\right) \tag{5.7.31}$$

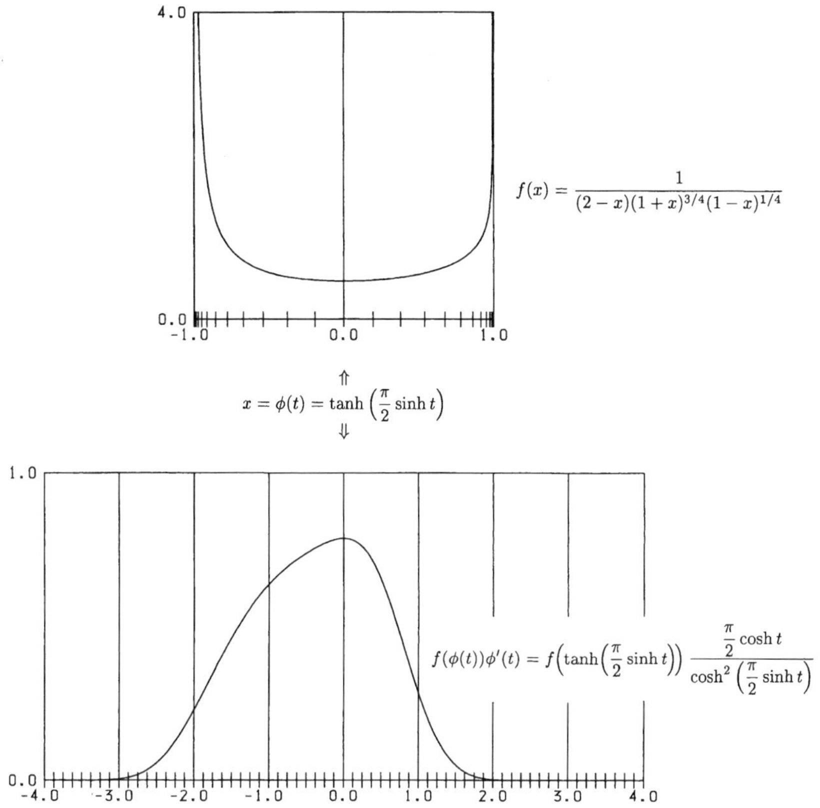
4.0
0.0
-1.0
0.0
1.0
$f(x) = \dfrac{1}{(2-x)(1+x)^{3/4}(1-x)^{1/4}}$
⇑
$x = \phi(t) = \tanh\left(\dfrac{\pi}{2}\sinh t\right)$
⇓
1.0
0.0
-4.0
-3.0
-2.0
-1.0
0.0
1.0
2.0
3.0
4.0
$f(\phi(t))\phi'(t) = f\Bigl(\tanh\Bigl(\dfrac{\pi}{2}\sinh t\Bigr)\Bigr)\,\dfrac{\dfrac{\pi}{2}\cosh t}{\cosh^2\left(\dfrac{\pi}{2}\sinh t\right)}$

図 5.6 (5.7.27) に対する二重指数関数型変換

となる．これは，刻み幅 h を小さくするとき誤差がきわめて速く 0 に収束することを示している．一方，実際に計算する公式 (5.7.20) の誤差 $I - I_h^{(N)}$ を関数計算回数 N の関数として表すと，

$$|\Delta I_h^{(N)}| = |I - I_h^{(N)}| \simeq \exp\left(-c_2 \frac{N}{\log N}\right) \tag{5.7.32}$$

のようになる．これは N を増やすとき急速に小さくなることを示している．これらの誤差の挙動の導出の詳細については [23] を，プログラミング上の注意については [29] を参照されたい．

振動型積分に対する変換

上に述べた二重指数関数型変換が有効でない積分も存在する．とくに，$\sin\omega x$ を因子として含む半無限区間の振動型積分

$$I = \int_0^\infty f_1(x)\sin\omega x dx \tag{5.7.33}$$

において，$f_1(x)$ が代数的あるいは対数的な遅い減衰をする関数の場合には，(5.7.28) によっても良い結果を得ることができない．このような積分の場合に有効な変換の一つは

$$x = M\phi(t), \quad \phi(t) = \frac{t}{1-\exp(-6\sinh t)} \tag{5.7.34}$$

である[9)]．M はすぐ後に示すように，h との兼ね合いを見て決める正の定数である．この変換を行なって台形公式を適用すると，(5.7.33) は

$$I_h = Mh\sum_{k=-\infty}^{\infty} f_1(M\phi(kh))\sin(M\omega\phi(kh))\phi'(kh) \tag{5.7.35}$$

となる．ただし，h は

$$M\omega h = \pi \tag{5.7.36}$$

となるように選ぶ．$t = kh$ が負で大きくなるときは，(5.7.35) の被積分関数は (5.7.34) より二重指数関数的に減衰する．一方，$t = kh$ が正で大きくなるとき (5.7.35) の被積分関数は減衰しない．しかしこのとき，分点は (5.7.34) より $M\omega\phi(kh) \simeq M\omega kh = k\pi$ となるから，$\sin M\omega\phi(kh)$ の項は

$$\sin M\omega\phi(kh) \simeq \sin M\omega kh = \sin k\pi = 0 \tag{5.7.37}$$

となり，公式 (5.7.35) の分点が $\sin M\omega\phi(x)$ の零点に二重指数関数的に近づく．したがって，そのように大きな kh において被積分関数の値を計算する必要がなくなって，実質的に二重指数関数型公式と同じ挙動を示すことになるのである．なお，$\cos\omega x$ を因子にもつ積分

$$I = \int_0^\infty f_1(x)\cos\omega x dx \tag{5.7.38}$$

9) T. Ooura and M. Mori, The double exponential formula for oscillatory functions over the half infinite interval, J.Comput.Appl.Math. **38** (1991) 353–360.

の場合には，変換

$$x = M\phi\Big(t + \frac{\pi}{2M\omega}\Big) \tag{5.7.39}$$

を適用すればよい．

例として

$$I = \int_0^\infty \log x \sin x dx = -\gamma = -0.57721\ 56649\ 0153\cdots \tag{5.7.40}$$

を取り上げる．γ は**オイラーの定数**である．この場合，被積分関数に含まれる $\log x$ は，減衰が遅いどころか，図 5.7 に見るように，ゆるやかに増加する関数である．このような積分は本来

$$I = \lim_{\varepsilon \to +0} \int_0^\infty e^{-\varepsilon x} \log x \sin x dx = -\gamma \tag{5.7.41}$$

として定義されるものである．この積分 (5.7.40) に対しても，変換 (5.7.34) は有効である．実際，$\log x \sin x$ が増加関数であることに何の対策も講じること

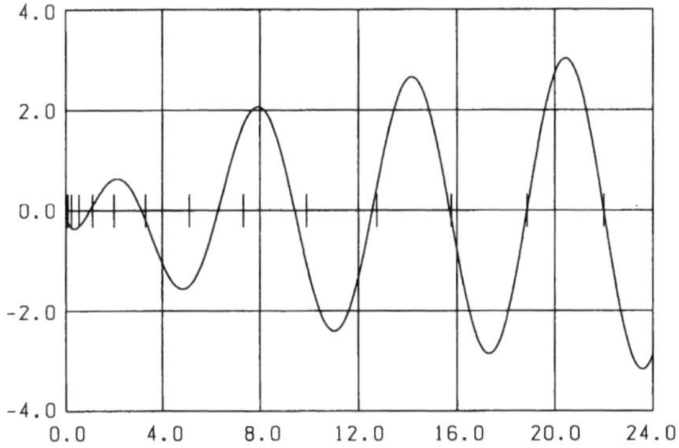

図 5.7 $\log x \sin x$

なしに (5.7.34) を適用し，$M = 50$ として適切なところで (5.7.35) の和を打ち切ると，$N = 75$ 回程度の関数計算回数で絶対誤差 2.1×10^{-13} の結果を得ることができる．図 5.7 の短い縦線は標本点の位置を示す．

練習問題

5.1 ルジャンドル多項式の P_1 と P_2 は $P_1(x)=x,\ P_2(x)=\dfrac{1}{2}(3x^2-1)$ である．これから 2 次のルジャンドル・ガウス公式を導け．

5.2 ガウス型積分公式は，$p_n(x)$ の零点を標本点とするエルミート補間公式を積分しても得られることを示せ．

5.3 積分 $I[f]=\displaystyle\int_a^b f(x)dx$ に対する近似 $I_n[f]=\sum_{k=1}^n A_k f(a_k)$ の標本点 a_k はすべて区間 $[a,b]$ 内に含まれていて，被積分関数 $f(x)$ が m 次までの多項式のときその誤差は 0 であるとする．$f(x)$ が $m+1$ 回連続微分可能とするとき次式の成立することを証明せよ（**ペアノの定理**）．

$$\Delta I_n = I[f]-I_n[f]=\frac{1}{(m+1)!}\int_a^b f^{(m+1)}(\xi)G_{n,m}(\xi)d\xi$$

ただし

$$G_{n,m}(\xi)=(m+1)!\{I[(x-\xi)_+^m]-I_n[(x-\xi)_+^m]\}$$

$$(x-\xi)_+^m=\begin{cases}0; & x\le\xi\\ (x-\xi)^m; & x\ge\xi\end{cases}$$

5.4 補題 5.3 で定義した $\Psi(z)$ に関して

$$\lim_{\varepsilon\to 0}\{\Psi(x+i\varepsilon)-\Psi(x-i\varepsilon)\}=-2\pi i w(x)$$

が成立することを証明せよ．

5.5 台形公式とシンプソンの公式の誤差の特性関数の漸近展開はそれぞれ次式のようになることを示せ．

$$\text{台形公式}:\Phi_2(z)=-\frac{h^2}{6z^3}+\cdots,\quad h=b-a$$

$$\text{シンプソンの公式}:\Phi_3(z)=-\frac{4h^4}{15z^5}+\cdots,\quad h=\frac{b-a}{2}$$

5.6 N が偶数のとき N 次ニュートン・コーツ公式は $N+1$ 次までの多項式に対して正確な積分値を与えることを示せ．

5.7 積分 $I = \int_{-1}^{1} f(x)dx$ に対する等しい重みをもつ積分公式

$$I_n = \frac{2}{n}\sum_{k=1}^{n} f(a_k)$$

の標本点 a_k を定める方法を，誤差の特性関数が

$$\Phi_n(z) = \log\frac{z+1}{z-1} - \frac{2}{n}\frac{F_n'(z)}{F_n(z)}$$

$$F_n(z) = (z-a_1)(z-a_2)\cdots(z-a_n)$$

となることを利用して考案せよ．この公式を**チェビシェフの積分公式**という．

5.8 第 4 章の直交多項式展開 (4.3.29) を第 n 項で打ち切った

$$f_n(x) = \sum_{k=0}^{n-1} \frac{1}{\lambda_k}(p_k,\, f)p_k(x) \tag{1}$$

の誤差の特性関数は次式で与えられることを示せ．

$$\Phi_{n,x}(z) = \sum_{k=n}^{\infty} \frac{1}{\lambda_k} q_k(z)p_k(x)$$

ただし

$$q_k(z) = \int_a^b \frac{p_k(\xi)}{z-\xi} w(\xi)d\xi$$

5.9 積分 $I = \displaystyle\int_{-1}^{1} f(x)dx$ に変数変換 $x = \tanh t$ を行なって無限区間の積分に変形した後，きざみ幅 h の台形公式を適用して得られる公式の具体形を示せ．この公式の誤差の特性関数はどのような関数か．

第6章　常微分方程式

本章では常微分方程式の初期値問題と境界値問題の数値解法について述べる．初期値問題の解法として 1 段法と多段法を取り上げ，その誤差解析を行ない解法の安定性を論ずる．境界値問題の解法としては差分法と，変分原理に基づくリッツの方法およびガレルキン法を説明する．

6.1　初期値問題と解の存在

初期値問題

本章ではじめに対象とするのは，つぎの形で与えられる m 元連立常微分方程式の初期値問題である．

$$\begin{cases} \dfrac{du_i}{dt} = f_i(t\,;\ u_1, u_2, \ldots, u_m)\,; \quad i = 1, 2, \ldots, m & (6.1.1) \\ u_i(t_0) = u_i^{(0)}\,; \quad i = 1, 2, \ldots, m & (6.1.2) \end{cases}$$

未知関数 u_i と右辺の関数 f_i とをそれぞれ成分にもつ m 次元ベクトルを導入すれば，初期値問題 (6.1.1)，(6.1.2) はつぎのように表わすことができる．

$$\begin{cases} \dfrac{d\boldsymbol{u}}{dt} = \boldsymbol{f}(t, \boldsymbol{u}) & (6.1.3) \\ \boldsymbol{u}(t_0) = \boldsymbol{u}_0 & (6.1.4) \end{cases}$$

$$\boldsymbol{u} = \begin{pmatrix} u_1 \\ u_2 \\ \vdots \\ u_m \end{pmatrix}, \quad \boldsymbol{u}_0 = \begin{pmatrix} u_1^{(0)} \\ u_2^{(0)} \\ \vdots \\ u_m^{(0)} \end{pmatrix}, \quad \boldsymbol{f} = \begin{pmatrix} f_1 \\ f_2 \\ \vdots \\ f_m \end{pmatrix} \tag{6.1.5}$$

本章ではとくに断らないかぎりベクトルのノルムとしては一様ノルム $\|\boldsymbol{u}\|_\infty$ を

とることにする．次節以降でこの初期値問題の数値解法を考察する[1]．

問題 6.1 高階の常微分方程式

$$u^{(m)} = f(t;\, u, u', u'', \ldots, u^{(m-1)}) \tag{6.1.6}$$

は変換

$$u_1 = u,\ u_2 = u',\ \ldots,\ u_m = u^{(m-1)} \tag{6.1.7}$$

によって (6.1.1) の形に直せることを示せ．

解 の 存 在

初期値問題 (6.1.3), (6.1.4) が一意的な解をもつための十分条件がつぎの定理によって与えられることはよく知られている（練習問題 6.1）．

定理 6.1 初期値問題 (6.1.3), (6.1.4) において関数 $\boldsymbol{f}(t,\boldsymbol{y})$ は $t \in [t_0, T]$, $y_j \in (-\infty, \infty)$ で連続で $\boldsymbol{y}$ について**リプシッツ条件**

$$\|\boldsymbol{f}(t,\boldsymbol{y}_1) - \boldsymbol{f}(t,\boldsymbol{y}_2)\| \le L_0\|\boldsymbol{y}_1 - \boldsymbol{y}_2\| \tag{6.1.8}$$

を満足しているものとする．このとき初期条件 (6.1.4) を満足する (6.1.3) の解が存在し，しかも解は一意的である．

リプシッツ条件 (6.1.8) は初期値問題の解の存在自体にとって重要であるが，一方，数値解法という立場からみてもその収束性において大きな役割を果たしていることが明らかになるであろう．

問題 6.2 初期値問題 $u' = |u|^{1+\varepsilon}$ $(\varepsilon > 0)$, $u(0) = 1$ はどのような範囲で解をもつか．また $u' = |u|^{1-\varepsilon}$, $u(0) = 0$ の解は一意か．これらを右辺の関数のリプシッツ条件と関連させて調べよ．

6.2 1 段 法

勾 配 関 数

点 $t = t_n$ において値 $\boldsymbol{u}(t_n)$ が与えられたとき

$$t_{n+1} = t_n + h \tag{6.2.1}$$

1) 多変数の扱いに慣れていない読者は，以下の議論においてノルム $\|\boldsymbol{u}\|$ を絶対値 $|u|$ とみなし，すべて 1 変数の問題と考えて読みすすめてさしつかえない．

における常微分方程式 (6.1.3) の**厳密解**が存在するものとして，それを形式的に

$$\boldsymbol{u}(t_{n+1}) = \boldsymbol{u}(t_n) + h\widetilde{\boldsymbol{F}}(t_n, \boldsymbol{u}(t_n);\, h) \tag{6.2.2}$$

と表わしておこう (図 6.1)．$\widetilde{\boldsymbol{F}}(t, \boldsymbol{u}(t);\, h)$ は一般には複雑な関数であろうが，これを比較的簡単な他の適当な関数 $\boldsymbol{F}$ で近似すれば，初期値問題 (6.1.3)，(6.1.4) に対する一つの近似解法を得ることができる．

$$\boldsymbol{v}(t_{n+1}) = \boldsymbol{u}(t_n) + h\boldsymbol{F}(t_n, \boldsymbol{u}(t_n);\, h) \tag{6.2.3}$$

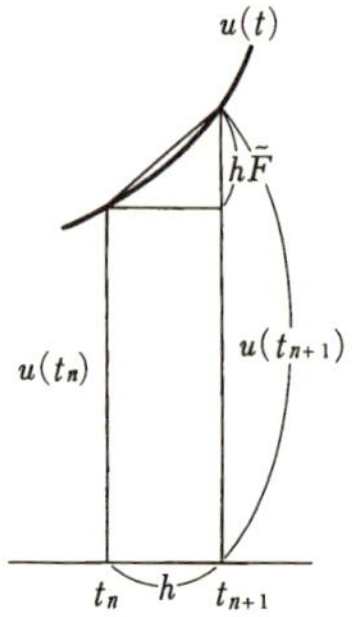

図 6.1

近似公式 (6.2.3) は実は少々修正する必要がある．この式は $t = t_n$ における値が与えられたとしてつぎのステップ $t = t_{n+1}$ における近似値を計算する式であるが，実際の解法においては 1 ステップごとに t_n を順次増加させながら (6.2.3) をくりかえし使用するので，一般のステップ $t = t_n$ において与えられるのは厳密解 $\boldsymbol{u}(t_n)$ でなくてそのステップまでに計算された近似値 $\boldsymbol{v}_n$ である．したがって (6.2.2) に対応する近似公式は

$$\boldsymbol{v}_{n+1} = \boldsymbol{v}_n + h\boldsymbol{F}(t_n, \boldsymbol{v}_n;\, h) \tag{6.2.4}$$

と書くべきである．これは $\boldsymbol{v}_n$ に関する**差分方程式**である．$\boldsymbol{F}(t, \boldsymbol{y}(t);\, h)$ を**勾配関数**という．

オイラー法

近似解を与える最も単純な公式は，(6.1.3) において微分 $d\boldsymbol{y}/dt$ を前進差分 $\{\boldsymbol{y}(t+h) - \boldsymbol{y}(t)\}/h$ で置換して得られる公式

$$\boldsymbol{v}_{n+1} = \boldsymbol{v}_n + h\boldsymbol{f}(t_n, \boldsymbol{v}_n) \tag{6.2.5}$$

である．この公式による近似解法を**オイラー法**という．オイラー法における勾配関数は

$$\boldsymbol{F}(t, \boldsymbol{y}(t);\, h) = \boldsymbol{f}(t, \boldsymbol{y}(t)) \tag{6.2.6}$$

である．

1 段法の定義

このように t, $\boldsymbol{v}_n$ および独立変数の**きざみ**（**増分**）h のみを知って t_{n+1} における値 $\boldsymbol{v}_{n+1}$ を計算する方法を，一般に **1 段法**という．多くの 1 段法は，(6.2.2) の関数 $\widetilde{\boldsymbol{F}}$ をその**テーラー展開**に基づく適当な関数 $\boldsymbol{F}$ で近似することによって得られる．

テーラー展開法

関数 $\boldsymbol{f}(t,\boldsymbol{y})$ が十分な微分可能性をもっているとしよう．このとき $\boldsymbol{y}'=\boldsymbol{f}(t,\boldsymbol{y})$ の解に対してつぎの**テーラー展開**が可能である．

$$\begin{aligned}\boldsymbol{y}(t+h)&=\boldsymbol{y}(t)+h\boldsymbol{y}'(t)+\frac{h^2}{2!}\boldsymbol{y}''(t)+\cdots+\frac{h^p}{p!}\boldsymbol{y}^{(p)}(t)\\&\quad+\frac{h^{p+1}}{(p+1)!}\boldsymbol{y}^{(p+1)}(t+\theta h),\quad 0<\theta<1\\&=\boldsymbol{y}(t)+h\boldsymbol{f}(t,\boldsymbol{y})+\frac{h^2}{2!}\boldsymbol{f}'(t,\boldsymbol{y})+\cdots+\frac{h^p}{p!}\boldsymbol{f}^{(p-1)}(t,\boldsymbol{y})\\&\quad+\frac{h^{(p+1)}}{(p+1)!}\boldsymbol{f}^{(p)}(t+\theta h,\boldsymbol{y}(t+\theta h))\end{aligned}\tag{6.2.7}$$

ここで $\boldsymbol{f}$ の微分，たとえば $\boldsymbol{f}'(t,\boldsymbol{y})$, $\boldsymbol{f}''(t,\boldsymbol{y})$ を具体的に書き下せば，つぎのようになる．

$$\boldsymbol{f}'(t,\boldsymbol{y})=\frac{d}{dt}\boldsymbol{f}(t,\boldsymbol{y})=\frac{\partial\boldsymbol{f}}{\partial t}+\sum_{j=1}^{m}\frac{\partial\boldsymbol{f}}{\partial y_j}\frac{dy_j}{dt}=\frac{\partial\boldsymbol{f}}{\partial t}+\sum_{j=1}^{m}\frac{\partial\boldsymbol{f}}{\partial y_j}f_j\tag{6.2.8}$$

$$\begin{aligned}\boldsymbol{f}''(t,\boldsymbol{y})&=\frac{\partial^2\boldsymbol{f}}{\partial t^2}+2\sum_{j=1}^{m}\frac{\partial^2\boldsymbol{f}}{\partial t\partial y_j}f_j+\sum_{j=1}^{m}\sum_{k=1}^{m}\frac{\partial^2\boldsymbol{f}}{\partial y_j\partial y_k}f_jf_k\\&\quad+\sum_{j=1}^{m}\frac{\partial\boldsymbol{f}}{\partial y_j}\frac{\partial f_j}{\partial t}+\sum_{j=1}^{m}\sum_{k=1}^{m}\frac{\partial\boldsymbol{f}}{\partial y_j}\frac{\partial f_j}{\partial y_k}f_k\end{aligned}\tag{6.2.9}$$

$\boldsymbol{f}$ が十分に微分可能であれば，テーラー展開 (6.2.7) から直接厳密解に対応する (6.2.2) の関数 $\widetilde{\boldsymbol{F}}$ の一つの表示が得られる．

$$\begin{aligned}&\widetilde{\boldsymbol{F}}(t,\boldsymbol{y};h)=\boldsymbol{f}(t,\boldsymbol{y})+\frac{h}{2!}\boldsymbol{f}'(t,\boldsymbol{y})+\frac{h^2}{3!}\boldsymbol{f}''(t,\boldsymbol{y})+\cdots\\&+\frac{h^{p-1}}{p!}\boldsymbol{f}^{(p-1)}(t,\boldsymbol{y})+\frac{h^p}{(p+1)!}\boldsymbol{f}^{(p)}(t+\theta h,\boldsymbol{y}(t+\theta h)),\quad 0<\theta<1\end{aligned}\tag{6.2.10}$$

近似公式の勾配関数 $\boldsymbol{F}$ として，この展開を有限な p 項で打ち切ったものをとることがまず考えられる．

$$\boldsymbol{F}(t,\boldsymbol{v};h)=\boldsymbol{f}(t,\boldsymbol{v})+\frac{h}{2!}\boldsymbol{f}'(t,\boldsymbol{v})+\frac{h^2}{3!}\boldsymbol{f}''(t,\boldsymbol{v})+\cdots+\frac{h^{p-1}}{p!}\boldsymbol{f}^{(p-1)}(t,\boldsymbol{v}) \quad (6.2.11)$$

この関数 $\boldsymbol{F}$ に基づく近似解法 (6.2.4) を **p 次のテーラー展開法**という．

このとき $\boldsymbol{F}$ は $\widetilde{\boldsymbol{F}}$ を h^{p-1} のオーダーまで近似しているから

$$\|\boldsymbol{F}(t,\boldsymbol{y};\,h)-\widetilde{\boldsymbol{F}}(t,\boldsymbol{y};\,h)\|=O(h^p) \quad (6.2.12)$$

が成立する．したがって近似解の増分 $h\boldsymbol{F}$ は真の増分 $h\widetilde{\boldsymbol{F}}$ と h^p のオーダーまで一致し，近似解は厳密解を局所的に h^p のオーダーまで近似しているといえる．

局所打切り誤差と公式の次数

一般に，

$$\boldsymbol{r}(t)=h\{\boldsymbol{F}(t,\boldsymbol{y};\,h)-\widetilde{\boldsymbol{F}}(t,\boldsymbol{y};\,h)\} \quad (6.2.13)$$

を公式の**局所打切り誤差**という．$\boldsymbol{r}(t)$ が $O(h^{p+1})$ のとき，すなわち近似解が厳密解を局所的に h^p のオーダーまで近似しているとき，その近似公式を **p 次の公式**という．テーラー展開法では展開の打切り次数と公式の近似の次数がちょうど一致しているのである．

オイラー法は 1 次のテーラー展開法であってその計算のアルゴリズムは簡単である．しかし一般の場合のテーラー展開法は関数 $\boldsymbol{f}(t,\boldsymbol{y})$ の高階の微係数を必要とするため，実際の計算においては必ずしも適当な方法とはいえない．

ルンゲ・クッタ型公式

関数 $\boldsymbol{f}(t,\boldsymbol{y})$ の微係数の値は使用せずに，区間 $t_n\le t\le t_{n+1}$ の中に入る適当な点 $t=t_n+\theta_i h,\ 0\le\theta_i\le 1;\ i=1,2,\ldots,k$ での $\boldsymbol{f}(t,\boldsymbol{y})$ の関数値だけを使用する公式を，やはりテーラー展開を利用して導くことができる．このような公式のうち最も単純なものはオイラー法であるが，オイラー法のつぎに簡単なものを具体的に書けばそれは勾配関数がつぎの形をもつものであろう．

$$\boldsymbol{F}(t,\boldsymbol{y};\,h)=a_1\boldsymbol{f}(t,\boldsymbol{y})+a_2\boldsymbol{f}(t+\theta h,\boldsymbol{y}+\theta h\boldsymbol{f}(t,\boldsymbol{y})) \quad (6.2.14)$$

パラメータ a_1, a_2, θ はつぎのようにして決定することができる．まず多変数関数 $\boldsymbol{f}(\boldsymbol{z}+\mu\boldsymbol{\delta})$ のテーラー展開は

$$\boldsymbol{f}(\boldsymbol{z}+\mu\boldsymbol{\delta}) = \boldsymbol{f}(\boldsymbol{z}) + \mu\sum_j \frac{\partial \boldsymbol{f}}{\partial z_j}\delta_j + \frac{1}{2}\mu^2\sum_j\sum_k \frac{\partial^2 \boldsymbol{f}}{\partial z_j \partial z_k}\delta_j\delta_k + O(\mu^3) \quad (6.2.15)$$

である．$\boldsymbol{z}+\mu\boldsymbol{\delta}$ の第 1 成分を $t+\theta h$ ，残りを $\boldsymbol{y}+\theta h\boldsymbol{f}(t,\boldsymbol{y})$ とみて (6.2.14) の右辺第 2 項をテーラー展開すれば

$$\begin{aligned}\boldsymbol{f}(t+\theta h, \boldsymbol{y}+\theta h\boldsymbol{f}(t,\boldsymbol{y})) &= \boldsymbol{f}(t,\boldsymbol{y}) + \theta h\left(\frac{\partial \boldsymbol{f}}{\partial t} + \sum_{j=1}^m \frac{\partial \boldsymbol{f}}{\partial y_j}f_j\right) \\ &+ \frac{1}{2}\theta^2 h^2\left(\frac{\partial^2 \boldsymbol{f}}{\partial t^2} + 2\sum_{j=1}^m \frac{\partial^2 \boldsymbol{f}}{\partial t\partial y_j}f_j + \sum_{j=1}^m\sum_{k=1}^m \frac{\partial^2 \boldsymbol{f}}{\partial y_j \partial y_k}f_j f_k\right) + O(h^3)\end{aligned}$$

(6.2.16)

となる．こうしておいて (6.2.14) と (6.2.10) で $p=2$ としたものの h の各べきを比較すれば，定数項および h の項から

$$\begin{cases} a_1 + a_2 = 1 \\ a_2\theta = \dfrac{1}{2} \end{cases} \quad (6.2.17)$$

が得られる．この方程式にはまだ自由度が一つ残されてはいるが，(6.2.16) の右辺第 3 項と (6.2.9) とを比較すればわかるように h^2 の係数はもはや等置することはできない．

この自由度に対応して未定のパラメータ α を導入すると (6.2.17) を満足する解

$$\begin{cases} a_1 = 1-\alpha \\ a_2 = \alpha \\ \theta = \dfrac{1}{2\alpha} \end{cases} \quad (6.2.18)$$

を得るが，これを (6.2.14) に代入することにより勾配関数がつぎのように構成される．

$$\boldsymbol{F}(t,\boldsymbol{y};h) = (1-\alpha)\boldsymbol{f}(t,\boldsymbol{y}) + \alpha\boldsymbol{f}\left(t+\frac{h}{2\alpha},\ \boldsymbol{y}+\frac{h}{2\alpha}\boldsymbol{f}(t,\boldsymbol{y})\right) \quad (6.2.19)$$

たとえば $\alpha = 1/2$ とすると一つの公式が定められる．この公式の場合，$\boldsymbol{v}(t_n) = \boldsymbol{v}_n$ が与えられたとき $\boldsymbol{v}(t_{n+1}) = \boldsymbol{v}_{n+1}$ を求める具体的な計算はつぎの二つのステップで実行される．

$$\begin{cases} \boldsymbol{k}_1 = h\boldsymbol{f}(t_n, \boldsymbol{v}_n) \\ \boldsymbol{k}_2 = h\boldsymbol{f}(t_n + h, \boldsymbol{v}_n + \boldsymbol{k}_1) \end{cases}$$

$$\boldsymbol{v}_{n+1} = \boldsymbol{v}_n + \frac{1}{2}(\boldsymbol{k}_1 + \boldsymbol{k}_2) \tag{6.2.20}$$

このように微係数を使わずきざみ幅 h のステップの途中の関数値を使う 1 段法の公式を，一般に**ルンゲ・クッタ型公式**という．上で定めた公式は局所的に解が厳密解のテーラー展開と h^2 の項まで一致しているから，これは 2 次の公式である．すなわち $p = 2$ に対して (6.2.12) が満たされている．ふつうつぎの 4 次の公式を**ルンゲ・クッタの公式**という（練習問題 6.2）．

$$\begin{cases} \boldsymbol{k}_1 = h\boldsymbol{f}(t_n, \boldsymbol{v}_n) \\ \boldsymbol{k}_2 = h\boldsymbol{f}\left(t_n + \frac{1}{2}h, \boldsymbol{v}_n + \frac{1}{2}\boldsymbol{k}_1\right) \\ \boldsymbol{k}_3 = h\boldsymbol{f}\left(t_n + \frac{1}{2}h, \boldsymbol{v}_n + \frac{1}{2}\boldsymbol{k}_2\right) \\ \boldsymbol{k}_4 = h\boldsymbol{f}(t_n + h, \boldsymbol{v}_n + \boldsymbol{k}_3) \end{cases}$$

$$\boldsymbol{v}_{n+1} = \boldsymbol{v}_n + \frac{1}{6}(\boldsymbol{k}_1 + 2\boldsymbol{k}_2 + 2\boldsymbol{k}_3 + \boldsymbol{k}_4) \tag{6.2.21}$$

右辺の関数 $\boldsymbol{f}$ が t のみに依存し $\boldsymbol{y}$ に依存しない場合，(6.2.20) は単なる台形公式，(6.2.21) はシンプソンの公式に帰着する．

6.3　1 段法の誤差の累積

近似差分方程式と局所的な丸め誤差

初期値問題 (6.1.3)，(6.1.4) の 1 段法による数値解は，独立変数に対して初期値 t_0 から出発して適当な間隔で離散点 t_0, t_1, t_2, ... をとり，順次これらの点について差分方程式を解くことにより得られる．以下簡単のために独立変数のきざみ（増分）は一定値 h としておく．

$$t_n = t_0 + nh; \quad n = 0, 1, 2, \ldots \tag{6.3.1}$$

このような手順で実際に数値解を求めていくと，$\widetilde{\boldsymbol{F}}$ を $\boldsymbol{F}$ で近似したための打切り誤差と計算の途中で導入される丸め誤差のために解には誤差が累積していくことが予想される．1 段ごとの局所的な誤差が段を進めていくうちにいかにして累積するかを見積ることが本節の目的である．

初期値問題に対する近似差分方程式 (6.2.4) の解 $\boldsymbol{v}$ は (6.3.1) で表わされる離散的な点 $t_0, t_1, t_2, \ldots$ においてのみ与えられるので，厳密解 $\boldsymbol{u}$ との比較はこれらの離散点においてのみ可能である．これらの点における厳密解は (6.2.2) より逐次

$$\boldsymbol{u}_{n+1} = \boldsymbol{u}_n + h\widetilde{\boldsymbol{F}}(t_n, \boldsymbol{u}_n; h) \tag{6.3.2}$$

によって与えられる．ただし

$$\boldsymbol{u}_n = \boldsymbol{u}(t_n) \tag{6.3.3}$$

である．一方，近似解については t_n から t_{n+1} へ進む段階で**丸め誤差** が導入されるので，これを $\boldsymbol{\varepsilon}_n$ とすると実際に成立するのは次式である．

$$\boldsymbol{v}_{n+1} = \boldsymbol{v}_n + h\boldsymbol{F}(t_n, \boldsymbol{v}_n; h) + \boldsymbol{\varepsilon}_n \tag{6.3.4}$$

これまで反復法一般において仮定してきたように，ここでも簡単のために丸め誤差 $\boldsymbol{\varepsilon}_n$ のノルムはある一定数 ε 以下におさえられていると仮定しておこう．

$$\|\boldsymbol{\varepsilon}_n\| \leq \varepsilon \tag{6.3.5}$$

勾配関数に対するリプシッツ条件

さて，勾配関数 $\boldsymbol{F}(t, \boldsymbol{y}; h)$ に対してつぎの条件が成立することを仮定しよう．$\boldsymbol{F}(t, \boldsymbol{y}; h)$ は $t \in [t_0, T]$, $y_j \in (-\infty, \infty)$ で連続であり，h が十分小さいときこの領域において $\boldsymbol{y}$ に関して**リプシッツ条件** を満足する．すなわち，ある $h_0 > 0$ をとったとき $h \leq h_0$ なる h に対してつぎの式を満足する正の定数 L が存在する．

$$\|\boldsymbol{F}(t, \boldsymbol{y}_1; h) - \boldsymbol{F}(t, \boldsymbol{y}_2; h)\| \leq L\|\boldsymbol{y}_1 - \boldsymbol{y}_2\| \tag{6.3.6}$$

6.1 節に示したように，関数 $\boldsymbol{f}(t, \boldsymbol{y})$ が他のいくつかの条件とともに $\boldsymbol{y}$ に関するリプシッツ条件を満足すればもとの初期値問題は一意的な解をもつことがわかっているが，このときたいていの公式について勾配関数 $\boldsymbol{F}(t, \boldsymbol{y}; h)$ もまたリプシッツ条件を満足する．オイラー法においてはこれは自明である．2 次のルンゲ・クッタ公式においてこれをみよう．

ルンゲ・クッタ公式の勾配関数 (6.2.19) において $\boldsymbol{f}(t,\boldsymbol{y})$ にリプシッツ条件 (6.1.8) を二度使うと次式を得る．

$$\begin{aligned}
&\|\boldsymbol{F}(t,\boldsymbol{y}_1;\, h)-\boldsymbol{F}(t,\boldsymbol{y}_2;\, h)\| \\
&= \left\|(1-\alpha)\{\boldsymbol{f}(t,\boldsymbol{y}_1)-\boldsymbol{f}(t,\boldsymbol{y}_2)\}+\alpha\left\{\boldsymbol{f}\left(t+\frac{h}{2\alpha},\ \boldsymbol{y}_1+\frac{h}{2\alpha}\boldsymbol{f}(t,\boldsymbol{y}_1)\right)\right.\right. \\
&\qquad \left.\left. -\boldsymbol{f}\left(t+\frac{h}{2\alpha},\ \boldsymbol{y}_2+\frac{h}{2\alpha}\boldsymbol{f}(t,\boldsymbol{y}_2)\right)\right\}\right\| \\
&\le |1-\alpha|L_0\|\boldsymbol{y}_1-\boldsymbol{y}_2\|+|\alpha|L_0\left\{\|\boldsymbol{y}_1-\boldsymbol{y}_2\|+\frac{h}{2|\alpha|}\|\boldsymbol{f}(t,\boldsymbol{y}_1)-\boldsymbol{f}(t,\boldsymbol{y}_2)\|\right\} \\
&\le L_0\left(|1-\alpha|+|\alpha|+\frac{h_0L_0}{2}\right)\|\boldsymbol{y}_1-\boldsymbol{y}_2\| \qquad (6.3.7)
\end{aligned}$$

したがってたしかに $\boldsymbol{F}$ はリプシッツ条件 (6.3.6) を満たしており，**リプシッツ定数** L としてはつぎの量をとることができる．

$$L=\left(|1-\alpha|+|\alpha|+\frac{h_0L_0}{2}\right)L_0 \qquad (6.3.8)$$

もし $0<\alpha\le 1$ であれば次式を得る．

$$L=\left(1+\frac{h_0L_0}{2}\right)L_0 \qquad (6.3.9)$$

このように，勾配関数 $\boldsymbol{F}$ に付したリプシッツ条件 (6.3.6) は，もとの初期値問題に対して一意的な解の存在が期待されるかぎりごく自然な条件なのである．

1 段法の誤差の累積

ここで目的の定理を証明しよう．それは，ある公式の勾配関数 $\boldsymbol{F}(t,\boldsymbol{y};\, h)$ が条件 (6.3.6) を満足するとき，その公式によって計算される近似解と厳密解との差が適当に小さくおさえられることを示すものである．なお，局所打切り誤差 が $O(h^p)$ であることを示す条件 (6.2.12) は，C をある正の定数とするとき

$$\|\boldsymbol{F}(t,\boldsymbol{y};\, h)-\widetilde{\boldsymbol{F}}(t,\boldsymbol{y};\, h)\|\le Ch^p \qquad (6.3.10)$$

と書き換えることができることに注意しよう．

定理 6.2 近似公式の勾配関数 $\boldsymbol{F}(t,\boldsymbol{y};\, h)$ は条件 (6.3.6) を満足するものとする．この公式が p 次の公式であれば，すなわち

$$\|\boldsymbol{F}(t,\boldsymbol{y};\, h)-\widetilde{\boldsymbol{F}}(t,\boldsymbol{y};\, h)\|\le Ch^p,\quad t\in[t_0,T],\quad h\le h_0 \qquad (6.3.11)$$

を満たす $C>0,\ p\geq 1$ が存在すれば，仮定 (6.3.5) のもとで $t_n \in [t_0, T]$ において近似解 $\boldsymbol{v}_n$ の誤差

$$\boldsymbol{e}_n = \boldsymbol{v}_n - \boldsymbol{u}_n \tag{6.3.12}$$

は次式を満足する．

$$\|\boldsymbol{e}_n\| \leq \left(Ch^p + \frac{\varepsilon}{h}\right)(t_n - t_0)e^{L(t_n - t_0)} \tag{6.3.13}$$

証明 公式 (6.3.4) から (6.3.2) を引けば誤差 $\boldsymbol{e}_n$ が満足する方程式が得られる．

$$\begin{aligned}\boldsymbol{e}_{k+1} &= \boldsymbol{v}_{k+1} - \boldsymbol{u}_{k+1}\\ &= \boldsymbol{e}_k + h\{\boldsymbol{F}(t_k, \boldsymbol{v}_k;\, h) - \widetilde{\boldsymbol{F}}(t_k, \boldsymbol{u}_k;\, h)\} + \boldsymbol{\varepsilon}_k \end{aligned} \tag{6.3.14}$$

両辺のノルムをとれば

$$\begin{aligned}\|\boldsymbol{e}_{k+1}\| &\leq \|\boldsymbol{e}_k\| + h\|\boldsymbol{F}(t_k, \boldsymbol{v}_k;\, h) - \boldsymbol{F}(t_k, \boldsymbol{u}_k;\, h)\\ &\qquad + \boldsymbol{F}(t_k, \boldsymbol{u}_k;\, h) - \widetilde{\boldsymbol{F}}(t_k, \boldsymbol{u}_k;\, h)\| + \|\boldsymbol{\varepsilon}_k\|\\ &\leq \|\boldsymbol{e}_k\| + h\|\boldsymbol{F}(t_k, \boldsymbol{v}_k;\, h) - \boldsymbol{F}(t_k, \boldsymbol{u}_k;\, h)\|\\ &\qquad + h\|\boldsymbol{F}(t_k, \boldsymbol{u}_k;\, h) - \widetilde{\boldsymbol{F}}(t_k, \boldsymbol{u}_k;\, h)\| + \|\boldsymbol{\varepsilon}_k\|\\ &\leq \|\boldsymbol{e}_k\| + Lh\|\boldsymbol{v}_k - \boldsymbol{u}_k\| + Ch^{p+1} + \varepsilon\\ &= (1 + Lh)\|\boldsymbol{e}_k\| + (Ch^{p+1} + \varepsilon) \leq e^{hL}\|\boldsymbol{e}_k\| + (Ch^{p+1} + \varepsilon) \end{aligned} \tag{6.3.15}$$

したがって，初期値には誤差がないから

$$\|\boldsymbol{e}_0\| = \|\boldsymbol{v}_0 - \boldsymbol{u}_0\| = 0 \tag{6.3.16}$$

に注意して逐次代入を行なえば

$$\begin{aligned}\|\boldsymbol{e}_k\| &\leq (Ch^{p+1} + \varepsilon)(1 + e^{hL} + e^{2hL} + \cdots + e^{(n-1)hL})\\ &\leq (Ch^{p+1} + \varepsilon)ne^{nhL}\\ &= \left(Ch^p + \frac{\varepsilon}{h}\right)(t_n - t_0)e^{L(t_n - t_0)}\end{aligned}$$

■

この定理にみるように，p 次の公式の局所打切り誤差は Ch^{p+1} であるが，そ

の累積のオーダーは1次減って Ch^p となる．しかしきざみ h を小さくするとき，打切り誤差の累積は $p \geq 1$ でありさえすれば Ch^p のように小さくなる．一方，丸め誤差 ε も，もし ε/h が $h \to 0$ とともに0に収束するようなものであれば0に収束し，結局1段法による近似解は厳密解に収束することがわかる．しかしながら ε は一般に使用する計算機に対応して決まる一定数以下にはなりえないから，丸め誤差の累積は $h \to 0$ のとき ε/h のように大きくなる可能性がある．

したがってむやみにきざみ幅を小さくすることは危険であり，適当な大きさを選択する必要がある．いま (6.3.13) の右辺が最小になるような h をとるとすれば，そのような h は

$$\frac{\partial}{\partial h}\left(Ch^p + \frac{\varepsilon}{h}\right) = 0 \tag{6.3.17}$$

よりつぎのように決められる．

$$h = \sqrt[p+1]{\frac{\varepsilon}{pC}} \tag{6.3.18}$$

このとき累積誤差は

$$\|\boldsymbol{e}_n\| \leq \frac{p+1}{p}\sqrt[p+1]{Cp\varepsilon^p}(t_n - t_0)e^{L(t_n - t_0)} \tag{6.3.19}$$

と評価される．評価式 (6.3.19) が h を最適に選択したときの誤差の上界を与えていることはたしかであるが，これまでの議論からこれはかなり過大評価になっている可能性がある．また ε を見積ることも概して困難であるから，(6.3.19) が誤差の挙動の定性的傾向を知るのには役に立っても，誤差の大きさの見当をつけるのに直接具体的に役立つ場合はまれである．

6.4 多 段 法

これまで初期値問題 (6.1.3)，(6.1.4) に対する数値解法の一つとして，テーラー展開を基礎にして得られる1段法について述べてきた．本節では同じ問題に対して主としてラグランジュ補間公式を基礎にして得られる方法を論ずる．ただしここでは簡単のために独立変数を1変数に限り，初期値問題

$$\begin{cases} \dfrac{du}{dt} = f(t, u) & (6.4.1) \\ u(t_0) = u_0 & (6.4.2) \end{cases}$$

を考えることにする．多変数の場合もほとんど並行に論ずることができる．

補間公式の積分に基づく公式

初期値問題 (6.4.1), (6.4.2) が一意的な解をもつことが保証されている区間を $[t_0, T]$ とする．このとき任意の 2 点 t_M, $t_N \in [t_0, T]$ に対して微分方程式 (6.4.1) の厳密解が t_N に関する**積分方程式**

$$u(t_N) - u(t_M) = \int_{t_M}^{t_N} f(t, u(t))dt \tag{6.4.3}$$

を満足することは明らかであろう．右辺の関数 $f(t, u(t))$ は未知関数 u を含むが，この f は値 $v_j = u(t_j)$ に基づく**ラグランジュ補間公式** $g_p(t)$ によって近似することができる．そして (6.4.3) において $f(t, u(t))$ をこの $g_p(t)$ で置き換えて積分を実行することによって一つの近似公式が得られ，適当な条件のもとで離散点 t_N における解を順次求めることができる．

補間のための標本点においては原則として関数値が計算されていなければならないから，方程式の解を求めていく離散点の集合とこの標本点の集合は同じものをとるのが自然である．そこで以下補間のための標本点は解を求める点と一致するようにとるものとする．それに伴って，等式 (6.4.3) の右辺の積分の上限 t_N および下限 t_M はともにこれらの点のいずれかに一致する．また 1 段法の場合と同様にこれらの点は等間隔なきざみ h で分布しているものとする．

$$t_k = t_0 + kh, \quad k = 1, 2, 3, \ldots \tag{6.4.4}$$

ラグランジュ補間公式 $g_p(t)$ は f に関して線形であるから，(6.4.3) において右辺の f を g_p で置き換えた式は f に関して線形になり，結局ここで対象とする公式を一般的に書けば，つぎの形をしていることがわかる．

$$v_N - v_M = \beta_N f_N + \beta_{N-1} f_{N-1} + \cdots + \beta_K f_K \tag{6.4.5}$$

このようにすでに計算された値 v_j を 2 個以上使用する公式を，1 段法に対して**多段法**という．

アダムス型公式

積分方程式 (6.4.3) の右辺の積分区間を単にきざみの 1 単位 h にとった公式

を一般に**アダムス型公式**という．

$$v_{n+1} - v_n = \int_{t_n}^{t_{n+1}} g_p(t)dt \tag{6.4.6}$$

ただし上で述べたように，$g_p(t)$ は p 個の標本点において値 $f_j = f(t_j, v_j)$ をとるラグランジュ補間公式であって，たかだか $p-1$ 次の多項式である．

標本点として $t_{n-p+1}, t_{n-p+2}, \ldots, t_n$ をとったときこれを p 次の**アダムス・バシュフォース公式**といい，標本点として $t_{n-p+2}, t_{n-p+3}, \ldots, t_n, t_{n+1}$ をとったとき p 次の**アダムス・ムルトン公式**という．前者は $v_{n-p+1}, \ldots, v_n$ から直接 v_{n+1} の値を計算することができるのでこれを**陽公式**という．これに対して後者は v_{n+1} の値を計算するのに v_{n+1} 自身の値を必要とする形式をとっており，このような公式を**陰公式**という．陰公式では，その形から考えられるように，未知数 v_{n+1} は反復法によって求めうる場合がある（練習問題 6.5）．

陽公式によって v_{n+1} の値を近似的に計算し陰公式でその近似値を修正するというアルゴリズムがしばしば採用される．このとき陽公式のほうを**予測子**，対応する陰公式のほうを**修正子**とよび，その解法を**予測子修正子法**という．

例題 6.1　2 次のアダムス・バシュフォース公式およびアダムス・ムルトン公式を求めよ．

解　点 t_n, t_{n-1} で値がそれぞれ f_n, f_{n-1} に一致する 1 次式 $g_2^{(B)}(t)$ は

$$g_2^{(B)}(t) = \frac{1}{h}\{(t_n - t)f_{n-1} + (t - t_{n-1})f_n\} \tag{6.4.7}$$

である．これを (6.4.6) に代入し積分すればつぎの 2 次のアダムス・バシュフォース公式が得られる．

$$v_{n+1} - v_n = \int_{t_n}^{t_{n+1}} g_2^{(B)}(t)dt = \frac{3}{2}hf_n - \frac{1}{2}hf_{n-1} \tag{6.4.8}$$

同様に点 t_{n+1}, t_n で値がそれぞれ f_{n+1}, f_n に一致する 1 次式 $g_2^{(M)}(t)$ は

$$g_2^{(M)}(t) = \frac{1}{h}\{(t_{n+1} - t)f_n + (t - t_n)f_{n+1}\} \tag{6.4.9}$$

であって，これを (6.4.6) に代入することにより陰公式 2 次のアダムス・ムルトン公式が得られる．

$$v_{n+1} - v_n = \frac{1}{2}hf_{n+1} + \frac{1}{2}hf_n \tag{6.4.10}$$

■

アダムス型公式の局所打切り誤差

p 個の標本点をもつラグランジュ補間公式 $g_p(t)$ を積分して得られるアダムス・バシュフォース公式およびアダムス・ムルトン公式が，6.2 節で定義した意味でたしかに p 次の公式であることをみておこう．$f(t,u(t))$ に対する $p-1$ 次のラグランジュ補間公式 $g_p(t)$ の誤差は第 4 章定理 4.8 より

$$f(t,u(t))-g_p(t)=\frac{1}{p!}F_p(t)f^{(p)}(\tau_t),\quad \tau_t\in J \tag{6.4.11}$$

で与えられる．ただし J は第 4 章 (4.5.21) で与えられる区間で，$F_p(t)$ はつぎのような p 次多項式である．

$$F_p(t)=\begin{cases}(t-t_n)(t-t_{n-1})\cdots(t-t_{n-p+2})(t-t_{n-p+1}) & (6.4.12)\\ \quad :\text{アダムス・バシュフォース公式} & \\ (t-t_{n+1})(t-t_n)\cdots(t-t_{n-p+3})(t-t_{n-p+2}) & (6.4.13)\\ \quad :\text{アダムス・ムルトン公式} & \end{cases}$$

補間公式の誤差 (6.4.11) を t_n から t_{n+1} まで積分し，さらに積分に関する平均値の定理を用いると，近似解の増分の局所切打り誤差 r が得られる．

$$\begin{aligned}r&=\int_{t_n}^{t_{n+1}}f(t,u(t))dt-\int_{t_n}^{t_{n+1}}g_p(t)dt=\frac{1}{p!}\int_{t_n}^{t_{n+1}}F_p(t)f^{(p)}(\tau_t)dt\\ &=\frac{1}{p!}f^{(p)}(\tau)\int_{t_n}^{t_{n+1}}F_p(t)dt=\frac{1}{p!}u^{(p+1)}(\tau)\int_{t_n}^{t_{n+1}}F_p(t)dt,\quad \tau\in J\end{aligned} \tag{6.4.14}$$

ここで

$$s=\frac{t-t_n}{h} \tag{6.4.15}$$

と変数変換すれば，右辺は

$$r=\frac{1}{p!}u^{(p+1)}(\tau)\gamma_p h^{p+1} \tag{6.4.16}$$

となる．ただし γ_p はつぎの積分の値である．

$$\gamma_p=\begin{cases}\displaystyle\int_0^1(s+p-1)(s+p-2)\cdots(s+1)s\,ds \\ \quad :\text{アダムス・バシュフォース公式}\\ \displaystyle\int_0^1(s+p-2)(s+p-3)\cdots s(s-1)\,ds\\ \quad :\text{アダムス・ムルトン公式}\end{cases} \tag{6.4.17}$$

こうして得られた式 (6.4.16) は単位のきざみ幅 h に対する近似解の増分の誤差が h^{p+1} のオーダーであることを示している．これからこの公式によって得られる解が厳密解を局所的に h^p のオーダーまで近似していることが結論される．すなわちこれは p 次の公式である．なお補間のためには 2 個以上の標本点が必要であるから，アダムス型公式の次数は 2 以上である．

補間公式の微分に基づく公式

これまで述べた公式は $f(t, u(t))$ に対する補間公式の積分に基づくものであった．これに対して関数 u に対する補間公式を作り，これを直接微分方程式

$$\frac{du}{dt} = f(t, u) \tag{6.4.18}$$

の左辺に代入することによって近似公式を構成することも考えられる．たとえば 3 個の標本点 t_{n+2}, t_{n+1}, t_n において値 $v_{n+2} = u(t_{n+2})$, v_{n+1}, v_n をもつ $u(t)$ に対する補間公式（2 次多項式）$g_3(t)$ は

$$\begin{aligned} g_3(t) = \frac{1}{2h^2}\{&(t - t_{n+1})(t - t_n)v_{n+2} \\ &- 2(t - t_{n+2})(t - t_n)v_{n+1} + (t - t_{n+2})(t - t_{n+1})v_n\} \end{aligned} \tag{6.4.19}$$

で与えられる．$g_3(t)$ の t_n における微係数を計算すると

$$\frac{dg_3}{dt}(t_n) = -\frac{1}{2h}\{v_{n+2} - 4v_{n+1} + 3v_n\} \tag{6.4.20}$$

となるから，これを (6.4.18) の du/dt に代入することによりつぎの公式を得る．

$$v_{n+2} - 4v_{n+1} + 3v_n = -2hf_n \tag{6.4.21}$$

しかしこのようにして得られた公式は実はある種の不安定性をもつ．この不安定性に関しては次節以下で詳細に検討するが，そのおもな原因は，補間公式の積分はもとの関数の情報を保存するが，補間公式の微分はもとの情報を概して保存しないことにある．

問題 6.3 関数 $u(t) = e^{at}$ に対する補間公式 (6.4.19) の $t = t_n$ における微係数は，$e^{ah} > 3$ のとき真の微係数 ae^{at_n} と符号が異なってしまうことを確かめよ．

6.5 多段法とその収束性

k 段法

初期値問題

$$\begin{cases} \dfrac{du}{dt} = f(t, u) & (6.5.1) \\ u(t_0) = u_0 & (6.5.2) \end{cases}$$

に対するこれまで述べてきた多段法の公式は，すべてつぎの形の特別な場合である．

$$\begin{aligned} &\alpha_k v_{n+k} + \alpha_{k-1} v_{n+k-1} + \cdots + \alpha_0 v_n \\ =&h\{\beta_k f_{n+k} + \beta_{k-1} f_{n+k-1} + \cdots + \beta_0 f_n\}, \quad f_j = f(t_j, v_j) \end{aligned} \tag{6.5.3}$$

公式 (6.5.3) において $\alpha_k \neq 0$ でありかつ α_0, β_0 のいずれかは 0 でないとしよう．このとき v_{n+k} の値を計算するために合計 k 個の値 $v_{n+k-1}, v_{n+k-2}, \ldots, v_n$ を必要とするので，この公式による解法を **k 段法**という．たとえばオイラー法はすでにみたように 1 段法，(6.4.8) は 2 段法である．また $\beta_k = 0$ であれば陽公式，$\beta_k \neq 0$ であれば陰公式である．

収束する多段法の定義

多段法の公式 (6.5.3) において $n = 0$ とおけばわかるように，一般に出発に際して初期値 v_0 以外に前もって解 $v_1, v_2, \ldots, v_{k-1}$ を別の方法で計算しておかなければならない．これが多段法の大きな欠点である．したがってこれらの**出発値** $v_1, v_2, \ldots, v_{k-1}$ もある程度の誤差をもつことは避けられない．v_0 は純然たる初期値であるが，これも計算機内部では丸め誤差をもつと考えるのが妥当であろう．公式の収束性を論ずるときこの出発値の挙動を明確にしておかなければならないことはいうまでもない．

ごく自然に期待されるように，$v_1, v_2, \ldots, v_{k-1}$ はきざみ h が十分小さくなればはじめの初期値問題の初期値 u_0 に接近すべきである．そこでこれらはつぎの条件を満足するものと仮定しておく．

$$\lim_{h \to 0} v_j = u_0 ; \quad j = 0, 1, \ldots, k-1 \tag{6.5.4}$$

条件 (6.5.4) を満足する値 $v_1, v_2, \ldots, v_{k-1}$ を出発値とする k 段法 (6.5.3) の解が $h \to 0$ のとき初期値問題 (6.5.1), (6.5.2) の厳密解に収束するならば，k 段法 (6.5.3) は**収束する公式**であると定義する．

解法における不安定性

k 段法の公式 (6.5.3) は v_j に関する**差分方程式**である．差分方程式を数値的に解き進めるとき方程式によっては計算の過程で導入される誤差が著しく拡大されていく場合がある．これが常微分方程式の数値解法の公式における不安定性にほかならない．

数値解を求めている過程で導入される誤差が拡大される可能性は公式 (6.5.3) の左辺に大きく依存すると考えられる．なぜなら，右辺には一般には小さな値 h が乗じてあるので誤差が小さいうちはたとえ発生してもそれはただちにますます小さくおさえられてしまう．それに対して左辺には誤差をおさえるこのような形での機能ほ備わっていない．そのために誤差の拡大は v_j に関して斉次な左辺の特性に大きく支配されるのである．そこでまずこの特性を考察しておこう．

6.6 線形差分方程式

多段法 (6.5.3) をつぎの形をした v_j に関する **k 階の線形差分方程式**の立場から考察しよう．$\alpha_k \neq 0, \beta_k \neq 0$ とする．

$$L_k v_n \equiv \alpha_k v_{n+k} + \alpha_{k-1} v_{n+k-1} + \cdots + \alpha_0 v_n = w_n\,; \quad n = 0, 1, 2, \ldots \quad (6.6.1)$$

ここで k 階の**差分演算子**を L_k と記した．右辺には (6.5.3) の右辺に対応して**非斉次項** w_n をおいた．

斉次方程式の基本解

方程式 (6.6.1) に対応して**斉次方程式**

$$L_k v_n = \alpha_k v_{n+k} + \alpha_{k-1} v_{n+k-1} + \cdots + \alpha_0 v_n = 0\,; \quad n = 0, 1, 2, \ldots \quad (6.6.2)$$

を考える．一つの初期値 $\{\widetilde{v}_0, \widetilde{v}_1, \ldots, \widetilde{v}_{k-1}\}$ を与えると，(6.6.2) で $n = 0$ とし

た式

$$v_k = -\frac{1}{\alpha_k}(\alpha_{k-1}v_{k-1} + \alpha_{k-2}v_{k-2} + \cdots + \alpha_0 v_0)$$

から $\widetilde{v}_k$ が定まる．つぎにこうして定まった $\{\widetilde{v}_1, \widetilde{v}_2, \ldots, \widetilde{v}_k\}$ から (6.6.2) で $n=1$ とした式から $\widetilde{v}_{k+1}$ が定まる．このように，初期値 $\{\widetilde{v}_0, \widetilde{v}_1, \ldots, \widetilde{v}_{k-1}\}$ を与えることによって一つの解が一つの列

$$\{\widetilde{v}_0, \widetilde{v}_1, \ldots, \widetilde{v}_{k-1}, \widetilde{v}_k, \ldots\} \tag{6.6.3}$$

として定まることになる．

ここで，この斉次方程式において v_{n+l} を λ^l で置き換えた k 次方程式を

$$\rho(\lambda) = \alpha_k\lambda^k + \alpha_{k-1}\lambda^{k-1} + \cdots + \alpha_0 = 0 \tag{6.6.4}$$

とおこう．これを差分方程式 (6.6.1) の**特性方程式**という．これはまた多段法 (6.5.3) の特性方程式ともいう．特性方程式 (6.6.4) は一般に k 個の根

$$\lambda_1, \lambda_2, \ldots, \lambda_k \tag{6.6.5}$$

をもつ．$\alpha_0 \neq 0$ であるから $\lambda_j \neq 0$; $j = 1, 2, \ldots, k$ である．

このとき

$$\xi_l^{(j)} = {\lambda_j}^l; \quad j = 1, 2, \ldots, k; \quad l = 0, 1, 2, \ldots \tag{6.6.6}$$

とおくと，それぞれの j に対応する列

$$\{\xi_0^{(j)}, \xi_1^{(j)}, \xi_2^{(j)}, \ldots\} = \{1, \lambda_j, {\lambda_j}^2, \ldots\} \tag{6.6.7}$$

はいずれも斉次方程式 (6.6.2) を満足する解になっている．なぜなら $\xi_l^{(j)}$ を (6.6.2) の v_j に代入すれば

$$L_k\xi_n^{(j)} = \alpha_k{\lambda_j}^{n+k} + \alpha_{k-1}{\lambda_j}^{n+k-1} + \cdots + \alpha_0{\lambda_j}^n = \rho(\lambda_j){\lambda_j}^n = 0 \tag{6.6.8}$$

となるからである．さらに，いますべての λ_j が相異なるとすると，k 個の解 (6.6.7) は **1 次独立**である．それを示すためには，任意の相異なる k 個の番号 $l_1, l_2, \ldots, l_k$ に対して

$$\begin{aligned} &c_1\xi_l^{(1)} + c_2\xi_l^{(2)} + \cdots + c_k\xi_l^{(k)} \\ =&c_1{\lambda_1}^l + c_2{\lambda_2}^l + \cdots + c_k{\lambda_k}^l = 0; \quad l = l_1, l_2, \ldots, l_k \end{aligned} \tag{6.6.9}$$

から $c_1 = c_2 = \cdots = c_k = 0$ を結論すればよい．その目的のためにはとくに $l = 0, 1, 2, \ldots, k-1$ をとれば十分である．もしもはじめの k 個の点 $l = 0, 1, 2, \ldots, k-1$ に関して 1 次独立であれば，すでに列全体として互いに 1 次独立であるとみなせることは明らかであろう．もし $l = 0, 1, 2, \ldots, k-1$ のとき (6.6.9) が成立していれば

$$\Lambda \boldsymbol{c} = \boldsymbol{0} \tag{6.6.10}$$

を得る．ただし Λ, $\boldsymbol{c}$ はそれぞれつぎの行列およびベクトルである．

$$\Lambda = \begin{pmatrix} 1 & 1 & \cdots & 1 \\ \lambda_1 & \lambda_2 & \cdots & \lambda_k \\ {\lambda_1}^2 & {\lambda_2}^2 & \cdots & {\lambda_k}^2 \\ \vdots & \vdots & & \vdots \\ {\lambda_1}^{k-1} & {\lambda_2}^{k-1} & \cdots & {\lambda_k}^{k-1} \end{pmatrix}, \quad \boldsymbol{c} = \begin{pmatrix} c_1 \\ c_2 \\ c_3 \\ \vdots \\ c_k \end{pmatrix} \tag{6.6.11}$$

左辺の行列 Λ の行列式はよく知られた**ファンデルモンドの行列式**である．

$$|\Lambda| = \prod_{i>j} (\lambda_i - \lambda_j) \tag{6.6.12}$$

すべての λ_j が異なるかぎりこれは 0 になることはない．したがって (6.6.10) から $\boldsymbol{c} = \boldsymbol{0}$ すなわち

$$c_1 = c_2 = \cdots = c_k = 0 \tag{6.6.13}$$

が結論される．

特性方程式のある根 λ_s が多重度 m の重根であれば (6.6.7) は 1 次独立でなくなる．しかし (6.6.6) のうち重根のために重複している部分をつぎのように置き換えればこれらは 1 次独立になる（練習問題 6.6）．

$$\begin{cases} \xi_l^{(s)} = {\lambda_s}^l \\ \xi_l^{(s+1)} = l{\lambda_s}^l \\ \qquad \vdots \\ \xi_l^{(s+m-1)} = l^{m-1}{\lambda_s}^l \end{cases} \tag{6.6.14}$$

これまでの議論から，線形差分方程式 (6.6.2) には少なくとも k 個の 1 次独立な解が存在することがわかった．解 (6.6.6) あるいは (6.6.14) がそのよう

な解の一例である．ところで一般に $\{v_0^{(1)}, v_1^{(1)}, \ldots\}$ および $\{v_0^{(2)}, v_1^{(2)}, \ldots\}$ が (6.6.2) の 2 個の解であればその 1 次結合 $\{c_1v_0^{(1)}+c_2v_0^{(2)}, c_1v_1^{(1)}+c_2v_1^{(2)}, \ldots\}$ もまた (6.6.2) の解であるから，方程式 (6.6.2) の解の集合はベクトル空間を成していることがわかる．しかもその次元数は実は k である．すなわち 1 次独立な解は k 個しか存在しない．それはつぎの補題によって保証される．

補題 6.1 任意の初期値 $\{s_0, s_1, \ldots, s_{k-1}\}$ を満足する斉次な線形差分方程式 (6.6.2) の解 $\hat{v} = \{v_0, v_1, v_2, \ldots\}$ は，k 個の 1 次独立な解 $\hat{\xi}^{(j)} = \{\xi_0^{(j)}, \xi_1^{(j)}, \xi_2^{(j)}, \ldots\}$; $j = 1, 2, \ldots, k$ の 1 次結合によって一意的に表わされる．

$$v_l = \sum_{j=1}^{k} c_j \xi_l^{(j)}; \quad l = 0, 1, 2, \ldots \tag{6.6.15}$$

これをまとめて表現すればつぎのようになる．

$$\hat{v} = \sum_{j=1}^{k} c_j \hat{\xi}^{(j)} \tag{6.6.16}$$

証明 初めの k 個の値 $\{v_0, v_1, \ldots, v_{k-1}\}$ が定まれば解 $\hat{v}$ が一意的に定まることは (6.6.2) を変形した次式から明らかであろう．

$$v_{n+k} = -\frac{1}{\alpha_k}(\alpha_{k-1}v_{n+k-1} + \cdots + \alpha_0 v_n); \quad n = 0, 1, 2, \ldots \tag{6.6.17}$$

したがって証明すべきことは 1 次結合 (6.6.15) の係数 c_1, c_2, ..., c_k が一意的に決定できることである．そのために，1 次独立な解 $\hat{\xi}^{(j)}$ の列の最初の k 個の値を第 j 列ベクトルにもつ行列をつぎのように定義する．

$$A = \begin{pmatrix} \xi_0^{(1)} & \xi_0^{(2)} & \cdots & \xi_0^{(k)} \\ \xi_1^{(1)} & \xi_1^{(2)} & \cdots & \xi_1^{(k)} \\ \vdots & \vdots & & \vdots \\ \xi_{k-1}^{(1)} & \xi_{k-1}^{(2)} & \cdots & \xi_{k-1}^{(k)} \end{pmatrix} \tag{6.6.18}$$

また初期値および係数 c_j を成分とする k 次元ベクトルを導入する．

$$\boldsymbol{s} = \begin{pmatrix} s_0 \\ s_1 \\ \vdots \\ s_{k-1} \end{pmatrix}, \quad \boldsymbol{c} = \begin{pmatrix} c_1 \\ c_2 \\ \vdots \\ c_k \end{pmatrix} \tag{6.6.19}$$

このとき (6.6.15) のはじめの k 個の式はつぎの連立 1 次方程式によって表わすことができる.

$$A\boldsymbol{c} = \boldsymbol{s} \tag{6.6.20}$$

ところが k 個のベクトル

$$\boldsymbol{\xi}^{(j)} = \begin{pmatrix} \xi_0^{(j)} \\ \xi_1^{(j)} \\ \vdots \\ \xi_{k-1}^{(j)} \end{pmatrix} ; \quad j = 1, 2, \ldots, k \tag{6.6.21}$$

は仮定から 1 次独立であるから行列 A は正則である. したがって方程式 (6.6.20) は一意的な解 $\boldsymbol{c}$ をもち, 係数 c_j は一意的に決定できる. ■

すなわち 1 次独立な k 個の解 $\hat{\xi}^{(j)}$ は, 方程式 (6.6.2) の解の集合から成る k 次元ベクトル空間を張る, k 個の 1 次独立なベクトルにほかならない. このような k 個の 1 次独立な解を方程式 (6.6.2) の**基本解**という.

特性方程式の根の安定条件

差分方程式 (6.6.2) の解が有界であるための必要十分条件を与えておこう.

補題 6.2 任意の有界な初期値を満足する斉次な差分方程式 (6.6.2) の解 η_l が有界, すなわち

$$|\eta_l| \leq M < \infty \tag{6.6.22}$$

となるための必要十分条件は, 方程式 (6.6.2) に対する特性方程式 (6.6.4) のすべての根 λ_j ; $j = 1, 2, \ldots, k$ が

$$|\lambda_j| \leq 1 \quad \text{であり,} \quad |\lambda_j| = 1 \quad \text{のときは単根} \tag{6.6.23}$$

となることである.

証明 まず必要条件を証明しよう. いまある根 λ_j が $|\lambda_j| > 1$ であるとして方程式 (6.6.2) に対してとくに初期条件

$$v_l = {\lambda_j}^l ; \quad l = 0, 1, 2, \ldots, k-1$$

を考える. この初期条件を満足する (6.6.2) の解は明らかに

$$v_l = {\lambda_j}^l ; \quad l = 0, 1, 2, \ldots, k-1, k, \ldots$$

で与えられる. ところが $|\lambda_j| > 1$ だから $l \to \infty$ のとき $|v_l| \to \infty$ となる. したがっ

て $|\lambda_j| \leq 1$ でなければならない．またある根 λ_j が $|\lambda_j| = 1$ でかつ重根とする．このとき初期条件

$$v_l = l{\lambda_j}^l; \quad l = 0, 1, 2, \ldots, k-1$$

を考えると，これに対する (6.6.2) の解は

$$v_l = l{\lambda_j}^l; \quad l = 0, 1, 2, \ldots, k-1, k, \ldots$$

で与えられる（練習問題 6.6）が，これは $l \to \infty$ のとき $|v_l| \to \infty$ となってしまう．したがって $|\lambda_j| = 1$ のときは重根であってはならない．

つぎに十分条件を証明する．基本解を $\xi_l^{(j)}$; $j = 1, 2, \ldots, k$ とすると，与えられた初期条件を満足する解は補題 6.1 から一意的に

$$\eta_l = \sum_{j=1}^{k} c_j \xi_l^{(j)} \tag{6.6.24}$$

と表わすことができる．まず $|\lambda_j| \leq 1$ が単根であるときには，基本解として (6.6.6) をとる．このとき明らかに

$$|\xi_l^{(j)}| = |\lambda_j|^l \leq 1 \tag{6.6.25}$$

である．つぎに $|\lambda_j| < 1$ が重根のとき基本解として (6.6.14) をとると

$$|\xi_l^{(j)}| = |l^p {\lambda_j}^l| = l^p |\lambda_j|^l = \exp(p \log l + l \log |\lambda_j|) \tag{6.6.26}$$

となる．$|\lambda_j| < 1$ であれば $\log |\lambda_j| < 0$ であって，l が大のとき $p \log l + l \log |\lambda_j|$ は負の大きな数になり

$$\lim_{l \to \infty} |\xi_l^{(j)}| = 0 \tag{6.6.27}$$

となる．すなわち基本解はすべて任意の l に対して有界である．したがって (6.6.24) よりつぎの結論を得る．

$$|\eta_l| \leq \sum_{j=1}^{k} |c_j||\xi_l^{(j)}| \leq M \tag{6.6.28}$$

■

特性方程式の根に対する条件 (6.6.23) を**根の安定条件**とよぶことにする．

非斉次方程式の解

あとで多段法の誤差の累積を議論するときに必要になるので，与えられた初期条件を満足する非斉次方程式 (6.6.1) の解を求めておこう．

補題 6.3　初期条件

$$v_l = s_l; \quad l = 0, 1, \ldots, k-1 \tag{6.6.29}$$

を満足する**非斉次線形差分方程式**

$$L_k v_n \equiv \alpha_k v_{n+k} + \alpha_{k-1} v_{n+k-1} + \cdots + \alpha_0 v_n = w_n\,; \quad n = 0, 1, 2, \ldots \tag{6.6.30}$$

の解は

$$v_l = \sum_{j=1}^{k} s_{j-1} \eta_l^{(j)} + \frac{1}{\alpha_k} \sum_{\mu=0}^{l-k} w_\mu \eta_{l-\mu-1}^{(k)}\,; \quad l = 0, 1, 2, \ldots \tag{6.6.31}$$

で与えられる．ただし $\eta_l^{(j)}$ は初期条件

$$\eta_l^{(j)} = \delta_{l,j-1}\,; \quad l = 0, 1, 2, \ldots, k-1\,; \quad j = 1, 2, \ldots, k \tag{6.6.32}$$

を満足する $L_k v_n = 0$ の基本解

$$\{\eta_0^{(j)}, \eta_1^{(j)}, \ldots, \eta_{k-1}^{(j)}, \eta_k^{(j)}, \ldots\}\,; \quad j = 1, 2, \ldots, k \tag{6.6.33}$$

である．また $\delta_{l,j-1}$ はクロネッカー δ であり，

$$w_\mu = 0, \quad \mu < 0\,; \quad \eta_\nu^{(j)} = 0, \quad \nu < 0 \tag{6.6.34}$$

と定義しておく．

証明 非斉次線形常微分方程式の解を求めるためのいわゆる**デュアメルの原理**と同様な考え方に従って，初期条件 (6.6.29) を満足する斉次方程式 (6.6.2) の解と，斉次な初期条件を満足する (6.6.30) の特解の和によって目的の解を構成しよう．

まず，初期条件 (6.6.29) を満足する斉次方程式の解が

$$v_l^{(\mathrm{hom})} = \sum_{j=1}^{k} s_{j-1} \eta_l^{(j)}\,; \quad l = 0, 1, 2, \ldots \tag{6.6.35}$$

で与えられることは明らかであろう．

つぎに必要なのは，斉次な初期条件

$$v_l^{(\mathrm{inhom})} = 0\,; \quad l = 0, 1, 2, \ldots, k-1 \tag{6.6.36}$$

を満足する非斉次方程式 (6.6.30) の特解 $v_l^{(\mathrm{inhom})}$ であるが，これは k 番目の基本解 $\eta_l^{(k)}$ だけを使ってつぎのように表わされる．

$$v_l^{(\mathrm{inhom})} = \frac{1}{\alpha_k} \sum_{\mu=0}^{l-k} w_\mu \eta_{l-\mu-1}^{(k)}\,; \quad l = 0, 1, 2, \ldots \tag{6.6.37}$$

これが初期条件 (6.6.36) を満足すること，すなわち $l < k$ のとき 0 になることは定義 (6.6.34) よりすぐにわかる．

この $v_l^{(\mathrm{inhom})}$ が (6.6.30) を満足することを確かめよう．方程式 (6.6.30) の左辺に

(6.6.37) を代入すれば

$$L_k v_l^{(\mathrm{inhom})} = \frac{1}{\alpha_k}\sum_{l=0}^{k}\alpha_l\left\{\sum_{\mu=0}^{n+l-k} w_\mu \eta_{n+l-\mu-1}^{(k)}\right\}$$

となるが，図 6.2 を参照しながら l と μ の和の順序を変更すると，これは

$$L_k v_l^{(\mathrm{inhom})} = \frac{1}{\alpha_k}\sum_{\mu=0}^{n-k} w_\mu\left\{\sum_{l=0}^{k}\alpha_l \eta_{n+l-\mu-1}^{(k)}\right\} + \frac{1}{\alpha_k}\sum_{\mu=n-k+1}^{n} w_\mu\left\{\sum_{l=\mu-n+k}^{k}\alpha_l \eta_{n+l-\mu-1}^{(k)}\right\} \tag{6.6.38}$$

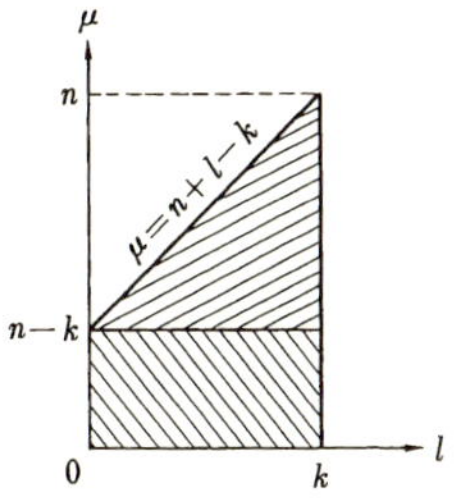

図 6.2

となる．$\eta_{n+l-\mu-1}^{(k)}$ は斉次方程式の基本解で $\sum_{l=0}^{k}\alpha_l\eta_{n+l-\mu-1}^{(k)} = 0$ となるから，(6.6.38) の第 1 項は 0 になる．一方，第 2 項の l に関する和は，$\mu = n$ の場合を除いて斉次方程式の左辺と合致する形 $\sum_{l=0}^{k}\alpha_l\eta_{n+l-\mu-1}^{(k)}$ に変形することができる．なぜなら，μ に関する和の範囲が $n-k+1 \le \mu < n$ のとき，$\eta_{n+l-\mu-1}^{(k)}$ の添字 $p = n+l-\mu-1$ は，新たに付加した l の範囲 $0 \le l < \mu-n+k$ において $0 \le p < k-1$ を満足し，初期条件 (6.6.32) より $\eta_p^{(k)} = 0$ となるからである．したがってこれも，$\eta_{n+l-\mu-1}^{(k)}$ が斉次方程式の基本解であることから 0 になる．結局 (6.6.38) は第 2 項の $\mu = n$ の項のみ残って

$$L_k v_l^{(\mathrm{inhom})} = \frac{1}{\alpha_k} w_n \alpha_k = w_n$$

となり，たしかに (6.6.30) が満足されることが示された．以上から (6.6.30) の解は

$$\begin{aligned} v_l &= v_l^{(\mathrm{hom})} + v_l^{(\mathrm{inhom})} \\ &= \sum_{j=1}^{k} s_{j-1}\eta_l^{(j)} + \frac{1}{\alpha_k}\sum_{\mu=0}^{l-k} w_\mu \eta_{l-\mu-1}^{(k)} \end{aligned} \tag{6.6.39}$$

で与えられることが証明された． ■

あとで (6.6.31) を実際に使う場合には w_n は単なる既知の数列でなく未知数 v_j を含む．したがってその場合差分方程式 (6.6.30) と形式的な解 (6.6.31) の関係は，ちょうど非斉次項に未知関数を含む常微分方程式と，それに同値な積分方程式の関係になっている．

6.7 多段法が収束するための必要条件

ここで多段法の収束を考察しよう．ある多段法が 6.5 節で定義した意味で収束する公式であるためにはその公式が**安定性**と**適合性**という二つの条件を満足しなければならない[2]．

安　定　性

定理 6.3 多段法 (6.5.3) が収束するためには，その特性多項式 (6.6.4) が根の安定条件 (6.6.23) を満足しなければならない．

証明 証明は補題 6.2 の前半とほとんど同様である．多段法が収束する公式であるためには，もちろんつぎの初期値問題に対しても収束する公式でなければならない．

$$u' = 0, \quad u(0) = 0 \tag{6.7.1}$$

これの厳密解は明らかに $u(t) \equiv 0$ である．このとき公式 (6.5.3) は

$$\alpha_k v_{n+k} + \alpha_{k-1} v_{n+k-1} + \cdots + \alpha_0 v_n = 0 \tag{6.7.2}$$

となる．

いま特性方程式 (6.6.4) のある根 λ_j が $|\lambda_j| > 1$ であったとする．このとき初期値

$$v_l = h{\lambda_j}^l; \quad l = 0, 1, 2, \ldots, k-1 \tag{6.7.3}$$

を考えると，$\lim_{h \to 0} v_l = 0$ であるから (6.5.4) を満足している．この初期値に対する方程式 (6.7.2) の解は

$$v_l = h{\lambda_j}^l; \quad l = 0, 1, 2, \ldots, k-1, k, \ldots \tag{6.7.4}$$

で与えられる．一方，$t = lh$ を一定にして $h \to 0$ の極限をとると

$$\begin{aligned} |v_l| &= h|\lambda_j|^l = \exp\left(\log h + l \log|\lambda_j|\right) \\ &= \exp\left(\log t - \log l + l \log|\lambda_j|\right) \end{aligned} \tag{6.7.5}$$

となるが，$|\lambda_j| > 1$ のとき $\log l$ の増大よりも $l \log|\lambda_j|$ の増大のほうが急激であり，$l \to \infty$ のとき $|v_l| \to \infty$ となってしまう．

つぎに特性方程式のある根 λ_j が $|\lambda_j| = 1$ でかつ重根であったとする．このとき初期値

$$v_l = hl{\lambda_j}^l; \quad l = 0, 1, 2, \ldots, k-1 \tag{6.7.6}$$

2) 本節の議論は主としてヘンリッチ [25] による．

を考えると，これも (6.5.4) を満足する．この初期値に対する (6.7.2) の解は

$$v_l = hl{\lambda_j}^l\,; \quad l = 0, 1, 2, \ldots, k-1, k, \ldots \tag{6.7.7}$$

で与えられる（練習問題 6.6）が，これは $t = lh$ を一定にするとき

$$\lim_{l \to \infty} |v_l| = t \tag{6.7.8}$$

となって厳密解 0 に収束しない．

したがって収束する公式であるためには特性方程式が根の安定条件を満足しなければならない． ■

特性方程式が根の安定条件 (6.6.23) を満足するとき多段法 (6.5.3) を**安定な公式**，そうでないとき**不安定な公式**という．

問題 6.4 6.4 節で得た補間公式の微分に基づく公式

$$v_{n+2} - 4v_{n+1} + 3v_n = -2hf_n$$

は不安定な公式であることを示せ．

適 合 性

ここでもう一度，公式の次数が p であるということを (6.5.3) の形と関連づけて調べておこう．いま $u(t)$ を初期値問題 (6.5.1), (6.5.2) の厳密解とする．多段法 (6.5.3) は近似解 v_l の満たす式であるが，この式の v_{n+l} のところを厳密解 $u(t_{n+l}) = u(t+lh)$, $t = t_n$ で置き換えると，局所打切り誤差 $r(t)$ をもつつぎの式が得られる．

$$\begin{aligned}&\alpha_k u(t+kh) + \alpha_{k-1} u(t+(k-1)h) + \cdots + \alpha_0 u(t)\\&= h\{\beta_k u'(t+kh) + \beta_{k-1} u'(t+(k-1)h) + \cdots + \beta_0 u'(t)\} + r(t)\end{aligned} \tag{6.7.9}$$

ここで $u'(t) = f(t, u)$ を用いた．むしろ (6.7.9) から多段法 (6.5.3) を定義したと考えれば，$r(t)$ を公式の局所打切り誤差と称した意味が明確になるであろう．

いま $u(t)$ には必要なだけの微分可能性を仮定して，両辺の $u(t+lh)$ および $u'(t+lh)$ を t のまわりでテーラー展開しよう．

$$\begin{cases} u(t+lh) = u(t) + lhu'(t) + \dfrac{1}{2!}(lh)^2 u''(t) + \cdots & (6.7.10) \\ u'(t+lh) = u'(t) + lhu''(t) + \dfrac{1}{2!}(lh)^2 u^{(3)}(t) + \cdots & (6.7.11) \end{cases}$$

これらを (6.7.9) に代入して h のべきに整頓すると次式を得る．

$$r(t) = C_0 u(t) + C_1 hu'(t) + \cdots + C_p h^p u^{(p)}(t) + \cdots \tag{6.7.12}$$

$$\begin{cases} C_0 = \alpha_k + \alpha_{k-1} + \cdots + \alpha_0 & (6.7.13) \\ C_1 = \{k\alpha_k + (k-1)\alpha_{k-1} + \cdots + \alpha_1\} - (\beta_k + \beta_{k-1} + \cdots + \beta_0) & (6.7.14) \\ C_p = \dfrac{1}{p!}\{k^p \alpha_k + (k-1)^p \alpha_{k-1} + \cdots + \alpha_1\} & \\ \qquad - \dfrac{1}{(p-1)!}\{k^{p-1}\beta_k + (k-1)^{p-1}\beta_{k-1} + \cdots + \beta_1\},\ p \geq 2 & (6.7.15) \end{cases}$$

いま局所打切り誤差の展開の係数がつぎのようになっているとしよう．

$$C_0 = C_1 = \cdots = C_p = 0, \quad C_{p+1} \neq 0 \tag{6.7.16}$$

このとき (6.7.9) から $r(t)$ を除いた式は展開 (6.7.10), (6.7.11) を h^p の項までとったものに対して成立している．これは，(6.7.16) を満足する公式 (6.5.3) によって得られる近似解が，局所的に厳密解と h^p の項まで一致していることを意味しており，したがってこの公式は p 次の公式である．これは 6.2 節，あるいは 6.4 節で述べた事がらと矛盾しない．以上をまとめると，p 次の公式の $t = t_n$ における局所打切り誤差は

$$\begin{aligned} r_n = &\{\alpha_k u_{n+k} + \alpha_{k-1} u_{n+k-1} + \cdots + \alpha_0 u_n\} \\ &- h\{\beta_k f_{n+k} + \beta_{k-1} f_{n+k-1} + \cdots + \beta_0 f_n\}; \quad f_l = f(t_l, u(t_l)) \end{aligned} \tag{6.7.17}$$

で表わされ，この r_n に対して

$$|r_n| \leq Ch^{p+1} \tag{6.7.18}$$

が成立することが結論される．

ここで一つの注意をしておこう．同じ次数 p の公式の精度を比較するのに C_{p+1} の値をみても意味はない．なぜなら，(6.5.3) の両辺に適当な定数を乗ず

ることにより C_{p+1} は任意の値にすることができるからである．しかし

$$\widehat{C}_{p+1} = \frac{C_{p+1}}{\beta_k + \beta_{k-1} + \cdots + \beta_0} \tag{6.7.19}$$

を考えると，これは上のような不確定性をもたず，しかも誤差の大きさを表わす量である．これを多段法 (6.5.3) の**誤差定数**という．$\beta_k + \beta_{k-1} + \cdots + \beta_0 \neq 0$ であることはつぎに述べる定理の中で示される．

1 段法の誤差評価の定理 6.2 の (6.3.13) にみたように，公式の次数が p のとき誤差の累積は h^p 程度になる．したがって公式が収束するためには $p \geq 1$ が必要であると考えられる．これをきちんと証明しよう．

定理 6.4 多段法 (6.5.3) が収束する公式であるためには，その公式の次数 p は 1 以上でなければならない．すなわち

$$\begin{cases} C_0 = \rho(1) = 0 & (6.7.20) \\ C_1 = \rho'(1) - (\beta_k + \beta_{k-1} + \cdots + \beta_0) = 0 & (6.7.21) \end{cases}$$

が成立しなければならない．

証明 まず $C_0 = 0$ が必要であることを示そう．多段法 (6.5.3) が収束する公式であるためにはもちろん初期値問題

$$u' = 0, \quad u(0) = 1 \tag{6.7.22}$$

に対しても収束する公式でなければならない．この方程式の厳密解は $u(t) \equiv 1$ である．このとき公式 (6.5.3) は

$$\alpha_k v_{n+k} + \alpha_{k-1} v_{n+k-1} + \cdots + \alpha_0 v_n = 0 \tag{6.7.23}$$

となる．いま初期値

$$v_0 = v_1 = \cdots = v_{k-1} = 1 \tag{6.7.24}$$

を考えると，これは条件 (6.5.4) を満足する．ここで $t = lh$ を一定にして $h \to 0$ とするとき，解は $\lim_{l \to \infty} v_l = 1$ を満足しなければならない．すなわち $h \to 0$ あるいは $l \to \infty$ のとき (6.7.23) より

$$\alpha_k + \alpha_{k-1} + \cdots + \alpha_0 = 0 \tag{6.7.25}$$

でなければならない．これで $C_0 = 0$ が必要であることがいえた．

つぎに $C_1=0$ が必要であることを示そう．今度は初期値問題

$$u'=1, \quad u(0)=0 \tag{6.7.26}$$

を考える．これの厳密解は

$$u(t)=t \tag{6.7.27}$$

である．このとき公式 (6.5.3) は

$$\begin{aligned}\alpha_k v_{n+k}+\alpha_{k-1}v_{n+k-1}+\cdots+\alpha_0 v_n \\ =h\{\beta_k+\beta_{k-1}+\cdots+\beta_0\}\end{aligned} \tag{6.7.28}$$

となる．いま初期値を

$$v_l=lhK\,; \quad l=0,1,2,\ldots,k-1 \tag{6.7.29}$$

としよう．ただし

$$K=\frac{\beta_k+\beta_{k-1}+\cdots+\beta_0}{k\alpha_k+(k-1)\alpha_{k-1}+\cdots+\alpha_1} \tag{6.7.30}$$

である．これの分母は 0 でない．なぜなら

$$k\alpha_k+(k-1)\alpha_{k-1}+\cdots+\alpha_1=\rho'(1) \tag{6.7.31}$$

であるが，公式は収束するために安定でなければならず，すでに $\rho(1)=0$ であるから定理 6.3 より $\rho'(1)=0$ ではありえない．この初期値 (6.7.29) は (6.5.4) を満足する．また初期値 (6.7.29) に対応する解

$$v_l=lhK\,; \quad l=0,1,2,\ldots,k-1,k,\ldots \tag{6.7.32}$$

が (6.7.28) を満足していることは容易に確かめられる．このときさらに必要なことは $t=lh$ を一定にして $l\to\infty$ としたときこれが t に収束することである．すなわち

$$\lim_{l\to\infty} lhK=t \tag{6.7.33}$$

でなければならない．ところが $jh=t$ であるから，これより

$$K=1 \tag{6.7.34}$$

でなければならない．したがって (6.7.30) より $C_1=0$ が必要であることが結論される． ■

なお (6.7.34) より，収束する公式においては

$$\begin{aligned}\rho'(1)&=k\alpha_k+(k-1)\alpha_{k-1}+\cdots+\alpha_1 \\ &=\beta_k+\beta_{k-1}+\cdots+\beta_0\neq 0\end{aligned} \tag{6.7.35}$$

が成立する.

多段法 (6.5.3) において (6.7.20), (6.7.21) が成立するとき，この公式 (6.5.3) はもとの初期値問題 (6.5.1), (6.5.2) に対して**適合条件**を満足しているという.

問題 6.5 公式

$$v_{n+1} - v_n = h(f_{n+1} + f_n) \tag{6.7.36}$$

は初期値問題 (6.5.1), (6.5.2) に対して適合条件を満足しているか. 満足していないとすれば，どのような問題に対して適合条件を満足していると考えられるか.

この定理に示した適合条件 (6.7.20) および (6.7.35) より，収束する公式の特性方程式は必ず $\lambda = 1$ なる単根をもつことがわかる. 6.4 節に述べたアダムス型公式の特性方程式は

$$\rho(\lambda) = \lambda - 1 = 0 \tag{6.7.37}$$

であるから $\lambda = 1$ がただ一つの根であり，これは根の安定条件を満足している. またアダムス型公式の次数は 2 以上であるから適合条件も満たしている. したがって，アダムス型公式は収束する公式であるための必要条件を二つとも満足していることがわかる.

6.8 多段法の誤差の累積

多段法が収束する公式であるためにはそれが安定でかつ適合条件を満足しなければならないことを前節に示した. 実は逆に，安定で適合条件を満足する多段法は，適当な条件のもとで収束する公式であることが示される. これを見よう.

局所打切り誤差と丸め誤差に対する仮定

まず必要な条件を整理しておこう. 多段法の公式 (6.5.3) は丸め誤差 ε_n を考慮に入れると，正確にはつぎのようになる.

$$\begin{aligned}&\alpha_k v_{n+k} + \alpha_{k-1} v_{n+k-1} + \cdots + \alpha_0 v_n \\ &= h\{\beta_k f_{n+k} + \beta_{k-1} f_{n+k-1} + \cdots + \beta_0 f_n\} + \varepsilon_n, \quad f_l = f(t_l, v_l)\end{aligned} \tag{6.8.1}$$

丸め誤差に関しては，これまでと同様 ε を n に依存しない数として

$$|\varepsilon_n| \le \varepsilon \tag{6.8.2}$$

を仮定しておく．また厳密解 $u(t)$ は (6.7.17) より $u_l = u(t_l)$ とすると

$$\begin{aligned}&\alpha_k u_{n+k} + \alpha_{k-1} u_{n+k-1} + \cdots + \alpha_0 u_n \\ =&h\{\beta_k f(t_{n+k}, u_{n+k}) + \beta_{k-1} f(t_{n+k-1}, u_{n+k-1}) + \cdots \\ &+ \beta_0 f(t_n, u_n)\} + r_n\end{aligned} \tag{6.8.3}$$

を満足する．ここで公式 (6.5.3) の次数は p であるとしよう．すなわち (6.7.18) により局所打切り誤差 r_n に対して

$$|r_n| \leq Ch^{p+1} \tag{6.8.4}$$

を仮定する．

$f(t, y)$ には 6.3 節と同様に，y に関する**リプシッツ条件**を仮定する．

$$|f(t, v) - f(t, u)| \leq L_0 |v - u| \tag{6.8.5}$$

これから (6.8.1) あるいは (6.8.3) の右辺の関数

$$\begin{aligned}&F(y_{n+k}, y_{n+k-1}, \ldots, y_n) \\ \equiv&\beta_k f(t_{n+k}, y_{n+k}) + \beta_{k-1} f(t_{n+k-1}, y_{n+k-1}) + \cdots + \beta_0 f(t_n, y_n)\end{aligned} \tag{6.8.6}$$

がつぎの形のリプシッツ条件を満足していることが導かれる．

$$\begin{aligned}&|F(v_{n+k}, v_{n+k-1}, \ldots, v_n) - F(u_{n+k}, u_{n+k-1}, \ldots, u_n)| \\ &\quad \leq L_0\{|\beta_k||v_{n+k} - u_{n+k}| + \cdots + |\beta_0||v_n - u_n|\} \qquad (6.8.7) \\ &\quad \leq L\{|v_{n+k} - u_{n+k}| + \cdots + |v_n - u_n|\} \qquad (6.8.8)\end{aligned}$$

多段法の誤差の累積

定理 6.5 安定で適合条件を満足する k 段法 (6.5.3) が (6.8.2), (6.8.4), (6.8.8) を満たしているものとする．このとき点 $t \in [t_0, T]$ における誤差

$$e_l = v_l - u_l \tag{6.8.9}$$

は，初期誤差の絶対値の最大値を

$$E_{k-1} = \max_{0\le\nu\le k-1} |e_\nu| \tag{6.8.10}$$

とするとき

$$|e_l| \le (2kM)^{N+1}E_{k-1} + \frac{AM}{\kappa\alpha_k}\left(Ch^p + \frac{\varepsilon}{h}\right) \tag{6.8.11}$$

を満足する．ただし M は安定性の条件 (6.6.22) で与えられる上界であって，κ, N および A はつぎのような h に依存しない量である．

$$\kappa = \frac{ML(k+1)}{\alpha_k} \tag{6.8.12}$$

$$N = 2\kappa(t - t_0) \tag{6.8.13}$$

$$A = \begin{cases} \dfrac{(2\kappa M)^{N+1} - 1}{2\kappa M - 1}; & 2\kappa M \ne 1 \\ N + 1; & 2\kappa M = 1 \end{cases} \tag{6.8.14}$$

証明[3] 誤差 e_l の満たしている式を導くために (6.8.1) から (6.8.3) を引く．

$$\alpha_k e_{n+k} + \alpha_{k-1}e_{n+k-1} + \cdots + \alpha_0 e_n = w_n \tag{6.8.15}$$

$$w_n = h\{F(v_{n+k},\ldots,v_n) - F(u_{n+k},\ldots,u_n)\} - r_n + \varepsilon_n \tag{6.8.16}$$

仮定 (6.8.2)，(6.8.4)，(6.8.8) から w_n に対してつぎの評価を得る．

$$|w_n| \le hL\{|e_{n+k}| + |e_{n+k-1}| + \cdots + |e_n|\} + Ch^{p+1} + \varepsilon \tag{6.8.17}$$

初期値を

$$e_l = v_l - u_l = \hat{e}_l\,; \quad l = 0, 1, \ldots, k-1 \tag{6.8.18}$$

とする e_l に関する非斉次線形差分方程式 (6.8.15) の解は，補題 6.3 より

$$e_l = \sum_{j=1}^{k} \hat{e}_{j-1}\eta_l^{(j)} + \frac{1}{\alpha_k}\sum_{\mu=0}^{l-k} w_\mu \eta_{l-\mu-1}^{(k)} \tag{6.8.19}$$

で与えられる[4]．

ここで点 t_l までの誤差の絶対値の最大値を

$$E_l = \max_{0\le\nu\le l} |e_\nu| \tag{6.8.20}$$

---

3) E. Isaacson and H. Keller [2] による．

4) 補題 6.3 のあとの注意を見よ．

と定義しよう．すると公式が安定であることから得られる (6.6.22) の条件

$$|\eta_l^{(j)}| \le M \tag{6.8.21}$$

によって (6.8.19) からつぎの不等式が導かれる．

$$|e_l| \le kME_{k-1} + \frac{1}{\alpha_k} M \sum_{\mu=0}^{l-k} \left\{ hL \sum_{\nu=0}^{k} |e_{\mu+\nu}| + Ch^{p+1} + \varepsilon \right\} \tag{6.8.22}$$

定義 (6.8.20) より

$$\sum_{\mu=0}^{l-k} \left\{ \sum_{\nu=0}^{k} |e_{\mu+\nu}| \right\} \le (l-k+1)(k+1)E_l \le l(k+1)E_l \tag{6.8.23}$$

が成立し，これから (6.8.22) はつぎのようになる．

$$|e_l| \le kME_{k-1} + \frac{1}{\alpha_k} hMLl(k+1)E_l + \frac{1}{\alpha_k} Ml(Ch^{p+1} + \varepsilon) \tag{6.8.24}$$

多段法の段数 k は一般には比較的小さい数なので，(6.8.23)，(6.8.24) の評価で l に比べて k を無視したが，そのことは評価 (6.8.24) においてそれほど大きな損にはならない．

E_l の定義から，$E_l = |e_m|$ となる最大値を与えているところの m が $0 \le m \le l$ の範囲に存在しているはずである．l がちょうどそのような m に等しいときにも (6.8.24) は成立する．しかも明らかに $E_l = \max_{0 \le \nu \le l} |e_l| = |e_m|$ であるから，結局つぎの不等式が成立する．

$$E_l \le \kappa hlE_l + kME_{k-1} + \frac{1}{\alpha_k} Ml(Ch^{p+1} + \varepsilon) \tag{6.8.25}$$

ただし κ は (6.8.12) で与えられる数である．

ここで $h \to 0$ のとき l を

$$lh\kappa \le \frac{1}{2} \tag{6.8.26}$$

を満足する範囲に制限して考えよう．すなわち

$$H = \frac{1}{2\kappa} \tag{6.8.27}$$

によって h および l に依存しない幅を定義するとき，変数 t の変域を $t_0 \le t \le t_0 + H$ に制限して議論する．このとき (6.8.25) からつぎの不等式を得る．

$$E_l \le 2kME_{k-1} + \frac{M}{\kappa\alpha_k} \left(Ch^p + \frac{\varepsilon}{h} \right) \tag{6.8.28}$$

この式は結局 (6.8.26) を満足するすべての l に対して

$$|e_l| \le 2kME_{k-1} + \frac{M}{\kappa\alpha_k} \left(Ch^p + \frac{\varepsilon}{h} \right) \tag{6.8.29}$$

が成立することを意味している．これは制限を受けた区間 $[t_0, t_0+H]$ における誤差の累積を示す式である．

この不等式 (6.8.28) の右辺は k 個の初期誤差と局所打切り誤差および丸め誤差の上界によって表現されており，しかも不等式 (6.8.28) の成立区間

$$[t_0, t_0+H] \tag{6.8.30}$$

の大きさ H は h に依存しない．したがって今度は新たに区間 (6.8.30) の終りの k 個の誤差

$$e_{q-k+1},\ e_{q-k+2},\ \ldots, e_q;\quad q \equiv \left[\frac{H}{h}\right]_G \tag{6.8.31}$$

を初期誤差とみなせば，(6.8.28) を導いたのとまったく同様の議論をくりかえすことができる．ただし $[Y]_G$ は Y をこえない最大の整数を表わす．この論法に従えば，任意の有限な t の値に対して有限個の区間

$$[t_0,\, t_0+H],\ [t_0+H,\, t_0+2H],\ \ldots,\ [t_0+NH,\, t];$$

$$N = \left[\frac{t-t_0}{H}\right]_G \tag{6.8.32}$$

を考え，各区間に順次同様の手順をくりかえすことにより点 t における誤差の大きさを評価することができる．

そこでこの中の一つの区間

$$[t_0+(j-1)H,\, t_0+jH] \tag{6.8.33}$$

を取り出し，この区間における誤差の絶対値の最大値を $\mathcal{E}_j$ とおこう．このとき (6.8.28) よりつぎの不等式が成立する．

$$\mathcal{E}_j \le 2kM\mathcal{E}_{j-1} + \frac{M}{\kappa\alpha_k}\left(Ch^p + \frac{\varepsilon}{h}\right) \tag{6.8.34}$$

この不等式において

$$\mathcal{E}_0 = E_{k-1} \tag{6.8.35}$$

を出発値として逐次代入を行なうと

$$\begin{aligned}\mathcal{E}_j &\le (2kM)^j\mathcal{E}_0 + \frac{M}{\kappa\alpha_k}\left(Ch^p + \frac{\varepsilon}{h}\right)\{(2kM)^{j-1} + (2kM)^{j-2} + \cdots + 1\}\\ &= (2kM)^j E_{k-1} + \frac{A_j M}{\kappa\alpha_k}\left(Ch^p + \frac{\varepsilon}{h}\right)\end{aligned} \tag{6.8.36}$$

となる．ただし

$$A_j = \begin{cases}\dfrac{(2kM)^j - 1}{2kM-1} & ;\quad 2kM \ne 1\\ j & ;\quad 2kM = 1\end{cases} \tag{6.8.37}$$

である. $j = N+1$ とおくと $\mathcal{E}_{N+1}$ は区間 $[t_0 + NH, t]$ における誤差の絶対値の最大値を示しており, 結局この区間に含まれる任意の点 t_l における誤差 e_l は

$$|e_l| \leq (2kM)^{N+1} E_{k-1} + \frac{A_{N+1}M}{\kappa\alpha_k}\left(Ch^p + \frac{\varepsilon}{h}\right) \tag{6.8.38}$$

で評価される. ■

この定理に示した誤差の累積 (6.8.11) のうち, 右辺第 1 項は多段法の初期誤差によるものであり, 第 2 項は 1 段法でもみた公式の局所打切り誤差と丸め誤差によるものである. ところで, 初期値が $h \to 0$ において $E_{k-1} \to 0$ を満たすという条件のもとで多段法が収束するときに, それは収束する公式であると定義した. したがってこの定理から, 安定で適合条件を満足している多段法は $h \to 0$ のとき $\varepsilon/h \to 0$ となるならば収束する公式であると結論することができる. しかし 6.3 節の 1 段法のところで述べたように, ε は計算機の丸めの機構に依存するもので実際には $h \to 0$ のときにもある一定値以下にはなりえない. したがってこの場合もきざみ h はある程度より小さくすることはできない.

6.9 数値的不安定性

前節までに述べてきた不安定性は公式 (6.5.3) の形のみに依存し, $f(t, y)$ に対するリプシッツ条件は別として初期値問題の $f(t, y)$ の形が具体的にどのようなものであるかには依存しないものであった. しかしある種の多段法においては, それが 6.7 節で定義した意味で安定な公式であっても, 特別な初期値問題に対しては別の種類の不安定性を示すことがある. これを例を通して考察しよう.

数値的不安定性の例

初期値問題

$$\begin{cases} \dfrac{du}{dt} = Au, \quad A < 0 & (6.9.1) \\ u(0) = u_0 & (6.9.2) \end{cases}$$

を考える. これの厳密解は

$$u(t) = u_0 e^{At} \tag{6.9.3}$$

である．

適当な初期値のもとでこの問題につぎの**中点公式**とよばれる 2 段法を適用した場合を考えよう．

$$v_{n+1} - v_{n-1} = 2hf(t_n,\, v_n) \tag{6.9.4}$$

中点公式は安定で適合条件を満足している．とくに方程式 (6.9.1) の場合，これは

$$v_{n+1} - v_{n-1} = 2hAv_n \tag{6.9.5}$$

となるが，右辺を左辺に移項するとつぎの斉次な線形差分方程式が得られる．

$$v_{n+1} - 2hAv_n - v_{n-1} = 0 \tag{6.9.6}$$

この方程式に対応する特性方程式は

$$\rho(\lambda) = \lambda^2 - 2hA\lambda - 1 = 0 \tag{6.9.7}$$

であって，その 2 根は相異なり，$A \neq 0$ のとき

$$\begin{cases} \lambda_1 = hA + \sqrt{h^2A^2+1} = 1 + hA + O(h^2) = e^{hA} + O(h^2) & (6.9.8) \\ \lambda_2 = hA - \sqrt{h^2A^2+1} = -1 + hA + O(h^2) = -e^{-hA} + O(h^2) & (6.9.9) \end{cases}$$

で与えられる．この 2 根を使って差分方程式 (6.9.6) の任意の解は補題 6.1 よりつぎのように表わすことができる．

$$u_n = C_1{\lambda_1}^n + C_2{\lambda_2}^n \tag{6.9.10}$$

いま理想的な状態を考え，初期値として厳密解と正確に一致するものをとることができたとしよう．

$$\begin{cases} v_0 = u_0 \\ v_1 = u_0e^{Ah} \end{cases} \tag{6.9.11}$$

この条件のもとで (6.9.10) の未定係数 C_1, C_2 を決定するとつぎのようになる．

$$\begin{cases} C_1 = \dfrac{1}{2}\left(1 + \dfrac{e^{hA} - hA}{\sqrt{h^2A^2+1}}\right)u_0 & (6.9.12) \\ C_2 = \dfrac{1}{2}\left(1 - \dfrac{e^{hA} - hA}{\sqrt{h^2A^2+1}}\right)u_0 & (6.9.13) \end{cases}$$

$u_0 \neq 0$ であれば，一般には明らかに

$$C_2 \neq 0 \tag{6.9.14}$$

である．

ここで $A < 0$ であることを考慮すると，厳密解 $u(t) = u_0 e^{At}$ は明らかに t とともに減衰する関数である．これに対して差分方程式 (6.9.6) の解 (6.9.10) は，(6.9.8), (6.9.9) より近似的に

$$v_n \simeq C_1 e^{nhA} + C_2(-1)^n e^{-nhA} = C_1 e^{At} + C_2(-1)^n e^{-At} \tag{6.9.15}$$

となる．右辺第 1 項は厳密解に対応していて減衰する．しかし第 2 項は厳密解とは無縁の成分であって，しかも $C_2 \neq 0$ であるから t とともに $C_2(-1)^n e^{-At}$ のように増大する．これが数値解において不安定現象として現われ，とくに $|A|$ が大きいときこの影響は重大になる．

この不安定性は初期値問題の形に依存していて，実際に上の例のようなある種の問題を解いたとき現われる不安定現象である．その意味でこれは**数値的不安定性**とよばれる．

問題 6.6 アダムス型公式においては数値的不安定は生じないことを示せ．

6.10 境界値問題の差分解法

本節以降では，常微分方程式の境界値問題の数値解法を扱う．6.10 節で差分法，6.11 節，6.12 節で変分法に関連した解法を述べる．

境界値問題

本節では，数理物理学でしばしば現われるつぎの形をもつ線形 2 階常微分方程式の**境界値問題**に対する差分法を考察する．

$$Lu \equiv -\frac{d}{dx}\left(p(x)\frac{du}{dx}\right) + q(x)u = f(x) \tag{6.10.1}$$

$$u(a) = u_a, \quad u(b) = u_b \tag{6.10.2}$$

ここで $p(x)$ は 1 階連続微分可能，$q(x)$ は区分的に連続であり

$$p(x) \geq p_m > 0 \tag{6.10.3}$$

$$q(x) \geq q_m > 0 \tag{6.10.4}$$

を満足するものとする．L は右辺で定義される**微分演算子**を表わす．

差分解法

微分方程式 (6.10.1) の左辺は

$$Lu = -p(x)\frac{d^2u}{dx^2} - p'(x)\frac{du}{dx} + q(x)u \tag{6.10.5}$$

となるが，ここで微分を**差分**で置き換える近似

$$\frac{du}{dx} \longrightarrow \frac{v_{j+1} - v_{j-1}}{2h}, \quad v_{j\pm1} = u(x_j \pm h) \tag{6.10.6}$$

$$\frac{d^2u}{dx^2} \longrightarrow \frac{v_{j+1} - 2v_j + v_{j-1}}{h^2}, \quad v_j = u(x_j) \tag{6.10.7}$$

を行なうと，(6.10.1) はつぎのようになる．

$$\begin{aligned} L_h v_j \equiv &-\left\{\frac{1}{h^2}p(x_j) + \frac{1}{2h}p'(x_j)\right\}v_{j+1} + \left\{\frac{2}{h^2}p(x_j) + q(x_j)\right\}v_j \\ &-\left\{\frac{1}{h^2}p(x_j) - \frac{1}{2h}p'(x_j)\right\}v_{j-1} = f(x_j) \end{aligned} \tag{6.10.8}$$

ただし $p(x)$, $p'(x)$, $q(x)$ の値は $x = x_j$ におけるものをとった．L_h は右辺で定義される**差分演算子**を表わす．

ここで区間 $K = [a, b]$ を $N+1$ 等分して差分のきざみ幅 h を等間隔にとることにする．

$$h = \frac{b-a}{N+1} \tag{6.10.9}$$

このとき (6.10.8) の両辺に $h^2/\{2p(x_j)\}$ を乗ずるとつぎの**差分方程式**を得る．

$$-b_j v_{j+1} + a_j v_j - c_j v_{j-1} = d_j\,; \quad j = 1, 2, \ldots, N \tag{6.10.10}$$

ただし a_j, b_j, c_j, d_j はつぎのような量である．

$$\begin{cases} a_j = 1 + \dfrac{q(x_j)}{2p(x_j)}h^2 & (6.10.11) \\ b_j = \dfrac{1}{2}\left\{1 + \dfrac{p'(x_j)}{2p(x_j)}h\right\} & (6.10.12) \\ c_j = \dfrac{1}{2}\left\{1 - \dfrac{p'(x_j)}{2p(x_j)}h\right\} & (6.10.13) \\ d_j = \dfrac{f(x_j)}{2p(x_j)}h^2 & (6.10.14) \end{cases}$$

方程式 (6.10.10) は未知数 v_j に関する N 元連立 1 次方程式であって，行列で表現するとつぎのようになる．

$$A\boldsymbol{v} = \boldsymbol{d} \tag{6.10.15}$$

ただし $A, \boldsymbol{v}, \boldsymbol{d}$ はつぎのような行列およびベクトルである．

$$A = \begin{pmatrix} a_1 & -b_1 & & & \\ -c_2 & a_2 & -b_2 & & 0 \\ & \ddots & \ddots & \ddots & \\ & & -c_{N-1} & a_{N-1} & -b_{N-1} \\ & 0 & & -c_N & a_N \end{pmatrix},$$

$$\boldsymbol{v} = \begin{pmatrix} v_1 \\ v_2 \\ \vdots \\ \vdots \\ v_N \end{pmatrix}, \quad \boldsymbol{d} = \begin{pmatrix} d_1 + c_1 u_a \\ d_2 \\ \vdots \\ d_{N-1} \\ d_N + b_N u_b \end{pmatrix} \tag{6.10.16}$$

さて，ここできざみ幅 h を十分小さくとってあって

$$\frac{h}{2}\left|\frac{p'(x_j)}{p(x_j)}\right| \leq 1; \quad j = 0, 1, 2, \ldots, N+1 \tag{6.10.17}$$

が成立しているものと仮定しよう．このとき

$$|b_j| + |c_j| = b_j + c_j = 1 \tag{6.10.18}$$

であり，しかも仮定 (6.10.3)，(6.10.4) より

$$a_j > 1 \tag{6.10.19}$$

である．したがって行列 A の各行において

$$|a_j| > |b_j| + |c_j| \tag{6.10.20}$$

が成立しており，第 1 章 (1.11.1) の定義により行列 A は**対角優位行列**である．対角優位行列であれば正則であるから，差分方程式 (6.10.10) は一意的な解をもつ．そのとき，たとえば定理 1.9 によりヤコビ法を適用することができる．

差分演算子の局所打切り誤差

微分演算子 L を差分演算子 L_h で近似したための局所打切り誤差 を求めよう．この誤差を r_j とすると，それはつぎのように定義される．

$$L_h u(x_j) = f(x_j) + r_j\,; \quad j = 1, 2, \ldots, N \tag{6.10.21}$$

ただし $u(x_j)$ は微分方程式の厳密解で

$$Lu(x_j) = f(x_j), \quad j = 1, 2, \ldots, N \tag{6.10.22}$$

を満足する．いま解 $u(x)$ は区間 K で 4 回連続微分可能であると仮定する．r_j は (6.10.21) から (6.10.22) を引いて $u(x)$ の x_j のまわりのテーラー展開を利用して求められる．

$$\begin{aligned} r_j &= L_h u(x_j) - Lu(x_j) \\ &= -p(x_j)\left\{\frac{u(x_j+h) - 2u(x_j) + u(x_j-h)}{h^2} - u''(x_j)\right\} \\ &\quad - p'(x_j)\left\{\frac{u(x_j+h) - u(x_j-h)}{2h} - u'(x_j)\right\} \\ &= -\frac{h^2}{12}\{p(x_j)u^{(4)}(\xi_j) + 2p'(x_j)u^{(3)}(\eta_j)\}\,; \quad j = 1, 2, \ldots, N \end{aligned} \tag{6.10.23}$$

ξ_j および η_j は区間 $K = [a, b]$ 内のある点である．仮定から $p(x)$, $p'(x)$, $u^{(3)}(x)$, $u^{(4)}(x)$ は区間 K で有界であるから，これらの最大値をそれぞれつぎのようにおく．

$$p_M = \max_K |p(x)|, \qquad p'_M = \max_K |p'(x)| \tag{6.10.24}$$

$$M_3 = \max_K |u^{(3)}(x)|, \quad M_4 = \max_K |u^{(4)}(x)| \tag{6.10.25}$$

このとき (6.10.23) より，局所打切り誤差 r_j に対してつぎの評価が成り立つ．

$$|r_j| \leq M, \quad M = \frac{h^2}{12}(p_M M_4 + 2p'_M M_3) \tag{6.10.26}$$

丸め誤差

実際に方程式を解くときに発生する丸め誤差は解法に依存してその挙動は複

雑であるが，形式的には差分 (6.10.10) の計算で発生すると考えることができる．そこで丸め誤差 を ε_j として (6.10.10) をつぎのように置き換えよう．

$$\frac{h^2}{2p(x_j)}L_h v_j = \frac{h^2}{2p(x_j)}f(x_j) + \varepsilon_j\,; \quad j = 1, 2, \ldots, N \tag{6.10.27}$$

これまでしばしば仮定してきたように，ここでも丸め誤差 ε_j は j に依存しないある正数 ε で上からおさえられていると仮定しておく．

$$|\varepsilon_j| \leq \varepsilon \tag{6.10.28}$$

差分解法の誤差の累積

定理 6.6 境界値問題 (6.10.1), (6.10.2) に対する差分解法 (6.10.8) において，差分のきざみ幅 h が (6.10.17) および

$$\frac{q_m}{2p_M}h^2 \leq 1 \tag{6.10.29}$$

を満足するとき，仮定 (6.10.3), (6.10.4), (6.10.28) のもとで，誤差

$$e_j = v_j - u_j\,; \quad j = 0, 1, 2, \ldots, N+1 \tag{6.10.30}$$

は

$$|e_j| \leq \frac{(p_M M_4 + 2p'_M M_3)p_M}{12 p_m q_m}h^2 + \frac{2p_M}{q_m}\frac{\varepsilon}{h^2} \tag{6.10.31}$$

を満足する．

証明 局所打切り誤差を表わす式 (6.10.21) に $h^2/\{2p(x_j)\}$ を乗じたものを差分方程式 (6.10.27) から引くと，誤差 e_j の満たす差分方程式が得られる．

$$-b_j e_{j+1} + a_j e_j - c_j e_{j-1} = -\frac{h^2}{2p(x_j)}r_j + \varepsilon_j\,; \quad j = 1, 2, \ldots, N \tag{6.10.32}$$

いま誤差の最大値を E と定義する．

$$E = \max_{0 \leq j \leq N+1} |e_j| \tag{6.10.33}$$

ここで (6.10.32) の $-b_j e_{j+1} - c_j e_{j-1}$ を右辺に移項してから両辺の絶対値をとると，つぎの不等式を得る．

$$|a_j e_j| \leq (|b_j| + |c_j|)E + \frac{h^2}{2p(x_j)}|r_j| + |\varepsilon_j|; \quad j = 1, 2, \ldots, N \tag{6.10.34}$$

この式において，a_j に (6.10.11), (6.10.4), (6.10.24), $|b_j| + |c_j|$ に対して (6.10.18),

$|r_j|$ に対して (6.10.26), (6.10.3), $|\varepsilon_j|$ に対して (6.10.28) を考慮してこれを変形すると，つぎのようになる．

$$\left(1+\frac{q_m}{2p_M}h^2\right)|e_j| \leq E+\frac{h^2}{2p_m}\times\frac{h^2}{12}(p_M M_4+2p'_M M_3)+\varepsilon\,; \quad j=1,2,\ldots,N \tag{6.10.35}$$

これは $e_1, e_2, \ldots, e_N$ に対する評価式であるが，この不等号は実は e_0, e_{N+1} に対しても成立している．なぜなら，境界では打切り誤差は存在しないから丸め誤差だけ考えると，$|e_0|=|\varepsilon_0|\leq\varepsilon$ および仮定 (6.10.29) から

$$\left(1+\frac{q_m}{2p_M}h^2\right)|e_0| \leq 2|e_0| \leq E+\varepsilon \tag{6.10.36}$$

となり，たしかに (6.10.35) が満足されるからである．e_{N+1} についても同様である．したがって (6.10.35) は $0\leq j\leq N+1$ なるすべての $|e_j|$ に対して成立するから，これを E で置き換えると

$$\frac{q_m}{2p_M}h^2E \leq \frac{p_M M_4+2p'_M M_3}{24p_m}h^4+\varepsilon \tag{6.10.37}$$

となり，結局任意の j について

$$|e_j| \leq \frac{(p_M M_4+2p'_M M_3)p_M}{12p_m q_m}h^2+\frac{2p_M}{q_m}\frac{\varepsilon}{h^2}\,; \quad j=0,1,\ldots,N+1 \tag{6.10.38}$$

が成立する． ■

最後の結果において，打切り誤差は $h\to 0$ のとき h^2 に比例して 0 に近づくことがわかるが，一方，丸め誤差の累積として ε/h^2 に比例する項が現われている．これは 2 階の微分を 2 階の差分で置き換えたことによるものである．このように，丸め誤差の影響は前節までに述べてきた初期値問題の解法の場合に比較してより重大である．したがって，きざみを小さくすることには十分な注意が必要である．

6.11 変分法による境界値問題の近似解法

数理物理学に現われる境界値問題の微分方程式には，ある汎関数を極小にする変分問題のいわゆるオイラーの方程式として導かれるものが少なくない．本節では，変分法と関連付けながら，境界値問題の解法としてのリッツの方法およびガレルキン法について述べる．

対称正定値双 1 次形式

本節では，最初に境界条件

$$u(a) = u(b) = 0 \tag{6.11.1}$$

の下で，**汎関数**

$$J[u] = \frac{1}{2}\int_a^b \{p(x)u'(x)^2 + q(x)u(x)^2 - 2f(x)u(x)\}dx \tag{6.11.2}$$

を極小にする問題を考える．u' は u の x に関する微分である．ここで $p(x)$ は $[a,b]$ で 1 階微分可能，$q(x)$ は $[a,b]$ で区分的に連続で，前節と同じつぎの条件を満たすものとする．

$$p_M \geq p(x) \geq p_m > 0 \tag{6.11.3}$$

$$q_M \geq q(x) \geq q_m > 0 \tag{6.11.4}$$

問題の解法に立ち入る前に，$J[u]$ の中の微分の主要項に対応して

$$a(u,\, v) = \int_a^b (pu'v' + quv)dx \tag{6.11.5}$$

なる**双 1 次形式**を定義する．また，$J[u]$ の最後の積分に対応して，つぎの記号を導入する．

$$(f,\, u) = \int_a^b f(x)u(x)dx \tag{6.11.6}$$

このとき，(6.11.2) はつぎのように書くことができる．

$$J[u] = \frac{1}{2}a(u,\, u) - (f,\, u) \tag{6.11.7}$$

$J[u]$ の極小化を議論するとき (6.11.2) の右辺が定義できなければならないから，u は少なくとも 1 階微分の 2 乗が積分可能でなければならない．そこで，以下区間 $[a,\, b]$ を固定して**ノルム**

$$\|u\|_1 \equiv \left[\int_a^b (u^2 + u'^2)dx\right]^{1/2} \tag{6.11.8}$$

が有界になるような関数を対象にし，このような関数から成る**関数空間**を H_1 と書くことにする．このように，一定階数までの微分の 2 乗積分を含むノルム

の定義された関数空間を，**ソボレフ空間**という．H_1 の添字 1 は 1 階までの微分の 2 乗を含むことを示している．また，H_1 に属す関数のうち

$$u(a) = u(b) = 0 \tag{6.11.9}$$

をみたすものの成す H_1 の部分空間を $\overset{\circ}{H}_1$ と書く．

さらに，ここに定義した H_1 に属す関数に対して，**内積**

$$(u,\, v)_1 = \int_a^b (u'v' + uv)dx \tag{6.11.10}$$

を導入する．内積を導入することにより，H_1 は**ヒルベルト空間**となる．

さて，双 1 次形式 (6.11.5) は，定義から明らかなように，次式をみたすという意味で**対称** である[5)]．

補題 6.4

$$a(u,\, v) = a(v,\, u), \quad \forall u,\, v \in \overset{\circ}{H}_1 \tag{6.11.11}$$

さらにわれわれの双 1 次形式 $a(u,\, v)$ はつぎの不等式をみたす．

補題 6.5

$$a(u,\, u) \geq \frac{p_m}{1+\sigma^2}\|u\|_1{}^2, \quad \forall u \in \overset{\circ}{H}_1 \tag{6.11.12}$$

ただし，p_m は (6.11.3) で与えられる正の定数で，

$$\sigma = \frac{b-a}{\pi} \tag{6.11.13}$$

である．

証明　$u \in \overset{\circ}{H}_1$ は次のようにフーリエ sine 級数に展開できる．

$$u(x) = \sum_{k=1}^{\infty} b_k \sin\frac{k(x-a)}{\sigma} \tag{6.11.14}$$

---

5)　「$\overset{\circ}{H}_1$ に属する任意の u に対して」ということを，以下 $\forall u \in \overset{\circ}{H}_1$ と書く．

このとき，次式が成り立つことは容易に確かめられる．

$$\int_a^b u^2 dx = \frac{b-a}{2}\sum_{k=1}^{\infty} b_k^2 \tag{6.11.15}$$

$$\int_a^b {u'}^2 dx = \frac{b-a}{2}\sum_{k=1}^{\infty}\left(\frac{k}{\sigma}\right)^2 b_k^2 \tag{6.11.16}$$

一方，$k \geq 1$ のとき

$$b_k^2 \leq \sigma^2\left(\frac{k}{\sigma}\right)^2 b_k^2$$

が成り立つことに注意すれば，(6.11.15) および (6.11.16) よりつぎの不等式を得る．

$$\int_a^b u^2 dx \leq \sigma^2 \int_a^b {u'}^2 dx \tag{6.11.17}$$

ただし，等号は $u(x) = \sin\dfrac{\pi(x-a)}{b-a}$ のとき成り立つ．

以上より

$$\begin{aligned} a(u,\, u) &\geq p_m \int_a^b {u'}^2 dx + q_m \int_a^b u^2 dx \\ &\geq p_m \int_a^b {u'}^2 dx = \frac{p_m}{1+\sigma^2}\int_a^b (1+\sigma^2){u'}^2 dx \\ &\geq \frac{p_m}{1+\sigma^2}\int_a^b ({u'}^2 + u^2) dx = \frac{p_m}{1+\sigma^2}\|u\|_1^2, \quad \forall u \in \mathring{H}_1 \end{aligned} \tag{6.11.18}$$

■

一般に，ある関数空間 H において定義される対称な双 1 次形式 $a(u,\, v)$ に対して

$$a(u\,,\, u) \geq \gamma\|u\|^2, \quad \forall u \in H \tag{6.11.19}$$

をみたす正の定数 γ が存在するとき，$a(u,\, v)$ は**正定値** であるという[6)]．$\|u\|$ は H におけるノルムを表わす．補題 6.5 によって (6.11.5) の $a(u,v)$ は $\mathring{H}_1$ において正定値である．

変分問題と境界値問題

以上の準備の下に，汎関数 (6.11.2) を極小にすることにより境界値問題の方

6) **強圧的** あるいは**楕円型** ともいう．

程式

$$-\frac{d}{dx}\left(p(x)\frac{du}{dx}\right)+q(x)u=f(x) \tag{6.11.20}$$

$$u(a)=u(b)=0 \tag{6.11.21}$$

が導かれることを示そう．その前に，つぎの定理を証明しておく．

定理 6.7 汎関数 (6.11.2)，すなわち

$$J[u]=\frac{1}{2}a(u,\,u)-(f,\,u) \tag{6.11.22}$$

を極小にする関数 $u_0\in\overset{\circ}{H}_1$ が存在すれば，それは方程式

$$a(u_0,\,\eta)-(f,\,\eta)=0,\quad {}^\forall\eta(x)\in\overset{\circ}{H}_1 \tag{6.11.23}$$

を満足する．

逆に $u_0\in\overset{\circ}{H}_1$ が方程式 (6.11.23) を満足すれば，その u_0 は $J[u]$ を極小にする．

証明 いま $J[u]$ を極小にする $u_0(x)\in\overset{\circ}{H}_1$ が存在するとして，これに対してつぎの関数を考えよう．

$$u_\varepsilon(x)=u_0(x)+\varepsilon\eta(x) \tag{6.11.24}$$

$\eta(x)$ は $\overset{\circ}{H}_1$ に属する恒等的には 0 でない任意の関数とする．このとき $u_\varepsilon(x)$ もやはり $\overset{\circ}{H}_1$ に属する．とくに $\eta(x)\in\overset{\circ}{H}_1$ ととったから，ここで $a(u,\,v)$ の対称性を使うと

$$\begin{aligned}J[u_0+\varepsilon\eta]&=\frac{1}{2}a(u_0+\varepsilon\eta,\,u_0+\varepsilon\eta)-(f,\,u_0+\varepsilon\eta)\\&=\frac{1}{2}a(u_0,\,u_0)+\varepsilon a(u_0,\,\eta)+\frac{1}{2}\varepsilon^2a(\eta,\,\eta)-(f,\,u_0)-\varepsilon(f,\,\eta)\\&=J[u_0]+\varepsilon\{a(u_0,\,\eta)-(f,\,\eta)\}+\frac{1}{2}\varepsilon^2a(\eta,\,\eta)\end{aligned} \tag{6.11.25}$$

となる．仮定から，$u_0+\varepsilon\eta$ はちょうど $\varepsilon=0$ のとき $J[u_0+\varepsilon\eta]$ を極小にするから，これは

$$\left[\frac{\partial J[u_0+\varepsilon\eta]}{\partial\varepsilon}\right]_{\varepsilon=0}=0 \tag{6.11.26}$$

を満足しなければならない．これからただちに

$$a(u_0,\,\eta)-(f,\,\eta)=0,\quad\forall\eta\in\overset{\circ}{H}_1 \tag{6.11.27}$$

を得る．さらに $a(u, v)$ が正定値であることから

$$\left[\frac{\partial^2 J[u_0+\varepsilon\eta]}{\partial\varepsilon^2}\right]_{\varepsilon=0} = a(\eta, \eta) \geq \frac{p_m}{1+\sigma^2}\|\eta\|_1{}^2 > 0 \tag{6.11.28}$$

であり，たしかに (6.11.27) の解は極小値を与える．

逆に $u_0 \in \overset{\circ}{H}_1$ が (6.11.27) を満足したとする．このとき任意の $u \in \overset{\circ}{H}_1$ に対して

$$a(u_0, u) - (f, u) = 0 \tag{6.11.29}$$

が成立する．したがって

$$\begin{aligned} J[u] &= \frac{1}{2}a(u, u) - (f, u) = \frac{1}{2}a(u, u) - a(u_0, u) \\ &= \frac{1}{2}a(u-u_0, u-u_0) - \frac{1}{2}a(u_0, u_0) \end{aligned}$$

となるが，$a(u, v)$ は正定値双 1 次形式であるから，(6.11.18) より

$$J[u] = \frac{1}{2}a(\zeta, \zeta) - \frac{1}{2}a(u_0, u_0) \geq \frac{p_m}{1+\sigma^2}\|\zeta\|_1^2 - \frac{1}{2}a(u_0, u_0), \quad \zeta = u - u_0 \tag{6.11.30}$$

となり，$J[u]$ は $\zeta = 0$ すなわち $u = u_0$ のとき極小値 $-\frac{1}{2}a(u_0, u_0)$ をとる． ■

定理の (6.11.23) は具体的には

$$\int_a^b (pu_0'\eta' + qu_0\eta - f\eta)dx = 0, \quad \forall\eta \in \overset{\circ}{H}_1 \tag{6.11.31}$$

である．ここで，u_0 が 2 階微分可能であると仮定すると，部分積分することによってこれは

$$\int_a^b \{-(pu_0')' + qu_0 - f\}\eta dx = 0, \quad \forall\eta \in \overset{\circ}{H}_1 \tag{6.11.32}$$

となる．これが成り立つためには

$$-(pu_0')' + qu_0 = f \tag{6.11.33}$$

でなければならない．

問題 6.7　積分形 (6.11.32) から (6.11.33) を導く根拠を**変分学の基本原理**という．この変分学の基本原理を証明せよ．

こうして，解 u_0 に 2 階微分可能性を仮定すると，汎関数 (6.11.22) を極小

にすることにより境界値問題の方程式 (6.11.20), (6.11.21) が導かれることになる．方程式 (6.11.33) を汎関数 (6.11.22) に対応する**オイラーの方程式**という．この定理によって逆に境界条件 (6.11.21) の下で微分方程式 (6.11.20) の近似解を求めようとするとき，これがちょうどオイラーの方程式になっている汎関数 (6.11.22) の極小化という変分問題に置き換えることができることになる．

6.12 リッツの方法とガレルキン法

弱形式と広義の解

ところで，問題を (6.11.22) の $J[u]$ を極小にするということに制限すれば，u には 1 階微分可能性だけを課せばよい．実際，u に厳密な意味で 2 階微可能性を課すと，q の不連続点を除いて (6.11.20) の左辺には不連続性は現われないが，後の例に示すように，(6.11.20) の右辺の関数 $f(x)$ が $[a,b]$ の内部に不連続な点をもつような場合には，この両辺の不一致が不都合を生じさせる．したがって，部分積分を実行して微分の階数を下げた形での $J[u]$ を極小にする問題に置き換えたほうが，$f(x)$ に対しても不連続性が許され，より広範囲な問題を扱うことができてむしろ自然であると考えられる．

そこで，境界条件 (6.11.21) の下で (6.11.20) を解く代わりに，(6.11.23) の方程式

$$a(u, \eta) - (f, \eta) = 0, \quad \forall \eta \in \overset{\circ}{H}_1, \tag{6.12.1}$$

具体的には

$$\int_a^b \{p(x)u'\eta' + q(x)u\eta - f(x)\eta\}dx = 0, \quad \forall \in \overset{\circ}{H}_1 \tag{6.12.2}$$

を解くことを考える．この方程式を，(6.11.33) に対する**弱形式の方程式**といい，その解を**広義の解**という．

リッツの方法

弱形式の方程式 (6.12.1) を解く方法に話を進めよう．そのためにまず必要なことは，空間 $\overset{\circ}{H}_1$ における 1 次独立な関数列

$$\hat{\phi}_1,\ \hat{\phi}_2,\ \hat{\phi}_3,\ \ldots,\ \hat{\phi}_n \tag{6.12.3}$$

を選ぶことである．これらは各々が境界条件をみたしているものとする．そし

て真の解 u_0 を近似する関数を，これらの関数の 1 次結合によって表わす．

$$\hat{u}_n = \sum_{k=1}^{n} \hat{c}_k \hat{\phi}_k \tag{6.12.4}$$

これを変分法における**試験関数**といい，上のようにとった 1 次独立な関数を**基底関数**という．

n 個の 1 次独立な基底関数を選んだことによって，問題は $\overset{\circ}{H}_1$ の有限な n 次元部分空間において近似解を求めることに帰着されたことになる．n 次元部分空間を考えているので，(6.12.1) の任意の関数 $\eta(x) \in \overset{\circ}{H}_1$ としては n 個の 1 次独立な関数をとれば十分である．そこで，具体的に (6.12.1) に対応してつぎの操作を採用する．

$$a(\hat{u}_n,\, \hat{\phi}_j) - (f,\, \hat{\phi}_j) = 0, \quad j = 1, 2, \ldots, n \tag{6.12.5}$$

試験関数 (6.12.4) を (6.12.5) に代入すると，つぎの連立 1 次方程式が得られる．

$$\hat{A}\hat{\boldsymbol{c}} = \hat{\boldsymbol{f}} \tag{6.12.6}$$

ただし，

$$\hat{A} = \begin{pmatrix} a(\hat{\phi}_1,\, \hat{\phi}_1) & a(\hat{\phi}_2,\, \hat{\phi}_1) & \cdots & a(\hat{\phi}_n,\, \hat{\phi}_1) \\ a(\hat{\phi}_1,\, \hat{\phi}_2) & a(\hat{\phi}_2,\, \hat{\phi}_2) & \cdots & a(\hat{\phi}_n,\, \hat{\phi}_2) \\ & & \vdots & \\ a(\hat{\phi}_1,\, \hat{\phi}_n) & a(\hat{\phi}_2,\, \hat{\phi}_n) & \cdots & a(\hat{\phi}_n,\, \hat{\phi}_n) \end{pmatrix}$$

$$\hat{\boldsymbol{c}} = \begin{pmatrix} \hat{c}_1 \\ \hat{c}_2 \\ \vdots \\ \hat{c}_n \end{pmatrix}, \qquad \hat{\boldsymbol{f}} = \begin{pmatrix} (f,\, \hat{\phi}_1) \\ (f,\, \hat{\phi}_2) \\ \vdots \\ (f,\, \hat{\phi}_n) \end{pmatrix} \tag{6.12.7}$$

$\hat{\phi}_1, \hat{\phi}_2, \ldots, \hat{\phi}_n$ は 1 次独立であるから左辺の係数行列の行列式は 0 でない．したがってこの方程式は一意的な解 $\hat{c}_1, \hat{c}_2, \ldots, \hat{c}_n$ をもつ．これを (6.12.4) に代入すれば (6.12.1) の一つの近似解 $\hat{u}_n$ が得られる．このように，汎関数の極小化によって近似解を求める方法を，**リッツの方法**という．

ガレルキン法

双 1 次形式 $a(u, v)$ に正定値性を仮定できない場合には，境界値問題の弱形式を導くときに $J[u]$ を極小にするという変分原理を適用することができない．しかしそのときには，n 次元空間内において n 個の 1 次独立な関数 $\hat{\phi}_1$, $\hat{\phi}_2, \ldots, \hat{\phi}_n$ のすべてと直交する関数は 0 しかない，という原則に立てばよい．すなわち，1 次独立な関数列 $\hat{\phi}_k \in \overset{\circ}{H}_1$ をとって 1 次結合

$$\hat{u}_n = \sum_{k=1}^{n} \hat{c}_k \hat{\phi}_k \tag{6.12.8}$$

を作り，$-(p\hat{u}_n')' + q\hat{u}_n - f$ が 0 となるようにする．つまりこの関数 $-(p\hat{u}_n')' + q\hat{u}_n - f$ と $\hat{\phi}_1, \hat{\phi}_2, \ldots, \hat{\phi}_n$ の各々が**直交**するように，すなわち

$$\begin{aligned} &(-(p\hat{u}_n')' + q\hat{u}_n - f, \hat{\phi}_j) \\ =&a(\hat{u}_n, \hat{\phi}_j) - (f, \hat{\phi}_j) = 0\,; \quad j = 1, 2, \ldots, n \end{aligned} \tag{6.12.9}$$

なる関係をみたすように係数 $\hat{c}_k$ を決定し，近似解とする．この考え方によって導かれる連立 1 次方程式は (6.12.6) と同じものである．直交性を根拠とするこの方法を，**ガレルキン法**という．$a(u, v)$ が正定値ならば，ガレルキン法はリッツの方法と一致することは明らかである．

有限要素法

ここで，ごく単純な基底関数を採用して，ガレルキン法を用いて問題を解いてみよう．

例として，区間 $[0, 1]$ において，つぎの方程式を考える．

$$\begin{cases} -\dfrac{d^2u}{dx^2} + 4u = -\delta\Big(x - \dfrac{1}{2}\Big) \\ \qquad u(0) = u(1) = 0 \end{cases} \tag{6.12.10}$$

この問題では，点 $x = 1/2$ に単位点荷重がかかっていて，それを Dirac の δ 関数で表わしてある．Dirac の δ 関数は，$x = \xi$ の近傍を除いては恒等的に 0 である任意の $\phi(x)$ に対して

$$\int \delta(x - \xi)\phi(x)dx = \phi(\xi) \tag{6.12.11}$$

で定義される．

　このとき，弱形式の方程式 (6.12.2) は

$$\begin{cases} \displaystyle\int_0^1 \left(\frac{du}{dx}\frac{d\eta}{dx} + 4u\eta\right)dx = -\eta\left(\frac{1}{2}\right), & \forall\eta \in \overset{\circ}{H}_1 \\ u(0) = u(1) = 0 \end{cases} \tag{6.12.12}$$

となる．この方程式の解が

$$u(x) = \begin{cases} -\dfrac{1}{4\cosh 1}\sinh 2x & ;0 \leq x \leq \dfrac{1}{2} \\ -\dfrac{1}{4\cosh 1}\sinh 2(1-x) & ;\dfrac{1}{2} < x \leq 1 \end{cases} \tag{6.12.13}$$

となることは容易に確かめられよう (図 6.3)．

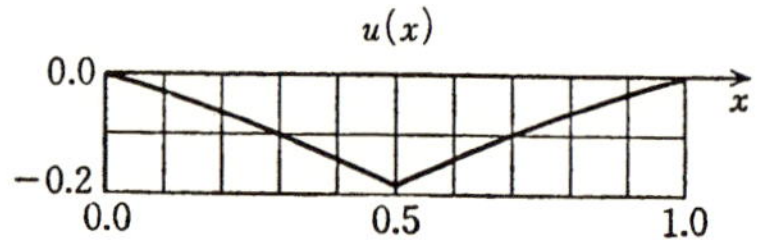

図 6.3

　この方程式の場合の双 1 次形式 $a(u, v)$ は，(6.11.5) で $p = 1$, $q = 4$ とおいたものであるから，正定値である．したがって，いまの場合ガレルキン法はリッツの方法と同じものである．

　ガレルキン法を適用するために，基底関数 $\{\hat{\phi}_k\}$ としてつぎのような単純な関数系を採用する．n は偶数として，区間 [0, 1] を n 等分してきざみ幅を

$$h = \frac{1}{n} \tag{6.12.14}$$

とし，各等分点

$$x_k = kh, \quad k = 0, 1, 2, \ldots, n \tag{6.12.15}$$

を**節点**としてとる．そして，基底関数をつぎのように定める．

$$\hat{\phi}_k(x) = \begin{cases} 0 & ; \quad 0 \leq x < x_{k-1} \\ \dfrac{x - x_{k-1}}{h} & ; \quad x_{k-1} \leq x < x_k \\ \dfrac{x_{k+1} - x}{h} & ; \quad x_k \leq x < x_{k+1} \\ 0 & ; \quad x_{k+1} \leq x \leq 1 \end{cases} \tag{6.12.16}$$

このような基底関数を，**区分的 1 次**の基底関数とよぶ．各関数が 0 でない値をもつ領域がごく狭い範囲にかぎられていることが，この基底関数の大きな特

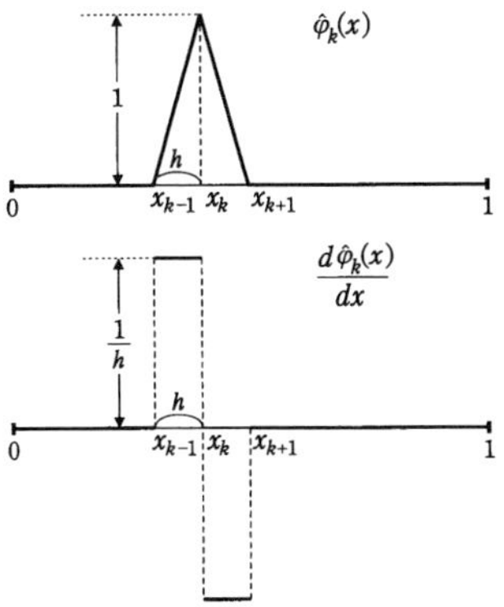

図 6.4

微である (図 6.4). この関数の微分がつぎのようになることは明らかである.

$$\frac{\hat{\phi}_k(x)}{dx} = \begin{cases} 0 & ; \quad 0 \le x < x_{k-1} \\ 1/h & ; \quad x_{k-1} \le x < x_k \\ -1/h & ; \quad x_k \le x < x_{k+1} \\ 0 & ; \quad x_{k+1} \le x \le 1 \end{cases} \tag{6.12.17}$$

いまの場合, (6.12.6) の $\hat{A}$ に現われる積分はつぎのようになる.

$$\int_0^1 \hat{\phi}_k \hat{\phi}_j dx = \begin{cases} 0 & ; \quad j < k-1 \\ h/6 & ; \quad j = k-1 \\ 2h/3 & ; \quad j = k \\ h/6 & ; \quad j = k+1 \\ 0 & ; \quad j > k+1 \end{cases} \tag{6.12.18}$$

$$\int_0^1 \frac{d\hat{\phi}_k}{dx} \frac{d\hat{\phi}_j}{dx} dx = \begin{cases} 0 & ; \quad j < k-1 \\ -1/h & ; \quad j = k-1 \\ 2/h & ; \quad j = k \\ -1/h & ; \quad j = k+1 \\ 0 & ; \quad j > k+1 \end{cases} \tag{6.12.19}$$

この結果から, 連立 1 次方程式 (6.12.6) の係数行列 $\hat{A}$ とベクトル $\hat{\boldsymbol{f}}$ はつぎの形になることがわかる．

$$\hat{A} = \frac{1}{h}\begin{pmatrix} 2 & -1 & & & \\ -1 & 2 & -1 & & 0 \\ & \ddots & \ddots & \ddots & \\ 0 & & -1 & 2 & -1 \\ & & & -1 & 2 \end{pmatrix} + \frac{2h}{3}\begin{pmatrix} 4 & 1 & & & \\ 1 & 4 & 1 & & 0 \\ & \ddots & \ddots & \ddots & \\ 0 & & 1 & 4 & 1 \\ & & & 1 & 4 \end{pmatrix} \tag{6.12.20}$$

$$\hat{\boldsymbol{f}} = \begin{pmatrix} f_1 \\ f_2 \\ \vdots \\ f_n \end{pmatrix}, \quad f_j = 0,\ j \neq n/2, \quad f_{n/2} = 1 \tag{6.12.21}$$

具体的に $n = 10$ ととってこの連立 1 次方程式 $\hat{A}\hat{\boldsymbol{c}} = \hat{\boldsymbol{f}}$ を解いて数値解を計算すると，各節点上において真の解 (6.12.13) と有効数字 4 桁が一致する解が得られる．

このような単純な基底関数によっても，こうして境界値問題の有効な近似解を得ることができるのである．一般に，問題を解く領域を有限な小領域に分割して，各小領域に隣接するごく狭い範囲でのみ 0 でない値をもつような比較的単純な関数を基底関数として採用し，ガレルキン法を適用して数値解を求める方法を，**有限要素法**という．上の例では 1 次元の境界値問題に有限要素法を適用したが，実用上は有限要素法はとくに 2 次元あるいは 3 次元の境界値問題に対して適用される．

練習問題

6.1　初期値問題 $\boldsymbol{u}' = \boldsymbol{f}(t, \boldsymbol{u})$, $\boldsymbol{u}(t_0) = \boldsymbol{u}_0$ において，関数 $\boldsymbol{f}(t, \boldsymbol{y})$ は点 $(t_0, u_1^{(0)}, u_2^{(0)}, \ldots, u_m^{(0)})$ を含む $m+1$ 次元空間のある領域 $\mathcal{D}$ において連続で，$\boldsymbol{y}$ に関してリプシッツ条件

$$\|\boldsymbol{f}(t, \boldsymbol{y}_1) - \boldsymbol{f}(t, \boldsymbol{y}_2)\| \leq L\|\boldsymbol{y}_1 - \boldsymbol{y}_2\|$$

を満足しているものとする．このときある区間 $|t - t_0| \leq d$ 上で初期値 $\boldsymbol{u}(t_0) = \boldsymbol{u}_0$ を満足する $\boldsymbol{u}' = \boldsymbol{f}(t, \boldsymbol{u})$ の解が一意的に存在することを証明せよ．

6.2　ルンゲ・クッタの公式 (6.2.21) が 4 次の公式であることを 1 次元の場合について確かめよ．

6.3 4 個の標本点 t_n, t_{n-1}, t_{n-2}, t_{n-3} をもつラグランジュ補間公式を区間 $[t_{n-3}, t_{n+1}]$ で積分することにより，つぎの公式が得られることを示せ.

$$v_{n+1} - v_{n-3} = \frac{4h}{3}(2f_n - f_{n-1} + 2f_{n-2}) \tag{1}$$

また標本点 t_{n+1}, t_n, t_{n-1}, t_{n-2} をもつ補間公式を $[t_{n-1}, t_{n+1}]$ において積分することにより，つぎの公式が得られることを示せ.

$$v_{n+1} - v_{n-1} = \frac{h}{3}(f_{n+1} + 4f_n + f_{n-1}) \tag{2}$$

陽公式 (1) を**予測子**，陰公式 (2) を**修正子**として組み合わせる方法を，**ミルンの予測子修正子法**という．また修正子 (2) は初期値問題 (6.9.1), (6.9.2) に対して数値的不安定性を生ずることを示せ.

6.4 予測子，修正子の局所打切り誤差をそれぞれ T_P, T_C とするとき，それらが

$$T_P = \frac{\gamma_p^{(P)}}{p!}u^{(p+1)}(t)h^{p+1}$$

$$T_C = \frac{\gamma_p^{(C)}}{p!}u^{(p+1)}(t)h^{p+1}$$

と表わされているものとする．いま修正子による修正量を ΔT とする.

$$\Delta T = v_C - v_P = T_C - T_P$$

このとき T_C はこの修正量から近似的につぎのように計算されることを示せ.

$$T_C \simeq \frac{\gamma_p^{(C)}}{\gamma_p^{(C)} - \gamma_p^{(P)}}\Delta T$$

ただし，簡単のために予測子，修正子で使われる既知のデータが，局所打切り誤差を別にして正確なものであると仮定する.

6.5 多段法の公式 (6.5.3) が陰公式 $(\beta_k \neq 0)$ のとき，もし $h \leq |\alpha_k/(\beta_k L_0)|$ であれば逐次代入

$$v_{n+k}^{(j)} = -\frac{1}{\alpha_k}\{\alpha_{k-1}v_{n+k-1} + \cdots + \alpha_0 v_n\} + \frac{h}{\alpha_k}\{\beta_k f_{n+k}(t_{n+k}, v_{n+k}^{(j-1)})$$

$$+\beta_{k-1}f_{n+k-1} + \cdots + \beta_0 f_n\}$$

により解が求められることを示せ．ただし L_0 は (6.1.8) のリプシッツ定数である.

6.6 数列 (6.6.14) が (6.6.2) を満足しかつ互いに 1 次独立であることを証明せよ.

6.7　与えられた初期値問題にある近似公式を適用したとする．きざみ幅が h のときの点 t における近似解 $v(t;\,h)$ の局所打切り誤差が

$$v(t;\,h) - u(t) = a_p(t)h^p + a_{p+1}(t)h^{p+1} + \cdots$$

と表わされているとする．$u(t)$ は点 t における厳密解である．このとき

$$S_0^{(k)} = v\left(t\,;\,\frac{t-t_0}{2^k}\right);\quad k = 0, 1, 2, \ldots$$

$$S_m^{(k)} = \frac{2^{p+m-1}S_{m-1}^{(k+1)} - S_{m-1}^{(k)}}{2^{p+m-1}-1};\quad m = 1, 2, 3, \ldots$$

によって精度の高い解が得られることを示せ．t_0 は初期値を与える点である．

関 連 図 書

数値解析の参考書は数多く存在するが，そのうちのいくつかを主として著者が多くを引用したものを中心に掲げる．つぎに示す [1] から [7] まではいずれも数値計算の数学的理論に重点が置かれている，数値解析一般の参考書である．

[1] F. John, Lectures on Advanced Numerical Analysis, Gordon and Breach, 1967.

[2] E. Isaacson and H. B. Keller, Analysis of Numerical Methods, John Wiley & Sons, 1966.

[3] B. Wendroff, Theoretical Numerical Analysis, Academic Press, 1966.

[4] P. Henrici, Elements of Numerical Analysis, John Wiley & Sons, 1964.

[5] A. Ralston, A First Course in Numerical Analysis, McGraw-Hill, Kogakusha, 1965.

[6] C. Lanczos, Applied Analysis, Prentice Hall, 1956.

[7] G. Forsythe, M. A. Malcolm and C. B. Moler, Computer Methods for Mathematical Computations, Prentice-Hall, 1977.

つぎに示す [8] から [27] までは，各章ごとに引用，参考にしたものである．

第 1 章

[8] フォーサイス・モーラー，線形計算の基礎（渋谷・田辺訳），培風館，1969.

[9] バーガ，大型行列の反復解法（渋谷他訳），サイエンス社，1972.

[10] コルモゴロフ・フォミーン，函数解析の基礎（山崎訳），岩波書店，1962.

[11] G. H. Golub and C. F. Van Loan, Matrix Computations, The John Hopkins University Press, 1983.

[12] 森 正武，杉原正顯，室田一雄，線形計算，岩波講座「応用数学」，岩波書店，1994.

[13] 藤野清次，張紹良，反復法の数理，朝倉書店，1996.

[14] 佐武一郎，線形代数，共立講座 21世紀の数学 2, 共立出版，1997.

第 2 章

[15] A. S. Householder, The Numerical Treatment of a Single Nonlinear Equation, McGraw-Hill, 1970.

[16] 伊理正夫，数値計算，朝倉書店，1981.

第 3 章

[17] J. H. Wilkinson, The Algebraic Eigenvalue Problem, Oxford University Press, 1965.

[18] B. N. Parlett, The Symmetric Eigen Value Problem, Prentice-Hall, 1980.

第 4 章

[19] 加藤敏夫，位相解析，共立出版，1967.

[20] P. J. Davis, Interpolation and Approximation, Blaisde1ll, 1963.

[21] 一松信，近似式，竹内書店，1972.

第 5 章

[22] P. J. Davis and P. Rabinowitz, Methods of Numerical Integration, Second Edition, Blaisdell, 1984.

[23] 森 正武，数値解析と複素関数論，筑摩書房，1975.

[24] 森 正武，杉原正顯，複素関数論 I, II，岩波講座「応用数学」，岩波書店，1993, 1994.

第 6 章

[25] ヘンリッチ，常数分方程式の解法 I, II （清水，小林訳），サイエンス社，1973.

[26] 寺沢編，自然科学者のための数学概論，応用編，岩波書店，1960.

[27] 森 正武，有限要素法とその応用，岩波書店，1986.

これらのうち，[10]，[14]，[19]，[24]，[26] はとくに数値解析の参考書ではない.

数値解析あるいは数値計算に関する日本語で書かれた本として，つぎのものをあげておく.

[28] 宇野利雄，計算機のための数値計算，朝倉書店，1963.

[29] 森 正武，数値計算プログラミング，岩波書店，1986.

[30] 森 正武，室田一雄，杉原正顯，数値計算の基礎，岩波講座「応用数学」，岩波書店，1993.

[31] 杉原正顯，室田一雄，数値計算法の数理，岩波書店，1994.

本書では数値計算の精度保証と高速自動微分法についてはふれなかったが，これらについては，[30] および [31] を参照されたい．

解　　答

第 1 章

問題

1.1

$$\|\boldsymbol{x}\|^2 = \|\boldsymbol{x} - (\boldsymbol{q}, \boldsymbol{x})\boldsymbol{q} + (\boldsymbol{q}, \boldsymbol{x})\boldsymbol{q}\|^2 = \|\boldsymbol{x} - (\boldsymbol{q}, \boldsymbol{x})\boldsymbol{q}\|^2 + |(\boldsymbol{q}, \boldsymbol{x})|^2$$
$$\geq |(\boldsymbol{q}, \boldsymbol{x})|^2 = \frac{|(\boldsymbol{y}, \boldsymbol{x})|^2}{\|\boldsymbol{y}\|^2}, \quad \text{等号は } \boldsymbol{x} = (\boldsymbol{q}, \boldsymbol{x})\boldsymbol{q} \text{ のとき.}$$

1.2 $|x_i|$ の最大のものを $|x_M|$ とすれば

$$|x_M| \leq \sqrt{\sum_{i=1}^{n} |x_i|^2} \leq \sqrt{n|x_M|^2} = \sqrt{n}|x_M|, \quad |x_M| \leq \sum_{i=1}^{n} |x_i| \leq n|x_M|$$

1.3 (i) は定義より明らか. (ii) は $\|AB\boldsymbol{y}\| \leq \|A\|\|B\boldsymbol{y}\| \leq \|A\|\|B\|\|\boldsymbol{y}\|$. したがって

$$\|AB\| = \sup_{\boldsymbol{y} \neq 0} \frac{\|AB\boldsymbol{y}\|}{\|\boldsymbol{y}\|} \leq \|A\|\|B\|.$$

1.4 (i) $\|A\| \geq 0$ は明らか. また $A = 0$ なら $\|A\| = 0$ である. 逆に $\|A\| = 0$ ならすべての $\boldsymbol{x} \neq 0$ に対して $A\boldsymbol{x} = 0$. したがって $A = 0$.
(ii) $\|\alpha A\boldsymbol{x}\|/\|\boldsymbol{x}\| = |\alpha|\|A\boldsymbol{x}\|/\|\boldsymbol{x}\|$
(iii) $\|(A+B)\boldsymbol{x}\| = \|A\boldsymbol{x} + B\boldsymbol{x}\| \leq \|A\boldsymbol{x}\| + \|B\boldsymbol{x}\| \leq \|A\|\|\boldsymbol{x}\| + \|B\|\|\boldsymbol{x}\|$
$= (\|A\| + \|B\|)\|\boldsymbol{x}\|$.

1.5 問題 1.2 より $\|\boldsymbol{x}\|_\infty \leq \|\boldsymbol{x}\|_2 \leq \sqrt{n}\|\boldsymbol{x}\|_\infty$ および $\|A\boldsymbol{x}\|_\infty \leq \|A\boldsymbol{x}\|_2 \leq \sqrt{n}\|A\boldsymbol{x}\|_\infty$ が成立する. この 2 式から, 任意の $\boldsymbol{x} \neq 0$ に対して

$$\frac{\|A\boldsymbol{x}\|_\infty}{\|\boldsymbol{x}\|_\infty} \leq \sqrt{n}\frac{\|A\boldsymbol{x}\|_2}{\|\boldsymbol{x}\|_2} \leq \sqrt{n}\|A\|_2$$

となり, これから $\|A\|_\infty \leq \sqrt{n}\|A\|_2$ が得られる. $\|A\|_2 \leq \sqrt{n}\|A\|_\infty$ も同様.

1.6 $|\lambda I - A| = |\lambda A^{-1}A - AA^{-1}A| = \left|\lambda\left(A^{-1} - \frac{1}{\lambda}I\right)A\right| = |\lambda I|\left|A^{-1} - \frac{1}{\lambda}I\right||A|$ より明らか.

1.7 定義 (1.2.23) と練習問題 1.2 を組み合わせる．

1.8 16 進表示 (1.3.1) において 1 より大なる数のときは $q=1$, 1 より小のときは $q=0$ である．したがって浮動小数点数の分布の間隔は前者では 16^{1-t}, 後者では 16^{-t} であって，最大丸め誤差の比は前者は後者の 16 倍になる．この理由から，しばしば使用する定数は 1 より小さい数として計算機に入力しておくほうがよい．2 進浮動小数点数ではこの差はずっと少なくなる．

1.9 $A^{-1}-X=RA^{-1}$．したがって $\|A^{-1}-X\|\leq\|R\|\|A^{-1}\|$

1.10 第一の理由は，$a_{ij}^{(k+1)}=a_{ij}^{(k)}-a_{ik}^{(k)}a_{kj}^{(k)}/a_{kk}^{(k)}$ の演算において $a_{kk}^{(k)}$ が著しく小さいと $a_{ik}^{(k)}a_{kj}^{(k)}/a_{kk}^{(k)}$ が $a_{ij}^{(k)}$ に比較して著しく大になり，この減算において $a_{ij}^{(k)}$ のもつ情報がまったく失われてしまう可能性があること．第二の理由は，絶対値の小さい数はその前の段階で桁落ちを生じている可能性が大きいこと．

1.11

$$M_1^{-1}M_2^{-1}\cdots M_k^{-1}=\begin{pmatrix} 1 & & & & & & & \\ m_{21} & 1 & & & & 0 & & \\ m_{31} & m_{32} & \ddots & & & & & \\ \vdots & m_{42} & \ddots & 1 & & & & \\ \vdots & \vdots & \ddots & m_{k+1,k} & 1 & & & \\ \vdots & \vdots & & m_{k+2,k} & & \ddots & & \\ \vdots & \vdots & & \vdots & & 0 & \ddots & \\ m_{n1} & m_{n2} & \cdots & m_{nk} & \cdots & \cdots & \cdots & 1 \end{pmatrix}$$

を利用して帰納法で証明する．

1.12 $|A|=|L|\,|U|$ を使う．

1.13 完備である．この場合コーシー列はただ 1 個のベクトルのくりかえしから成る．

1.14 $\|\lambda\boldsymbol{x}\|_\alpha=|\lambda|\|\boldsymbol{x}\|_\alpha$, $\|\boldsymbol{x}+\boldsymbol{y}\|_\alpha\leq\|\boldsymbol{x}\|_\alpha+\|\boldsymbol{y}\|_\alpha$ は明らか．T は正則だから $\|\boldsymbol{x}\|_\alpha=\|T\boldsymbol{x}\|_2=0$ より $\boldsymbol{x}=0$ を得る．

1.15 $\sum c_j\boldsymbol{p}^{(j)}=0$ とする．これと $A\boldsymbol{p}^{(k)}$ との内積をつくると $c_k(\boldsymbol{p}^{(k)}, A\boldsymbol{p}^{(k)})=0$ を得る．しかし $(\boldsymbol{p}^{(k)}, A\boldsymbol{p}^{(k)})\neq 0$ であるから $c_k=0$.

練習問題

1.1[1] 問題は三角不等式の証明である．それにはまずヘルダーの不等式

$$\sum_{k=1}^{n}|x_ky_k|\leq\left(\sum_{k=1}^{n}|x_k|^p\right)^{1/p}\left(\sum_{k=1}^{n}|y_k|^q\right)^{1/q},\quad \frac{1}{p}+\frac{1}{q}=1$$

1) 参考文献 [10] による．

を証明する．これは $\sum_{k=1}^{n}|x_k|^p=\sum_{k=1}^{n}|y_k|^q=1$ を満足するベクトル $\boldsymbol{x}$, $\boldsymbol{y}$ について証明しておけば十分である．すなわちこの条件のもとで $\sum_{k=1}^{n}|x_k y_k|\le 1$ を証明する．任意の二つの正数 a, b について不等式 $ab\le a^p/p+b^q/q$ が成立する．これは x-y 平面上の曲線 $y=x^{p-1}$ あるいは $x=y^{q-1}$ が x, y 軸および $x=a$, $y=b$ とで囲む面積を比較して導かれる．ここで $a=|x_k|$, $b=|y_k|$ とおいて $k=1$ から n まで和をとれば上式すなわちヘルダーの不等式が証明される．つぎに恒等式

$$(|a|+|b|)^p=(|a|+|b|)^{p-1}|a|+(|a|+|b|)^{p-1}|b|$$

において $a=x_k$, $b=y_k$ とおいて $k=1$ から n まで和をとれば

$$\sum_{k=1}^{n}(|x_k|+|y_k|)^p=\sum_{k=1}^{n}(|x_k|+|y_k|)^{p-1}|x_k|+\sum_{k=1}^{n}(|x_k|+|y_k|)^{p-1}|y_k|$$

となるが，右辺のおのおのに対してヘルダーの不等式を適用すると

$$\sum_{k=1}^{n}(|x_k|+|y_k|)^p\le\left(\sum_{k=1}^{n}(|x_k|+|y_k|)^p\right)^{1/q}\left(\left\{\sum_{k=1}^{n}|x_k|^p\right\}^{1/p}+\left\{\sum_{k=1}^{n}|y_k|^p\right\}^{1/p}\right)$$

を得る．この両辺を $\left(\sum_{k=1}^{n}(|x_k|+|y_k|)^p\right)^{1/q}$ で割ると目的の三角不等式

$$\left(\sum_{k=1}^{n}(|x_k|+|y_k|)^p\right)^{1/p}\le\left(\sum_{k=1}^{n}|x_k|^p\right)^{1/p}+\left(\sum_{k=1}^{n}|y_k|^p\right)^{1/p}$$

が得られる．これを**ミンコフスキーの不等式**という．

1.2 $\|\boldsymbol{x}\|_\alpha, \|\boldsymbol{x}\|_\beta$ を対応するベクトルのノルムとするとき，定理 1.1 より

$$m'\|\boldsymbol{x}\|_\alpha\le\|\boldsymbol{x}\|_\beta\le M'\|\boldsymbol{x}\|_\alpha,\quad m'\|A\boldsymbol{x}\|_\alpha\le\|A\boldsymbol{x}\|_\beta\le M'\|A\boldsymbol{x}\|_\alpha$$

を満足する正の数 m', M' が存在する．したがって

$$\frac{m'}{M'}\frac{\|A\boldsymbol{x}\|_\alpha}{\|\boldsymbol{x}\|_\alpha}\le\frac{\|A\boldsymbol{x}\|_\beta}{\|\boldsymbol{x}\|_\beta}\le\|A\|_\beta$$

となり，これから $m=m'/M'$ として $m\|A\|_\alpha\le\|A\|_\beta$ を得る．$\|A\|_\beta\le M\|A\|_\alpha$ も同様である．

1.3 前進代入で必要な演算は第 k 段において (1.6.3) より割算 $n-k$ 回，乗算と加減算が各 $(n-k)^2+(n-k)$ 回であり，後退代入では (1.6.5) より割算が 1 回，乗算が $n-k$ 回，加減算が $n-k$ 回である．これらを $k=1$ から $n-1$ まで総和すればよい．

1.4 $(A+\Delta A)\boldsymbol{d}^{(k)}=\boldsymbol{b}-A\boldsymbol{x}^{(k)}$ したがって $(I+A^{-1}\Delta A)\boldsymbol{d}^{(k)}=\boldsymbol{x}-\boldsymbol{x}^{(k)}$．両辺に $\boldsymbol{x}^{(k)}$ を加えると $(I+A^{-1}\Delta A)\boldsymbol{x}^{(k+1)}=A^{-1}\Delta A\boldsymbol{x}^{(k)}+\boldsymbol{x}$ となる．これから

$$(I+A^{-1}\Delta A)(\boldsymbol{x}^{(k+1)}-\boldsymbol{x})=A^{-1}\Delta A(\boldsymbol{x}^{(k)}-\boldsymbol{x})$$

が得られ，割算の後，両辺のノルムをとると次式を得る．

$$\|\boldsymbol{x}^{(k+1)}-\boldsymbol{x}\| \le \frac{\|A^{-1}\Delta A\|}{1-\|A^{-1}\Delta A\|}\|\boldsymbol{x}^{(k)}-\boldsymbol{x}\| \le q\|\boldsymbol{x}^{(k)}-\boldsymbol{x}\|, \quad q<1.$$

1.5 M の固有値を μ, 固有ベクトルを $\boldsymbol{x}$ とする．$M\boldsymbol{x}=\mu\boldsymbol{x}$ より $F\boldsymbol{x}=-\mu(D+E)\boldsymbol{x}$. いま x_m を $\boldsymbol{x}$ の絶対値最大の成分とする．このとき上式の第 m 成分を取り出せば

$$\mu a_{mm} = -\sum_{j>m} a_{mj}\frac{x_j}{x_m} - \mu\sum_{j<m} a_{mj}\frac{x_j}{x_m}$$

となる．これから不等式 $|\mu||a_{mm}| \le \sum_{j>m}|a_{mj}| + |\mu|\sum_{j<m}|a_{mj}|$ を得るが，いま $|\mu| \ge 1$ と仮定すると，これから $|\mu||a_{mm}| \le |\mu|\sum_{j\ne m}|a_{mj}|$ となり，A が対角優位という仮定に反する．したがって $|\mu|<1$.

1.6 M の固有値を μ, 固有ベクトルを $\boldsymbol{x}$ とする．

$$\begin{cases} (1-\mu)(D+\omega F^{\mathrm{T}})\boldsymbol{x} = \omega A\boldsymbol{x} & \text{(a.1)} \\ (1-\mu)\{(1-\omega)D-\omega F\}\boldsymbol{x} = \mu\omega A\boldsymbol{x} & \text{(a.2)} \end{cases}$$

を導き，$\boldsymbol{x}$ の左から (a.1) を乗じて $(1-\bar{\mu})$ で割り，(a.2) の左から $\boldsymbol{x}^*$ を乗じて $(1-\mu)$ で割る．その和をとることにより

$$(2-\omega)\boldsymbol{x}^* D\boldsymbol{x} = \frac{\omega(1-|\mu|^2)}{|1-\mu|^2}\boldsymbol{x}^* A\boldsymbol{x}$$

を示せ．これから $(1-\mu)^2(2-\omega)\boldsymbol{x}^{\mathrm{T}}D\boldsymbol{x} = (1-\mu^2)\omega\boldsymbol{x}^{\mathrm{T}}A\boldsymbol{x}$ が得られ，A, D の正値性および $0<\omega<2$ より $|\mu|<1$ を得る．

1.7 $u_{j,k}$ は一般には未知数であるが，とくに境界上の値 $u_{0,k}$, $u_{N,k}$, $u_{j,0}$, $u_{j,N}$ は既知の量である．(1) でこれらの既知の量を右辺に移項すれば $u_{j,k}$ に関する連立 1 次方程式 $A_B\boldsymbol{u}=\boldsymbol{b}_B$ が得られる．$\boldsymbol{u}$ は，たとえば j を 1, 2, ..., $N-1$ ととり，各 j に対して k を 1, 2, ..., $N-1$ ととって，その番号順に $u_{j,k}$ を並べたベクトル

$$\boldsymbol{u} = \begin{pmatrix} u_{1,1} \\ u_{1,2} \\ \vdots \\ u_{1,N-1} \\ u_{2,1} \\ \vdots \\ u_{N-1,N-1} \end{pmatrix}$$

である．また A_B は対角成分がすべて 4, 非対角成分は各行に 4 個ずつ -1 なる成分をもち，他は 0（ただし境界に隣接している番号に対応する行は -1 が 2 個または 3 個）である行列，$\boldsymbol{b}_B$ は既知の境界値を右辺に移項したものを縦に並べたベクトルである．

つぎに 5 点差分公式 (1) を構成している格子点に図 A のように交互に $\alpha, \beta, \alpha, \beta, \ldots$ と符号を付し，これらの格子点を符号 α の付いた点の集合 S_α と，β の付いた集合 S_β に分類する．そして (1) において第 1 項の $u_{j,k}$ が集合 S_α に属する点での値のときこれを S_α の方程式，S_β に属する点における値のとき S_β の方程式とよぶことにする．すると S_α の方程式は第 1 項の $u_{j,k}$ を除くと残りの 4 項はすべて S_β の点での値であり，S_β の方程式においては逆の関係が成立している．そこでもしすべての S_α の方程式を S_β の方程式より前にくるように方程式を並べかえ，さらに未知数も同様に並べかえると，結局方程式 $A_B\boldsymbol{u} = \boldsymbol{b}_B$ は問題で与えた $A\boldsymbol{x} = \boldsymbol{b}$ の形に帰着される．ただし行列 A は

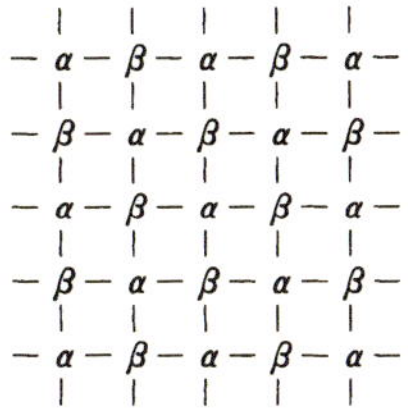

図 A

$$
A = \begin{pmatrix}
4 & & 0 & \vdots & & & \\
 & \ddots & & \vdots & & C_1 & \\
0 & & 4 & \vdots & & & \\
\cdots & \cdots & \cdots & \cdots & \cdots & \cdots & \cdots \\
 & & & \vdots & 4 & & 0 \\
 & C_2 & & \vdots & & \ddots & \\
 & & & \vdots & 0 & & 4
\end{pmatrix}
$$

である．

はじめの行列 A_B を $A_B = D_B + E_B + F_B$ と分離するとき $D_B = 4I$ であるから，ヤコビ法の反復行列 M_B は $M_B = I - (A_B/4)$ となる．N_B の固有値 ν および固有ベクトル $\boldsymbol{v}$ はつぎのように与えられる．$\boldsymbol{v}$ の成分を $\boldsymbol{u}$ の成分と同じ番号順に並べて $M_B\boldsymbol{v} = \nu\boldsymbol{v}$ を成分ごとに書けば

$$\frac{1}{4}(v_{j-1,k} + v_{j+1,k} + v_{j,k-1} + v_{j,k+1}) = \nu v_{j,k}\,; \quad 1 \leq j,\, k \leq N-1$$

となる．ただし $v_{0,k} = v_{N,k} = v_{j,0} = v_{j,N} = 0$ である．いま

$$v_{j,k}^{(p,q)} = \gamma_{p,q} \sin\left(\frac{p\pi j}{N}\right) \sin\left(\frac{q\pi k}{N}\right); \quad 1 \leq p,\, q \leq N-1$$

とおくと

$$\nu = \nu^{(p,q)} = \frac{1}{2}\left\{\cos\left(\frac{\pi p}{N}\right) + \cos\left(\frac{\pi q}{N}\right)\right\}$$

に対して上式が満足される．$\gamma_{p,q}$ は 0 でない定数である．それゆえ $\nu^{(p,q)}$ は M_B の固有値であり，$v_{j,k}^{(p,q)}$ を並べたベクトル $\boldsymbol{v}^{(p,q)}$ は $\nu^{(p,q)}$ に属する M_B の固有ベクトルである．一方，$-\cos(\pi/N) = \nu^{(N-1,N-1)} < \nu^{(p,q)} < \nu^{(1,1)} = \cos(\pi/N)$ であるから

$$\rho(M_B) = \max_{p,q} |\nu^{(p,q)}| = \cos\frac{\pi}{N}$$

である．ところで $A\boldsymbol{x}=\boldsymbol{b}$ に対するヤコビ法の反復行列 M_J は $M_J=I-(A/4)$ で与えられるが，特性方程式 $|\mu I-M_B|=0$ の左辺の行列式に，A_B から A を導いたのと同じ入れかえを行なえばこれが符号を除いて $|\mu I-M_J|=0$ に帰着されることは容易にわかる．したがって M_J と M_B の固有値は等しく $\rho(M_J)=\rho(M_B)=\cos(\pi/N)$ である．

1.8 (i) 任意の初期値 $\boldsymbol{x}^{(0)}$ から次式を計算する．

$$\boldsymbol{p}^{(0)}=\boldsymbol{s}^{(0)}=-\nabla S(\boldsymbol{x}^{(0)})$$

(ii) つぎの手順をくりかえす $(k=0,1,2,\dots)$．

$$\begin{cases} \lambda_k \text{ を } S(\boldsymbol{x}^{(k)}+\lambda_k\boldsymbol{p}^{(k)}) \text{ が最小になるように計算する．} \\ \boldsymbol{x}^{(k+1)}=\boldsymbol{x}^{(k)}+\lambda_k\boldsymbol{p}^{(k)} \text{ とおく．} \\ \boldsymbol{s}^{(k+1)}=-\nabla S(\boldsymbol{x}^{(k+1)}) \text{ を計算する．} \\ \boldsymbol{p}^{(k+1)}=\boldsymbol{s}^{(k+1)}+\dfrac{\|\boldsymbol{s}^{(k+1)}\|_2{}^2}{\|\boldsymbol{s}^{(k)}\|_2{}^2}\boldsymbol{p}^{(k)} \text{ とおく．} \end{cases}$$

これを**フレッチャー・リーブス法**という．

1.9 $A^2\boldsymbol{u}=-\lambda_1\lambda_2\boldsymbol{u}+(\lambda_1+\lambda_2)A\boldsymbol{u}$ が成立し，$\boldsymbol{u}$, $A\boldsymbol{u}$, $A^2\boldsymbol{u}$ は互いに 1 次独立ではない．このように A の固有値に縮退があると，最終的に生成されるクリロフ部分空間の数はその分だけ減る．クリロフ部分空間法ではその中で解の探索が行なわれるので，減った分だけ速く真の解に到達できることになる．

第 2 章

問題

2.1 $\sqrt{a}$ は $f(x)=x^2-a=0$ の解である．$x^{(k+1)}=\dfrac{1}{2}\left(x^{(k)}+\dfrac{a}{x^{(k)}}\right)$．

2.2 二つの考え方から，いずれも同じつぎのスキームが導かれる．

$$\begin{cases} x^{(k+1)}=\dfrac{1}{2}x^{(k)}\left(1-\dfrac{1}{x^{(k)2}+y^{(k)2}}\right) \\ y^{(k+1)}=\dfrac{1}{2}y^{(k)}\left(1+\dfrac{1}{x^{(k)2}+y^{(k)2}}\right) \end{cases}$$

2.3 平均値の定理から $\phi(x)-\phi(y)=(x-y)\phi'(\xi)$, $x\le\xi\le y$. したがって $|\phi(x)-\phi(y)|=|\phi'(\xi)|\,|x-y|\le q|x-y|$.

2.4 $x=1$ へは $0<x_0<2$ のとき収束．$x=2$ へはいかなる初期値からも収束しない．

練習問題

2.1 $\phi'(x)=1-\lambda f'(x)$ より $-1<1-\lambda f'(x)<1$, すなわち $0<\lambda<2/f'(x)$ が満足されなければならない．したがって $0<\lambda<2/\beta$.

2.2 $x^{(k+1)}=x^{(k)}(2-cx^{(k)})$．初期値の範囲はリプシッツ条件 $|\phi'(x)|<1$ より求められる．

2.3
$$\begin{cases} f(x^{(k)}) = (x^{(k)}-x)^{\sigma} f^{(\sigma)}(x)/\sigma! + O((x^{(k)}-x)^{\sigma+1}) \\ f'(x^{(k)}) = \sigma(x^{(k)}-x)^{\sigma-1} f^{(\sigma)}(x)/\sigma! + O((x^{(k)}-x)^{\sigma}) \end{cases}$$
より $x^{(k+1)} - x = \phi(x^{(k)}) - x$ を作れば明らか.

2.4[2]　$x^{(k+1)} - x^{(k)} = (A + \varepsilon^{(k)} - 1)(x^{(k)} - x)$ である．これを 2 段に使うと

$$x^{(k+2)} - 2x^{(k+1)} + x^{(k)} = \{(A-1)^2 + \tilde{\varepsilon}^{(k)}\}(x^{(k)} - x)$$

となる．ただし $\tilde{\varepsilon}^{(k)} = A(\varepsilon^{(k)} + \varepsilon^{(k+1)}) - 2\varepsilon^{(k)} + \varepsilon^{(k)}\varepsilon^{(k+1)}$ である．したがって

$$y^{(k)} - x = \frac{\tilde{\varepsilon}^{(k)} - 2\varepsilon^{(k)}(A-1) - \varepsilon^{(k)\,2}}{(A-1)^2 + \tilde{\varepsilon}^{(k)}}(x^{(k)} - x).$$

これから結論を得る.

2.5　$z = z_0 + \varepsilon$ を (1) に代入して $p_n(z_0) = 0$ を使うと近似的に $\sum_{k=0}^{n} \delta_k {z_0}^k + \varepsilon p_n'(z_0) = 0$ が成立し，これから (2) が導かれる．問題に与えられたデータのとき

$$|\varepsilon| \simeq 10^{-7}\frac{20^{19}}{19!} \simeq 4.4$$

となる．このように高次方程式の解がその係数に対して著しく敏感なことがしばしばある.

第 3 章

問題

3.1　はじめに与えられた行列 A の非対角成分の 2 乗和を M とすると，(3.1.13) より $\varepsilon > M\{1 - 2/(n^2 - n)\}^N$ ．これから (3.1.14) が得られる．ただし M は 1 程度の数と仮定する.

3.2　行列の固有値は高次代数方程式の解で与えられるが，5 次以上の代数方程式の解は一般には有限回の操作で求められない．有限回の操作で解けるような特殊な場合ももちろんある.

練習問題

3.1　この変換においては一度 0 になった成分は後の変換を受けても 0 であることに注意する.

3.2　$\boldsymbol{y}$ の成分を y_i とする．(3.3.3) の $\boldsymbol{u}_i$ を使うと，$\boldsymbol{x} = \sum_{i=1}^{n} y_i \boldsymbol{u}_i$ である．なぜならこれを $A\boldsymbol{x} = \lambda\boldsymbol{x}$ に代入すると $\beta_{k-1}y_{k-1} + \alpha_k y_k + \beta_{k+1}y_{k+1} = \lambda_k y_k$ となるから.

3.3　$\boldsymbol{u}$ の第 1 成分を 1 としても一般性は失われない．$\boldsymbol{w} = \boldsymbol{u} - \boldsymbol{e}$, $\boldsymbol{e}^{\mathrm{T}} = (1, 0, \ldots, 0)$ として $T = I + \boldsymbol{w}\boldsymbol{e}^{\mathrm{T}}$ なる行列を考えると $T^{-1} = I - \boldsymbol{w}\boldsymbol{e}^{\mathrm{T}}$ となる．$C = T^{-1}AT$,

2)　参考文献 [4] による.

$D = T^{-1}\boldsymbol{u}\boldsymbol{v}^{\mathrm{T}}T$ とすると，C の第 1 列ベクトルは $\lambda_1\boldsymbol{e}$ に等しく，D の第 2 行以下はすべて 0 で第 1 行は第 1 成分が 1 で残りは $\boldsymbol{v}$ に等しい．それゆえ $C-\lambda_1 D$ の固有値は C の固有値（すなわち A の固有値）の λ_1 を 0 としたものと一致する．一方 $C-\lambda_1 D = T^{-1}BT$ である．このように零固有値で置換しながら次元を下げていく操作を行列の**デフレーション**という．

3.4[3]　漸化式で $\lambda = 2-2x$ とおくと $\Gamma_n(\lambda) = f_n(x)$ は第 4 章のチェビシェフ多項式の満たす漸化式 (4.8.8) と一致する．ただし初期条件は $f_0(x) = 1$, $f_1(x) = 2x-1$ とする．$x = 1-\lambda/2 = \cos\theta$ とおくと

$$\Gamma_n(\lambda) = f_n(\cos\theta) = \cos\left(n+\frac{1}{2}\right)\theta \Big/ \cos\frac{\theta}{2}$$

となる．したがって $\Gamma_n(\lambda) = 0$ より

$$\lambda_k = 2\left(1-\cos\frac{2k-1}{2n+1}\pi\right); \quad k = 1, 2, \ldots, n$$

を得る．A の固有値はこれの逆数である．これらの関係は連立 1 次方程式，逆行列，固有値問題のプログラムのテストに利用することができる．

3.5[4]　帰納法による．A を $n\times n$ 行列として A のある固有値を λ, それに属する固有ベクトルを $\boldsymbol{u}$ とする．ただし $\|\boldsymbol{u}\|_2 = 1$．いま $\boldsymbol{u}$, $\boldsymbol{v}_1$, $\boldsymbol{v}_2$, …, $\boldsymbol{v}_{n-1}$ を互いに直交する 1 に正規化したベクトルとして，これらを順にその列ベクトルとしてもつユニタリ行列を P_1 とする．このとき $P_1^* A P_1$ を計算すると

$$P_1^* A P_1 = \begin{pmatrix} \lambda & \boldsymbol{w}^{\mathrm{T}} \\ \boldsymbol{0} & A_1 \end{pmatrix}$$

の形になる．帰納法の仮定から，B_1 を $(n-1)\times(n-1)$ 右上三角行列として $Q^* A_1 Q = B_1$ となるユニタリ行列 Q が存在する．いま

$$P_2 = \begin{pmatrix} 1 & \boldsymbol{0}^{\mathrm{T}} \\ \boldsymbol{0} & Q \end{pmatrix}$$

とすると，P_2 は $n\times n$ ユニタリ行列である．このとき

$$P_2^* P_1^* A P_1 P_2 = P_2^* \begin{pmatrix} \lambda & \boldsymbol{w}^{\mathrm{T}} \\ \boldsymbol{0} & A_1 \end{pmatrix} P_2 = \begin{pmatrix} \lambda & \boldsymbol{w}^{\mathrm{T}}Q \\ \boldsymbol{0} & B_1 \end{pmatrix}$$

となり，右辺は $n\times n$ 右上三角行列である．したがって $P = P_1P_2$ とおけば題意は満たされる．

3)　参考文献 [28] による．
4)　参考文献 [5] による．

第 4 章

問題

4.1 $\|u\|_2$ が三角不等式を満たすことはシュワルツの不等式 (4.1.3) から導かれる．すなわち $\|u+v\|_2{}^2 = (u+v,\, u+v) = \|u\|_2{}^2 + 2\,\mathrm{Re}\,(u,\, v) + \|v\|_2{}^2$ においてシュワルツの不等式より $\mathrm{Re}\,(u,\, v) \leq |(u,\, v)| \leq \|u\|_2\|v\|_2$ であるから $\|u+v\|_2{}^2 \leq (\|u\|_2 + \|v\|_2)^2$ が得られる．他の条件は明らかであろう．

4.2 $\widetilde{c}_0\phi_0 + \widetilde{c}_1\phi_1 + \cdots + \widetilde{c}_n\phi_n = 0$ とするとき，これと ϕ_k との内積を作ると $\widetilde{c}_k(\phi_k,\, \phi_k) = 0$ となるが，これは $\widetilde{c}_k = 0$ を意味する．

4.3 満たさない．区間 $[-1, 1]$ でつぎの関数は反例になる．

$$u(x) = x, \quad v(x) = |x|$$

4.4 (4.4.21) において xp_{k-1} を $p_k, p_{k-1}, \ldots$ で展開すればよい．

4.5 $\cos\theta = (e^{i\theta} + e^{-i\theta})/2$, $\sin\theta = (e^{i\theta} - e^{-i\theta})/2i$ によって複素数にしてから和をとるとよい．和を $\sum_{k=0}^{\prime 2n} \to \sum_{k=0}^{2n-1}$ と変形できることに注意せよ．

4.6 対応する三角関数の間の関係を利用せよ．

4.7 (4.7.17) を利用せよ．

4.8 n 次のミニマックス近似多項式は少なくとも $n+1$ 個の点でもとの関数 $f(x)$ と値が一致する（定理 4.10）．

4.9

$$f_1(x) = \frac{1}{2}(e - e^{-1})x - \frac{1}{2}\Big\{e - \frac{1}{2}(e - e^{-1})\log\frac{1}{2}(e - e^{-1})\Big\}.$$

4.10 $\phi'(\eta) = 0$ より $\phi(\eta + \Delta\eta) \simeq \phi(\eta) + (1/2)\phi''(\eta)(\Delta\eta)^2$ であるから

$$\Phi_{n,x}(\eta + \Delta\eta)f(\eta + \Delta\eta) = \exp\{\phi(\eta + \Delta\eta)\} \simeq \exp\phi(\eta)\exp\left\{\frac{1}{2}\phi''(\eta)(\Delta\eta)^2\right\}$$
$$= \Phi_{n,x}(\eta)f(\eta)\exp\left\{\frac{1}{2}\phi''(\eta)(\Delta\eta)^2\right\} \simeq \Phi_{n,x}(\eta)f(\eta)\Big\{1 + \frac{1}{2}\phi''(\eta)(\Delta\eta)^2\Big\}$$

となり，誤差は $(\Delta\eta)^2$ のオーダーである．分母の影響は小さい．

練習問題

4.1 まず恒等式 $\sum_{k=0}^{n}(k - nx)^2\binom{n}{k}x^k(1-x)^{n-k} = nx(1-x)$ を証明せよ．つぎに δ を与えられた正の数とするとき，x を固定して k の和を $|(k/n) - x| \geq \delta$ を満たす範囲にかぎると，$\sum_{|k/n-x|\geq\delta}\binom{n}{k}x^k(1-x)^{n-k} \leq 1/(4n\delta^2)$ が 成立することを示せ．$f(x)$ は区間 $[0, 1]$ で連続だから $|f(x) - f(k/n)| \leq 2M$ を満足する M が存在し，また任意の $\varepsilon > 0$ に対して $|x - (k/n)| < \delta$ ならば $|f(x) - f(k/n)| < \varepsilon$ を満たす δ が存在する．これらに注意して

$$|f(x) - p_n(x)| \leq \sum_{|k/n-x|<\delta}\left|f(x) - f\left(\frac{k}{n}\right)\right|\binom{n}{k}x^k(1-x)^{n-k}$$

$$+\sum_{|k/n-x|\geq\delta}\left|f(x)-f\left(\frac{k}{n}\right)\right|\binom{n}{k}x^k(1-x)^{n-k}\leq\varepsilon+\frac{M}{2n\delta^2}$$

を導け．詳細は [21] を見よ．

4.2 定理 4.1 の証明とまったく同様である．条件 (i) は ψ_k がノルム空間の元であるから自明である．$m_n>0$ は $\psi_1,\ldots,\psi_n$ の 1 次独立性から導かれる．$m_n=0$ であると仮定すると $\psi_1,\ldots,\psi_n$ は 1 次従属となるからである．

4.3 $P_0(x)=1$, $P_1(x)=x$, $P_2(x)=(3x^2-1)/2$, $P_3(x)=(5x^3-3x)/2$

4.4 $f_{2n-1}(x)$ が $2n-1$ 次多項式であることは明らか．$f_{2n-1}(x_k)=f(x_k)$ はただちにわかる．$f'_{2n-1}(x_k)=f'(x_k)$ は実際微分して確かめよ．

4.5 $A\boldsymbol{q}_j=x_j\boldsymbol{q}_j$, ただし A, $\boldsymbol{q}_j$ はつぎに示すものである．

$$A=\begin{pmatrix}-\beta_1\frac{\mu_0}{\mu_1} & \frac{\mu_0}{\mu_1} & & & & 0\\ \frac{\mu_0}{\mu_1} & -\beta_2\frac{\mu_1}{\mu_2} & \frac{\mu_1}{\mu_2} & & & \\ & \frac{\mu_1}{\mu_2} & \ddots & \ddots & & \\ & & \ddots & \ddots & \ddots & \\ 0 & & & \ddots & \ddots & \frac{\mu_{n-2}}{\mu_{n-1}}\\ & & & & \frac{\mu_{n-2}}{\mu_{n-1}} & -\beta_n\frac{\mu_{n-1}}{\mu_n}\end{pmatrix},\quad \boldsymbol{q}_j=\begin{pmatrix}p_0(x_j)\\ p_1(x_j)\\ \vdots\\ p_{n-1}(x_j)\end{pmatrix}$$

漸化式 (4.4.8) をつぎのように変形してみよ．

$$\frac{\mu_{k-1}}{\mu_k}p_k(x)=\left(x+\beta_k\frac{\mu_{k-1}}{\mu_k}\right)p_{k-1}(x)-\frac{\mu_{k-2}}{\mu_{k-1}}p_{k-2}(x)$$

4.6 $\|x^k\|_W\leq M_{n-1}$; $k=0,1,\ldots,n-1$ は明らか．$f_n(x)=\sum_{k=0}^{n-1}b_kx^k$ とおく．$\|f_n\|_W=0$ と仮定すると $n-1$ 次多項式 f_n が n 個の点で 0 になる．ところがそれは f_n が恒等的に 0 であることを意味し $\sum_{k=0}^{n-1}{b_k}^2=1$ と矛盾する．一意性の証明は定理 4.2 のものとまったく同じである．

4.7 (4.6.8) は

$$\boldsymbol{c}=\Lambda^{-1}(WP)^{\mathrm{T}}\boldsymbol{f}=(P^{-1}W^{-1}(P^{\mathrm{T}})^{-1})P^{\mathrm{T}}W^{\mathrm{T}}\boldsymbol{f}=P^{-1}\boldsymbol{f}.$$

4.8[5] 区間を $[-\pi,\pi]$ にずらしてもよいことに注意する．まず $[-\pi,\pi]$ で連続な周期関数 $u(\theta)$ が三角多項式で任意に一様に近似できることを示す．それをみるために $u(\theta)$ を偶関数 $u_1(\theta)$ と奇関数 $u_2(\theta)$ の和で表わす．$u(\theta)=u_1(\theta)+u_2(\theta)$. $u_1(\theta)$ を $[0,\pi]$ で考える．$x=\cos\theta$ とおくと区間 $-1\leq x\leq 1$ において $v(x)=u_1(\arccos x)$ なる x の連続関数が得られる．したがって $v(x)$ は x の多項式，すなわち $\cos\theta$ の多項式で一様に近似できる．一方

$$\cos^n\theta=\frac{1}{2^{n-1}}\left[\cos n\theta+\binom{n}{1}\cos(n-2)\theta+\binom{n}{2}\cos(n-4)\theta+\cdots\right]$$

5) 参考文献 [19] による．

によって $\cos\theta$ の n 次多項式は $\frac{1}{\sqrt{2\pi}}$, $\frac{1}{\sqrt{\pi}}\cos\theta, \ldots, \frac{1}{\sqrt{\pi}}\cos n\theta$ の 1 次結合で表わされる．これから偶関数の部分は（対称性から $[-\pi,0]$ も含めて）三角多項式で一様に近似できる．

つぎに $[0,\pi]$ において $u_2(\theta)$ を考える．$u(0)=u(\pi)=0$ を満たす連続関数は端点 $0, \pi$ の近傍で恒等的に 0 になる連続関数で近似できることは容易にわかる．そこで $u_2(x)$ に対して $0, \pi$ の近傍で恒等的に 0 になる関数 $\widetilde{u}_2(\theta)$ を考える．このとき $\widetilde{u}_2(\theta)/\sin\theta$ は $[0,\pi]$ で連続関数になる．したがってこれは $\cos k\theta$ の 1 次結合によって任意に一様に近似できる．$\left|\widetilde{u}_2(\theta)/\sin\theta - \sum_{k=0}^{n} c_k \cos kt\right| \le \varepsilon$．この分母を払って

$$2\sin\theta\cos k\theta = \sin(k+1)\theta - \sin(k-1)\theta$$

であることを使えば $\widetilde{u}_2(\theta)$ が，すなわち $u_2(\theta)$ が $\sin k\theta$ の多項式で一様に近似できることがわかる．対称性によって $[-\pi,0]$ でも同様である．以上によって $[-\pi,\pi]$ で連続な任意の周期関数を三角多項式で一様に近似できることが示された．

$$\left|u(\theta) - \left\{\frac{a_0}{\sqrt{2\pi}} + \sum_{k=1}^{n}\frac{1}{\sqrt{\pi}}(a_k\cos k\theta + b_k\sin k\theta)\right\}\right| \le \varepsilon$$

この 2 乗を $[0,2\pi]$ で積分すれば結論が得られる．

4.9 (2) の計算に $2\times(N/2\times N/2) = N/2\times N$ 回，このほかに (1) の計算に $N/2$ 回，合計 $N/2\times(N+1)\simeq N/2\times N$．最後には，これが $N/2\times p$ 回程度の掛け算ですむ．

第 5 章

問題

5.1 直接代入すればただちに得られる．

5.2 $n(n+1)(2n+1)/6$．$f(x)=x^2$, $a=0$, $h=1$ とおく．$f^{(3)}(x)=0$ に注意せよ．

5.3 (5.3.29) を確かめよ．

5.4 積分路 C を 図 B のように変形する．$z=\pm 1$ を中心とする小円上の積分は小円の半径を 0 に近づけるとき 0 になる．$C_\pm$ 上において

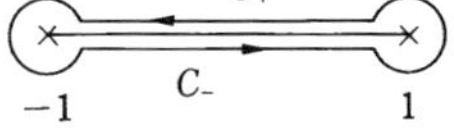

図 B

$$\log\frac{z+1}{z-1} = \log\left|\frac{z+1}{z-1}\right| + i\arg\frac{z+1}{z-1} = \log\frac{1+x}{1-x} \mp \pi i$$

である．したがって

$$\frac{1}{2\pi i}\int_1^{-1}\left\{\log\left(\frac{1+x}{1-x}\right) - \pi i\right\} f(x)dx + \frac{1}{2\pi i}\int_{-1}^{1}\left\{\log\left(\frac{1+x}{1-x}\right) + \pi i\right\} f(x)dx$$
$$= \int_{-1}^{1} f(x)dx$$

5.5 $a_1 = a = -h$, $a_2 = 0$, $a_3 = b = h$ ととると

$$\begin{cases} A_1 + A_2 + A_3 = 2h \\ -hA_1 + hA_3 = 0 \\ h^2A_1 + h^2A_3 = \dfrac{2}{3}h^3 \end{cases}$$

これから $A_1 = A_3 = (1/3)h$, $A_2 = (4/3)h$ を得る．

練習問題

5.1 $I_2 = f(-1/\sqrt{3}) + f(1/\sqrt{3})$

5.2 第 4 章 (4.6.9) より $\displaystyle\int_a^b (x-a_k)\{P_k^{(n-1)}(x)\}^2 w(x)dx = 0$ が得られる．そこで第 4 章練習問題 4.4 のエルミート補間公式で $L_k^{(n-1)}$ のかわりに $P_k^{(n-1)}$ とおいて上の関係を使うと

$$\int_a^b f_{2n-1}(x)w(x)dx = \sum_{k=1}^{n}\left[\int_a^b \{P_k^{(n-1)}(x)\}^2 w(x)dx\right] f(a_k) = \sum_{k=1}^{n} w_k f(a_k)$$

ここで第 4 章 (4.6.6) と (4.6.2) を使った．

5.3 テーラー展開より

$$f(x) = \sum_{k=0}^{m} \frac{1}{k!} f^{(k)}(a)(x-a)^k + R_m(x),$$

$$R_m(x) = \frac{1}{m!}\int_a^x f^{(m+1)}(\xi)(x-\xi)^m d\xi = \frac{1}{m!}\int_a^b f^{(m+1)}(\xi)(x-\xi)_+^m d\xi,$$

$$a \le x \le b$$

これを ΔI_n に代入し積分の順序を変更すればよい．

5.4

$$\begin{aligned}
&\lim_{\varepsilon\to 0}\{\Psi(x+i\varepsilon) - \Psi(x-i\varepsilon)\} \\
&= \lim_{\varepsilon\to 0}\int_a^b \left\{\frac{1}{x+i\varepsilon-\xi} - \frac{1}{x-i\varepsilon-\xi}\right\} w(\xi)d\xi \\
&= \lim_{\varepsilon\to 0}\int_a^b \frac{-2i\varepsilon}{(x-\xi)^2+\varepsilon^2} w(\xi)d\xi = w(x)\lim_{\varepsilon\to 0}\int_a^b \frac{2i\varepsilon}{(x-\xi)^2+\varepsilon^2}d\xi \\
&= w(x)\lim_{\varepsilon\to 0}\int_{-\infty}^{\infty} \frac{-2i\varepsilon}{(x-\xi)^2+\varepsilon^2}d\xi = w(x)\lim_{\varepsilon\to 0}\int_{-\infty}^{\infty}\frac{-2i\varepsilon}{\xi^2+\varepsilon^2}d\xi = -2\pi i w(x)
\end{aligned}$$

5.5 (5.5.27) によって具体的に計算する．

5.6 $M =$ 偶数の場合，(5.5.33) は対称性から $j = M+1$ まで成立する．

5.7 まず $\Phi_n(z) = O(z^{-n-2})$ とすることができることを確かめよ．

$$\int_z^{\infty} \Phi_n(\zeta)d\zeta = \log\left[e^2\{F_n(z)\}^{2/n}\frac{(z-1)^{z-1}}{(z+1)^{z+1}}\right] = O(z^{-n-1})$$

である．これを $F_n(z)$ について解けば

$$\left\{\frac{(z+1)^{z+1}}{(z-1)^{z-1}}\right\}^{n/2} e^{-n} = F_n(z) + \frac{c_1}{z} + \frac{c_2}{z^2} + \cdots$$

となる．したがって，左辺の超越関数を展開して負のベキの項を除けば $F_n(z)$ が得られる．なお，$n=8$ および $n \geq 10$ のとき $F_n(z)=0$ の解，すなわち標本点には複素数が含まれるようになる．

5.8 $1/(z-x)$ の直交多項式展開

$$\frac{1}{z-x} = \sum_{k=0}^{\infty} \frac{p_k(x)}{\lambda_k} \int_a^b \frac{p_k(\xi)}{z-\xi} w(\xi) d\xi$$

に注意すると

$$\begin{aligned} f(x) - f_n(x) &= \frac{1}{2\pi i} \oint \left\{ \frac{1}{z-x} - \sum_{k=0}^{n-1} \frac{p_k(x)}{\lambda_k} \int_a^b \frac{p_k(\xi)}{z-\xi} w(\xi) d\xi \right\} f(z) dz \\ &= \frac{1}{2\pi i} \oint \sum_{k=n}^{\infty} \frac{p_k(x)}{\lambda_k} q_k(z) f(z) dz. \end{aligned}$$

ただし (1) の右辺の f にコーシーの積分表示を代入した．

5.9 $I = \displaystyle\int_{-\infty}^{\infty} f(\tanh t) \cosh^{-2} t dt$ となるから，公式は

$$I_h = h \sum_{n=-\infty}^{\infty} f(\tanh nh) \frac{1}{\cosh^2 nh}$$

となる．誤差の特性関数は (5.7.4) において z のかわりに $\operatorname{arctanh} z$ とおけば得られる．

$$\Phi_h(z) = \begin{cases} +2\pi i \left(\dfrac{1+z}{1-z}\right)^{\pi i/h}; & \operatorname{Im} z > 0 \\ -2\pi i \left(\dfrac{1+z}{1-z}\right)^{-\pi i/h}; & \operatorname{Im} z < 0 \end{cases}$$

$|\Phi_n(z)| = \varepsilon$ なる等高線は 2 点 $z = \pm 1$ を通る円弧から成る．

第 6 章

問題

6.1 $u_k = u'_{k-1}$ であるから (6.1.7) 自身が (6.1.1) の形をしている．

6.2[6] はじめの問題の解は $u(t) = (1-\varepsilon t)^{-1/\varepsilon}$ で，これは $t = \varepsilon^{-1}$ 以上では存在しなくなる．つぎの問題の解は，恒等的に 0 である解のほかに任意の $c > 0$ に対して

$$u(t) = \begin{cases} 0; & 0 \leq t \leq c \\ \{\varepsilon(1-c)\}^{1/\varepsilon}; & t \geq c \end{cases}$$

6) 参考文献 [25] による．

なる解が存在する．

6.3 $g_3'(t_n) = ae^{at_n}\left\{-\dfrac{(e^{ah}-3)(e^{ah}-1)}{2h}\right\}$ より明らか．

6.4 $\rho(\lambda) = \lambda^2 - 4\lambda + 3 = (\lambda-1)(\lambda-3)$ から $\lambda = 3 > 1$ なる特性根をもつ．

6.5 満足していない．この公式は $u' = 2f(t, u)$ に対して適合条件を満足している．

6.6 アダムス型公式では特性方程式の根は 1 個だけが $1 + O(h)$ で他はすべて $O(h)$ であるので数値的不安定性は生じない．

6.7 $-(pu')' + qu - f$ の連続性は仮定する．もしある点で $-(pu')' + qu - f \neq 0$ とすると，η としてその近傍で正，境界で 0 になる関数をとると $\displaystyle\int_a^b (-(pu')' + qu - f)\eta dx \neq 0$ となってしまう．

練習問題

6.1[7] 閉区間における連続関数のなす空間が完備であることに注意したうえで，与えられた初期値問題と同値な積分方程式

$$\boldsymbol{u}(t) = \boldsymbol{\phi}(\boldsymbol{u}) \equiv \boldsymbol{u}_0 + \int_{t_0}^{t} \boldsymbol{f}(\tau, \boldsymbol{u}(\tau))d\tau$$

に第 1 章で述べた縮小写像の原理を適用せよ．

6.2 すべての項をテーラー展開して $\widetilde{F}(t, y; h)$ と $F(t, y; h)$ の h のベキを比較する．計算はめんどうである．参考文献 [28] を見よ．

6.3 原点を t_{n-1} に移すと，点 $-2h, -h, 0, h$ において $f_{n-3}, f_{n-2}, f_{n-1}, f_n$ となるラグランジュ補間公式 $g_4(t)$ は

$$\begin{aligned} g_4(t) = &-\frac{t(t^2-h^2)}{6h^3}f_{n-3} + \frac{t(t-h)(t+2h)}{2h^3}f_{n-2} \\ &-\frac{(t^2-h^2)(t+2h)}{2h^3}f_{n-1} + \frac{t(t+h)(t+2h)}{6h^3}f_n \end{aligned}$$

となる．これを $-2h$ から $2h$ まで積分すればはじめの式を得る．あとの式も同様である．数値的不安定性は 6.9 節と同様にしてみられる．詳細は [28] を参照のこと．

6.4

$$\Delta T = T_C - T_P = (\gamma_p^{(C)} - \gamma_p^{(P)})\frac{1}{p!}u^{(p+1)}h^{p+1}$$

したがって

$$\frac{1}{p!}u^{(p+1)}(t)h^{p+1} = \frac{1}{\gamma_p^{(C)} - \gamma_p^{(P)}}\Delta T.$$

これを代入する．

6.5 誤差は $e^{(j+1)} = \dfrac{\beta_k}{\alpha_k}h\{f_{n+k}(v_{n+k}^{(j)}) - f_{n+k}(v_{n+k}^{(j-1)})\}$ となる．したがって

$$|e^{(j+1)}| \leq \left|\frac{\beta_k}{\alpha_k}h\right| L_0|e^{(j)}| \qquad \text{より} \qquad \left|\frac{\beta_k}{\alpha_k}h\right| L_0 < 1$$

7) 参考文献 [10] を見よ．

であれば収束する.

6.6

$$\begin{aligned}\lambda\{\lambda^n\rho(\lambda)\}' &= n\lambda^n\rho(\lambda)+\lambda^{n+1}\rho'(\lambda)\\ &= \alpha_k(n+k)\lambda^{n+k}+\alpha_{k-1}(n+k-1)\lambda^{n+k-1}+\cdots+\alpha_0 n\lambda^n\end{aligned}$$

であるが, λ_s は $\rho(\lambda)=0$ の重根であるから $\rho'(\lambda_s)=0$ であり, 上式から $l\lambda_s^l$ が解であることがわかる. つぎに

$$\begin{aligned}\lambda[\lambda\{\lambda^n\rho(\lambda)\}']' &= n^2\lambda^n\rho(\lambda)+(2n+1)\lambda^{n+1}\rho'(\lambda)+\lambda^{n+2}\rho''(\lambda)\\ &= \alpha_k(n+k)^2\lambda^{n+k}+\alpha_{k-1}(n+k-1)^2\lambda^{n+k-1}+\cdots+\alpha_0 n^2\lambda^n\end{aligned}$$

に $\lambda=\lambda_s$ を代入すれば $\rho'(\lambda_s)=\rho''(\lambda_s)=0$ より $l^2\lambda_s^l$ が解であることがわかる. 以下同じ論法をくりかえせばよい.

6.7 第 5 章定理 5.2 を適用する.

索　引

ヨ

ラ

リ

ル

レ

ロ，ワ

――著者紹介――

森（もり） 正（まさ） 武（たけ）

昭和 36 年　東京大学工学部応用物理学科卒業
専　　攻　数値解析
現　　在　京都大学名誉教授，筑波大学名誉教授，工学博士
主　　著　曲線と曲面―計算機による作図と追跡（教育出版）
数値解析と複素関数論（筑摩書房）
有限要素法とその応用（岩波書店）
数値計算プログラミング（岩波書店）

共立数学講座 ⑫
数値解析（第 2 版）
（全 25 巻）

検 印 廃 止

1973年 9 月 1 日　初　版 1 刷発行
1990年 2 月15日　初　版12刷発行
2002年 2 月25日　第 2 版 1 刷発行
2023年 9 月10日　第 2 版 9 刷発行

著　者　森　正　武
発行者　南　條　光　章
東京都文京区小日向 4 丁目 6 番19号
印刷者　加　藤　純　男
東京都千代田区三崎町 2 丁目15番 6 号

発行所　東京都文京区小日向 4 丁目 6 番19号
電話　東京（03）3947-2511番（代表）
郵便番号112-0006
振替口座 00110-2-57035 番
URL　www.kyoritsu-pub.co.jp
共立出版株式会社

NDC 418.1　印刷：加藤文明社　製本：ブロケード　Printed in Japan

ISBN 978-4-320-01701-6　一般社団法人　自然科学書協会会員

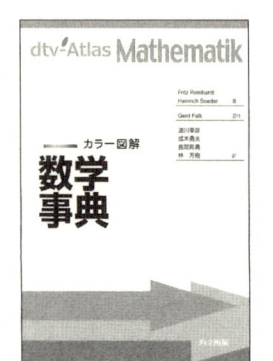